# 深部工程物理模拟与数值模拟

张强勇　段　抗　任明洋　焦玉勇　刘传成　著

本书相关研究内容获得以下项目资助：

国家自然科学基金项目(41772282、42172292)

国家重点研发计划项目课题(2016YFC0401804)

国防科工局重大项目课题(YK-KY-J-2015)

国家科技重大专项专题(33550000-18-ZC0611-0003)

泰山学者特聘专家专项基金项目

山东大学特聘教授专项基金项目

科学出版社

北　京

# 内 容 简 介

本书通过物理模拟和数值模拟方法系统研究了深部工程围岩非线性变形特性与强度破坏机制；研制发明了复杂环境深部工程大型真三维物理模拟系统和模型试验微型 TBM 开挖掘进系统；建立了深部隧洞围岩-支护结构协同承载力学模型和基于突变理论的围岩失稳能量判据；提出了深部隧洞围岩-支护结构协同承载数值分析方法、围岩稳定非线性强度折减数值分析方法和洞室劈裂破坏数值分析方法及深部储层钻井垮塌破坏非连续数值分析方法，并开发了相应的计算程序；通过物理模拟和数值模拟揭示了高边墙洞室劈裂破坏机理和深埋油藏溶洞与储层钻井的垮塌破坏规律；构建了深部工程物理模拟与数值模拟的理论方法体系。

本书可供土木、水电、交通、能源等工程领域的科研和工程技术人员使用，也可作为高等院校相关专业研究生的教学参考书。

**图书在版编目(CIP)数据**

深部工程物理模拟与数值模拟 / 张强勇等著. —北京：科学出版社，2022.10

ISBN 978-7-03-073003-9

Ⅰ. ①深… Ⅱ. ①张… Ⅲ. ①工程物理学-数值模拟 Ⅳ. ①TB13

中国版本图书馆CIP数据核字(2022)第157483号

责任编辑：刘宝莉 / 责任校对：任苗苗
责任印制：吴兆东 / 封面设计：蓝正设计

科 学 出 版 社 出版
北京东黄城根北街 16 号
邮政编码：100717
http://www.sciencep.com

北京虎彩文化传播有限公司 印刷
科学出版社发行 各地新华书店经销
*
2022 年 10 月第 一 版 开本：720×1000 1/16
2023 年 7 月第二次印刷 印张：22
字数：443 000
定价：180.00 元
(如有印装质量问题，我社负责调换)

# 前　言

　　我国是世界上地下工程建设规模最大、难度最大和数量最多的国家，许多在建和拟建的水电、交通、能源等领域重大工程已向地下千米以深发展。深部高地应力与高渗透压等复杂地质赋存环境常常诱发重大灾害事故，造成大量人员伤亡、严重经济损失和恶劣社会影响，根本原因在于对深部工程的灾变机理认识不清，难以实现主动防控。深部工程灾变机理与安全防控已成为向地球深部探索必须解决的重大科技问题。目前，针对复杂环境条件下深部围岩的变形破坏机理，理论分析比较困难，现场试验条件受限且费用昂贵，相比之下，物理模拟以其可重复模拟多因素、多工况条件下地下工程施工全过程的优势，成为深部工程发现新现象、探索新规律、揭示新机理、验证新理论不可或缺的重要手段。物理模拟与数值模拟相互结合，对全面揭示深部工程灾变机理并建立可靠的深部围岩稳定性分析方法具有十分重要的作用。

　　基于上述背景，在国家自然科学基金项目(41772282、42172292)、国家重点研发计划项目课题(2016YFC0401804)、国防科工局重大项目课题(YK-KY-J-2015)、国家科技重大专项专题(33550000-18-ZC0611-0003)以及泰山学者特聘专家专项基金项目和山东大学特聘教授专项基金项目资助下，以埋深近千米或千米以深的水电、能源、核电深部洞室工程为研究对象，研制发明了复杂环境深部工程大型真三维物理模拟系统与模型试验微型 TBM 开挖掘进系统；建立了深部隧洞围岩-支护结构协同承载力学模型和基于突变理论的地下洞室围岩失稳能量判据；提出了深部隧洞围岩-支护结构协同承载数值分析方法、深部洞室围岩稳定非线性强度折减数值分析方法和深部储层钻井垮塌破坏非连续数值分析方法；揭示了高边墙洞室劈裂破坏机理和深埋油藏溶洞与深部储层钻井的垮塌破坏规律；构建了深部工程物理模拟与数值模拟的理论方法体系。

　　本书的出版得到团队成员和同行专家的大力支持，在此深表谢意！对参与本书相关章节撰写和研究工作的博士研究生张振杰(第 4 章)、李帆和薛天恩(第 5 章)、张岳和张瑞新(第 6 章)、丁炎志和王斌(第 7 章)表示感谢！对项目研究过程中给予大力支持的长江勘测规划设计研究有限责任公司杨启贵教授级高级工程师和张传健教授级高级工程师、核工业北京地质研究院王驹教授级高级工程师、中核第四研究设计工程有限公司荣峰教授级高级工程师和吴冬教授级高级工程师，以及中国石油化工股份有限公司石油勘探开发研究院吕心瑞高级工程师表示衷心感谢！

　　本书的完成也得到山东大学李术才院士、张庆松教授、陈卫忠教授、刘斌教授、李利平教授、李树忱教授、王汉鹏教授、杨为民教授、张乾青教授、熊清蓉教授、林春金副教授和向文副教授的大力支持和帮助，在此一并表示衷心感谢！

　　本书撰写过程中，参阅了国内外相关专业领域的大量文献资料，在此向所有相关论著的作者表示由衷的感谢！

　　由于作者水平有限，书中难免存在不足之处，敬请各位读者批评指正！

# 目　录

# 第1章 绪　论

## 1.1 引　言

随着中国基础设施建设的快速发展，我国在交通、水电、能源、核电等领域在建和拟建的许多地下工程已进入地下千米或千米以下的深度[1~6]，例如，滇中引水香炉山隧洞最大埋深达到 1512m，峨汉高速公路大峡谷隧道最大埋深达到 1944m，引汉济渭秦岭隧洞最大埋深达到 2012m，锦屏二级水电站引水隧洞最大埋深达到 2525m。伴随地下工程开挖深度的不断增加，深部工程的地质赋存环境更加复杂，在高地应力、高渗透压、高地温和开挖扰动(简称"三高一扰动")条件下，洞室围岩将出现显著的非线性变形破坏，高地应力环境下深部岩体的力学特性也将发生显著变化。在低地应力下表现为脆性破坏的硬岩在高地应力条件下将会转化为延性破坏，适用于浅部围岩的莫尔-库仑强度准则在高地应力条件下也将不再适用[7~14]。同时，深部复杂地质赋存环境更容易导致深部围岩出现塌方冒顶、突水突泥和岩爆等重大灾害事故，常常造成重大人员伤亡、严重经济损失和恶劣社会影响。产生这些重大灾害事故的根本原因在于我们对深部工程的灾变机理认识不清，难以实现主动防控，因此深部工程灾变机理与安全防控已成为我国向地球深部探索必须解决的重大科技问题。目前，针对复杂环境条件下深部工程的变形破坏机理，理论分析比较困难，现场试验条件受限且费用昂贵，相比之下，物理模拟和数值模拟以其可重复模拟多条件、多工况和多因素的优势，成为研究深部工程围岩稳定的重要手段。

与 MTS 试验机研究岩芯力学特性不同，物理模型试验是根据相似原理采用缩尺地质模型研究工程施工开挖与变形破坏的物理模拟方法。物理模型是真实物理实体的再现，在满足相似原理的条件下，能够客观、真实地反映地质构造和工程结构的空间关系，可全面反映工程施工与变形破坏的发展过程，从弹性变形到塑性变形直至破坏发生，其不仅可以分析工程的正常承载状态，还可以分析工程的极限承载与超载破坏状态。物理模拟对于发现新现象、探索新规律、揭示新机理和验证新理论具有理论分析和数值模拟不可替代的重要作用[15~19]。

与物理模拟相比，数值模拟成本低、效率高，通过与物理模拟相结合，可为地下工程围岩稳定分析与安全控制提供新途径[20]。因此，本书采用物理模拟和数值模拟相结合的方法系统研究深部围岩的非线性变形破坏机理，构建深部工程物理模拟与数值模拟的理论方法体系，研究成果为深部工程安全建设提供了理论支撑与技术保障，具有重要的理论意义和工程应用价值。

## 1.2　国内外研究现状

### 1.2.1　地下工程物理模拟研究现状

地下工程地质赋存环境复杂，通过数值方法来大规模模拟地下工程的非线性变形破坏过程比较困难，而原位试验因条件受限和成本问题难以大面积开展，相比之下，物理模拟以其形象、直观、真实的特点为地下工程变形破坏研究提供了一条重要途径。目前，研究者针对交通、水电、矿山和能源等领域的地下工程开展了广泛的物理模拟研究，并取得了大量研究成果。例如，国际上，Bakhtar[21]开展了节理岩体在爆破荷载作用下失效破坏规律的物理模型试验研究；Castro 等[22]对矿井的分块崩塌开采进行了大型三维物理模型试验研究；Shin 等[23]研制了模拟砂土管棚施工的物理模型试验系统，对伞拱法进行了模型试验，研究了管棚长度和加固方法对结构稳定性的影响。在国内，陈浩等[24]通过平面应变物理模型试验，研究了软岩隧道中不同类型锚杆对围岩的支护作用效应；He 等[25]利用红外热像仪对垂直分层岩体地下巷道的掘进过程进行了物理模拟；谭忠盛等[26]通过物理模型试验研究了海底隧道衬砌管片的受力、变形特征以及围岩-衬砌之间的相互作用；李利平等[27]通过大型物理模型试验，揭示了超大断面隧道软弱破碎围岩的三维空间变形机制与荷载释放演化规律；李术才等[28]通过深部煤巷施工物理模型试验，揭示了深部煤巷施工过程中围岩与支护结构的相互作用规律；王汉鹏等[29]研制了煤与瓦斯突出模拟系统，通过模型试验揭示了煤与瓦斯的突出机制；Bao 等[30]提出并实现了盾构隧道多尺度物理模型试验；Hu 等[31]对管棚法进行了模型试验，验证了这些施工方法的合理性。

在模型相似材料研究方面，研究者以石英砂、河沙、重晶石粉等为骨料，石膏、水泥、凡士林、环氧树脂、松香等为胶结剂，研制了围岩相似材料。例如，马芳平等[32]研制了由磁铁矿精矿粉、河沙、石膏、水等组成的模型相似材料；张强勇等[33,34]研制了以精铁粉、重晶石粉、石英砂、松香、酒精等组成的新型岩土相似材料；另外，研究者也运用正交试验设计方法，研究了砂、灰、石膏等低强度材料的配比对相似材料力学性质的影响，为相似材料的工程应用提供了参考[35~38]。

在物理模拟试验系统研发方面，陈安敏等[39]研制了岩土工程多功能模拟试验装置，对小浪底水电站地下厂房洞室群进行了模型试验，验证了加固方案的合理性；李仲奎等[40]研制了离散三维多主应力面加载模型试验系统，通过隐蔽洞室开挖和内窥镜技术，开展了溪洛渡水电站地下厂房洞群物理模型试验；朱维申等[41]研制了准三维物理模型试验系统，通过滚珠轴承滚动实现了模型试验超低减摩；张强勇等[42~49]研制了模块组合、尺寸可调的模型试验台架装置与加载数控系统，并在能源、矿山等地下工程物理模型试验中得到成功应用；周生国等[50]研制了公路隧道结构与围岩综合试验系统，针对黄土连拱隧道施工过程开展了物理模型试验。

尽管研究者在地下工程物理模型试验方面取得了大量成果，但针对深部工程物理模拟还存在以下问题需要进一步开展研究：

(1) 目前，针对埋深不深、地质条件较为简单的地下工程开展的模型试验较多，而针对埋深近千米或千米以深的大埋深工程开展的物理模型试验还不多见。

(2) 现有模型试验多以平面、准三维、均匀加载为主，而针对深部工程高地应力真三维非均匀加载还存在一些困难。

(3) 现有模型试验洞室开挖多以人工开挖为主，针对不同洞型、不同工法模型试验的微型 TBM 开挖掘进系统还比较少见。

因此，有必要在克服现有模型试验研究缺陷的基础上，研制可模拟复杂地质赋存环境的新型真三维物理模拟系统和可实施自动开挖的模型试验微型 TBM 开挖掘进系统，并针对复杂环境深部工程开展大型真三维物理模型试验，以有效揭示深部围岩的非线性变形破坏机制。

### 1.2.2 地下工程数值模拟研究现状

地下工程的数值模拟方法包括连续介质力学数值模拟方法和非连续介质力学数值模拟方法。

#### 1. 地下工程连续介质力学数值模拟方法

连续介质力学数值模拟方法主要包括有限元法、有限差分法和边界元法等。研究者通常将连续介质力学数值模拟方法与断裂力学、损伤力学、流变力学等理论结合来进行地下工程围岩稳定性分析研究。例如，Alejano 等[51]采用数学形态学方法，提出了一种能够定义 Hoek-Brown 应变软化参数的方法，并运用数值模拟分析进行了验证；Golshani 等[52]提出一种脆性岩体细观损伤模型，并将其应用到脆性岩体开挖损伤的数值模拟中，该模型不仅可以分析微裂纹长度的扩展，还可以分析裂纹扩展面积随时间的变化规律；Zhou 等[53]提出了一种考虑裂缝间距、裂缝长度和裂缝倾角对深部岩体分区破裂影响的非欧几里得模型，并利用数值模拟方法揭示了非破裂区协调变形和破裂区不协调变形引起的深部围岩弹性应力场分布规律；苏国韶等[54]通过数值分析追踪计算了围岩的局部能量释放率，提出局部能量释放率新指标，较好地预测了高地应力下地下工程开挖过程中岩爆发生的强度、破坏位置与范围；陈国庆等[55]以围岩劣化体积、变形和释放能量中任一参数发生突变作为失稳判据，建立了围岩变形的动态预警体系；刘会波等[56]提出了地下洞室群局部围岩开挖失稳的能量耗散突变判据，并通过数值模拟对地下厂房施工开挖围岩稳定进行了分析；张建海等[57]提出了松动圈与埋深的拟合经验公式，为围岩稳定和开挖监测反馈数值分析提供了理论基础。

在地下洞室围岩-支护体系协同作用数值模拟方面，Asef等[58]基于岩体分级系统对 Hoek-Brown 强度准则中的强度参数进行了定量化分析，通过有限差分数值模拟得到支护压力与围岩收敛位移的关系曲线；张素敏等[59]通过弹塑性有限元法得到了隧道埋深、围岩级别和洞室尺寸对围岩特性曲线的影响规律；Basarir等[60]针对不同质量的岩体开展数值模拟，拟合得到围岩压力与隧道埋深和洞壁变形的关系表达式；李煜舲等[61]采用有限元法探讨了有无支撑情况下隧道开挖收敛损失与纵剖面变形之间的关系。

考虑地下岩体的流变力学特性，研究者采用黏弹性或黏弹塑性数值模型研究了围岩-支护体系协同作用的时效特征。例如，孙钧等[62]基于围岩蠕变理论，对地下洞室分步开挖施工过程开展了有限元数值模拟，得到了各施工阶段洞室围岩与支护结构协同作用随时间的变化规律；金丰年[63]应用黏弹性数值模型研究了围岩特征曲线随时间的变化关系，数值分析表明，流变岩体中的围岩特征曲线并不是一条，不同时间对应有不同的围岩特征曲线；齐明山等[64]采用黏弹塑性数值模型研究了厦门东通道海底隧道施工阶段和运营阶段围岩应力、应变和特征曲线的变化规律，为海底隧道合理选择支护厚度和支护时间提供了参考。

围岩与衬砌结构的协同作用本质上是一种接触问题，为此一些专家在围岩-支护体系协同作用的数值分析中考虑了围岩与衬砌界面间的接触效应。例如，Oreste[65]将衬砌与围岩的接触视为文克勒（Winkler）弹簧连接，并开发了相应的有限元计算程序，对非对称荷载条件下衬砌-围岩的协同作用开展了分析研究；Malmgren等[66]通过数值模拟分析了洞壁粗糙度、岩体强度、弹性模量和岩体不连续性对岩体-混凝土接触界面的影响；Tian等[67]在有限元模型中建立了衬砌与围岩的接触面单元，对衬砌厚度、钢拱架承受荷载等基本参数进行了敏感性分析；周辉等[68]开展了考虑围岩-衬砌相互作用的数值模拟，提出了界面刚度计算公式及界面厚度的取值范围。

2. 地下工程非连续介质力学数值模拟方法

非连续介质力学数值模拟方法主要包括离散元法、非连续变形分析法和数值流形法等。离散元法的基本思想是把不连续体分离为刚性元素的集合，使各个刚性元素满足运动方程，用时步迭代的方法求解各刚性元素的运动方程，继而求得不连续体的整体运动形态。离散元法允许单元间的相对运动，不一定要满足位移连续和变形协调条件，计算速度快，所需存储空间小，尤其适合求解大位移和非线性的问题。例如，Cai 等[69]采用 FLAC/PFC 耦合方法模拟大型地下洞室开挖过程中的声发射现象，得到用于洞室稳定性评估的岩体声发射活动模式；Lee 等[70]采用颗粒离散元法和有限差分法研究了软岩循环进尺对隧洞施工稳定性的影响；Elmekati 等[71]提出了 ABAQUS 和 PFC3D 耦合方法来求解大尺度岩土工程问题，所提出的联合模拟框架可以有效解决桩与土体之间的相互作用；Cook 等[72]使用离散元法揭示了各向异性条件下不同应力大小的钻井破坏机制。

非连续变形分析法可以模拟岩石块体的平动、转动、张开、闭合等全部过程，以及块体系统的大变形、大位移行为，并可根据块体系统的变形和运动特征，判断岩体的破坏范围和破坏程度，从而对岩体的整体及局部稳定性做出评价[73,74]。Maclaughlin 等[75]用非连续变形分析模型研究了斜坡上单块体和多块体运动模式及稳定性，并与解析结果进行了比较；Yang 等[76]对含节理的岩石试件进行双向加压模拟试验，并用非连续变形分析法进行数值模拟，数值计算结果与试验结果有较好的一致性；Cai 等[77]应用非连续变形分析法模拟汶川地震引起的三大滑坡，研究了摩擦系数和初始水平速度对滑坡的影响机制；邬爱清等[78]应用非连续变形分析法研究了复杂地质条件下地下厂房围岩的变形与破坏特征，阐明了厂房区域地应力水平、锚固方式、岩体结构条件及结构面强度参数等对洞室围岩变形的影响；张航等[79]应用非连续变形分析法对隧道围岩的破坏过程进行了动态分析。

数值流形法是一种高度统一的数值方法，它用连续和非连续的有限覆盖系统把连续和非连续的变形问题分析融合为一体。数值流形法以拓扑流形和微分流形为基础，它有分开的且独立的两套网格：数学覆盖(网格)和物理覆盖(网格)，而且数学覆盖和物理覆盖可以相互分离。通过采用连续和非连续覆盖函数的方法可以统一地处理连续和非连续问题[80,81]。Wu 等[82]考虑闭合裂纹面上的黏聚力和内摩擦角的影响，用数值流形法模拟了纯拉、纯剪和拉剪混合状态下的裂纹扩展过程；李树忱等[83]通过强化试函数的方法建立了考虑裂纹尖端场的数值流形法；张大林等[84]用动态断裂韧度和动态应力强度因子判定裂纹起裂，建立了动态裂纹扩展的数值流形法。

综上所述，尽管研究者对地下工程围岩稳定开展了大量数值模拟分析，但随着地下工程开挖深度的显著增加，对复杂地质赋存环境条件下的深部工程开展数值模拟仍然十分重要。

## 1.3 本书主要研究内容

本书采用物理模拟和数值模拟相结合的方法，系统研究深部工程围岩的非线性变形破坏机理，建立深部围岩稳定性评价分析方法。本书主要研究内容如下：

（1）第1章简要介绍了研究背景、国内外研究现状，阐述了本书主要研究内容。

（2）第2章阐述深部工程智能数控超高压真三维非均匀加载与稳压模型试验系统和模型试验微型 TBM 开挖掘进系统的研制方法与技术特性。

（3）第3章通过物理模拟与数值模拟揭示大埋深隧洞围岩与支护结构的协同承载机理，提出考虑材料非线性和接触非线性的深部隧洞围岩-支护结构协同作用力学模型，开发相应数值分析程序，指导工程实践。

（4）第4章通过高地应力与高水压流固耦合真三维物理模拟，揭示大埋深隧洞施工与支护过程中围岩位移、应力和渗透压力变化规律，为深部引水隧洞工程安全建设提供指导。

（5）第5章通过物理模拟与数值模拟成功再现高地应力条件下高边墙洞室开挖卸荷产生的分层劈裂破坏现象，揭示高边墙洞室围岩非线性变形特征与劈裂破坏规律，为地下厂房工程设计提供指导。

（6）第6章通过物理模拟得到我国首座高放废物深埋地质处置地下实验室的施工开挖变形特征与超载破坏规律，建立基于突变理论的地下洞室围岩失稳能量判据，提出改进非线性强度折减数值分析方法，为地下实验室总体建设方案的优化提供指导。

（7）第7章通过数值模拟和物理模拟，揭示不同期次构造应力作用下和不同充填状态超深埋油藏溶洞的垮塌破坏模式和油藏裂缝的闭合演化规律，为大深埋油藏开采提供指导。

（8）第8章建立显式表征深部各向异性储层岩石微观结构的颗粒离散元法，揭示深部储层钻井垮塌破坏机理，为深部油藏钻井开发提供指导。

## 参 考 文 献

[1] 钱七虎. 深部岩体工程响应的特征科学现象及"深部"的界定. 东华理工学院学报, 2004, 27（1）: 1-5.

[2] 何满潮, 谢和平, 彭苏萍, 等. 深部开采岩体力学研究. 岩石力学与工程学报, 2005, 24（16）: 2803-2813.

[3] 谢和平, 彭苏萍, 何满潮. 深部开采基础理论与工程实践. 北京: 科学出版社, 2006.

[4] 何满潮, 钱七虎. 深部岩体力学基础. 北京: 科学出版社, 2010.

[5] 张强勇, 李术才, 张绪涛, 等. 深部洞室破坏机理与围岩稳定分析理论方法及应用. 北京: 科学出版社, 2017.

[6] Wang J, Chen L, Su R, et al. The Beishan underground research laboratory for geological disposal of high-level radioactive waste in China: Planning, site selection, site characterization and in situ tests. Journal of Rock Mechanics and Geotechnical Engineering, 2018, 10（3）: 411-435.

[7] 朱珍德, 张勇, 徐卫亚, 等. 高围压高水压条件下大理岩断口微观机理分析与试验研究. 岩石力学与工程学报, 2005, 24(1): 44-51.

[8] 王明洋, 周泽平, 钱七虎. 深部岩体的构造和变形与破坏问题. 岩石力学与工程学报, 2006, 25(3): 448-455.

[9] 周小平, 钱七虎, 杨海清. 深部岩体强度准则. 岩石力学与工程学报, 2008, 27(1): 117-123.

[10] Li D, Wong L N Y, Gang L, et al. Influence of water content and anisotropy on the strength and deformability of low porosity meta-sedimentary rocks under triaxial compression. Engineering Geology, 2012, 126: 46-66.

[11] Wong T F, Baud P. The brittle-ductile transition in porous rock: A review. Journal of Structural Geology, 2012, 44: 25-53.

[12] Saksala T, Ibrahimbegovic A. Anisotropic viscodamage-viscoplastic consistency constitutive model with a parabolic cap for rocks with brittle and ductile behaviour. International Journal of Rock Mechanics and Mining Sciences, 2014, 70: 460-473.

[13] 陈文华, 黄火林, 马鹏. 超高应力作用下锦屏二级水电站深部岩体变形特性试验研究. 岩石力学与工程学报, 2015, 34(S2): 3930-3935.

[14] 谢和平, 高峰, 鞠杨. 深部岩体力学研究与探索. 岩石力学与工程学报, 2015, 34(11): 2161-2178.

[15] 杜应吉. 地质力学模型试验的研究现状与发展趋势. 西北水资源与水工程, 1996, (2): 67-70.

[16] 沈泰. 地质力学模型试验技术的进展. 长江科学院院报, 2001, 18(5): 32-36.

[17] 袁大祥, 朱子龙, 朱乔生. 高边坡节理岩体地质力学模型试验研究. 三峡大学学报(自然科学版), 2001, 23(3): 193-197.

[18] 陈安敏, 顾金才, 沈俊, 等. 地质力学模型试验技术应用研究. 岩石力学与工程学报, 2004, 23(22): 3785-3789.

[19] 周维垣, 杨若琼, 刘耀儒, 等. 高拱坝整体稳定地质力学模型试验研究. 水力发电学报, 2005, 24(1): 50-57.

[20] 廖红建, 王铁行. 岩土工程数值分析. 北京: 机械工业出版社, 2006.

[21] Bakhtar K. Impact of joints and discontinuities on the blast-response of responding tunnels studied under physical modeling at 1-g. International Journal of Rock Mechanics and Mining Sciences, 1997, 34(3): 21-35.

[22] Castro R, Trueman R, Halim A. A study of isolated draw zones in block caving mines by means of a large 3D physical model. International Journal of Rock Mechanics & Mining Sciences, 2007, 44(6): 860-870.

[23] Shin J H, Choi Y K, Kwon O Y, et al. Model testing for pipe-reinforced tunnel heading in a granular soil. Tunnelling and Underground Space Technology, 2008, 23(3): 241-250.

[24] 陈浩, 杨春和, 李丹, 等. 软岩隧道锚杆支护作用的模型试验研究. 岩石力学与工程学报, 2009, 28(S1): 2922-2927.

[25] He M, Jia X, Gong W, et al. Physical modeling of an underground roadway excavation in vertically stratified rock using infrared thermography. International Journal of Rock Mechanics and Mining Sciences, 2010, 47(7): 1212-1221.

[26] 谭忠盛, 曾超, 李健, 等. 海底隧道支护结构受力特征的模型试验研究. 土木工程学报, 2011, 44(11): 99-105.

[27] 李利平, 李术才, 赵勇, 等. 超大断面隧道软弱破碎围岩空间变形机制与荷载释放演化规律. 岩石力学与工程学报, 2012, 31(10): 2109-2118.

[28] 李术才, 王德超, 王琦, 等. 深部厚顶煤巷道大型地质力学模型试验系统研制与应用. 煤炭学报, 2013, 38(9): 1522-1530.

[29] 王汉鹏, 张庆贺, 袁亮, 等. 基于 CSIRO 模型的煤与瓦斯突出模拟系统与试验应用. 岩石力学与工程学报, 2015, 34(11): 2301-2308.

[30] Bao Z, Yuan Y, Yu H. Multi-scale physical model of shield tunnels applied in shaking table test. Soil Dynamics and Earthquake Engineering, 2017, 100: 465-479.

[31] Hu X, Fang T, Chen J, et al. A large-scale physical model test on frozen status in freeze-sealing pipe roof method for tunnel construction. Tunnelling and Underground Space Technology, 2018, 72: 55-63.

[32] 马芳平, 李仲奎, 罗光福. NIOS 模型材料及其在地质力学相似模型试验中的应用. 水力发电学报, 2004, 23(1): 48-51.

[33] 张强勇, 李术才, 郭小红, 等. 铁晶砂胶结新型岩土相似材料的研制及其应用. 岩土力学, 2008, 29(8): 2126-2130.

[34] Zhang Q Y, Duan K, Jiao Y Y, et al. Physical model test and numerical simulation for the stability analysis of deep gas storage cavern group located in bedded rock salt formation. International Journal of Rock Mechanics and Mining Sciences, 2017, 94: 43-54.

[35] 董金玉, 杨继红, 杨国香, 等. 基于正交设计的模型试验相似材料的配比试验研究. 煤炭学报, 2012, 37(1): 44-49.

[36] 袁宗盼, 陈新民, 袁媛, 等. 地质力学模型相似材料配比的正交试验研究. 防灾减灾工程学报, 2014, 34(2): 197-202.

[37] Chen S, Wang H, Zhang J, et al. Experimental study on low-strength similar-material proportioning and properties for coal mining. Advances in Materials Science and Engineering, 2015, (3): 1-6.

[38] 史小萌, 刘保国, 肖杰. 水泥和石膏胶结相似材料配比的确定方法. 岩土力学, 2015, 36(5): 1357-1362.

[39] 陈安敏, 顾金才, 沈俊, 等. 岩土工程多功能模拟试验装置的研制及应用. 岩石力学与工程学报, 2004, 23(3): 372-378.

[40] 李仲奎, 卢达溶, 中山元, 等. 三维模型试验新技术及其在大型地下洞群研究中的应用. 岩石力学与工程学报, 2003, 22(9): 1430-1436.

[41] 朱维申, 张乾兵, 李勇, 等. 真三轴荷载条件下大型地质力学模型试验系统的研制及其应用. 岩石力学与工程学报, 2010, 29(1): 1-7.

[42] 张强勇, 李术才, 尤春安. 新型岩土地质力学模型试验系统的研制及应用. 土木工程学报, 2006, 39(12): 100-107.

[43] 张强勇, 李术才, 尤春安, 等. 新型组合式三维地质力学模型试验台架装置的研制及应用. 岩石力学与工程学报, 2007, 26(1): 143-148.

[44] 张强勇, 李术才, 李勇, 等. 大型分岔隧道围岩稳定与支护三维地质力学模型试验研究. 岩石力学与工程学报, 2007, 26(S2): 4051-4059.

[45] 张强勇, 陈旭光, 林波, 等. 高地应力真三维加载模型试验系统的研制及其应用. 岩土工程学报, 2010, 32(10): 1588-1593.

[46] 张强勇, 陈旭光, 张宁, 等. 交变气压风险条件下层状盐岩地下储气库注采气大型三维地质力学试验研究. 岩石力学与工程学报, 2010, 29(12): 2410-2419.

[47] 陈旭光, 张强勇, 刘德军, 等. 数控真三维梯度加载模型试验系统的研制及应用. 煤炭学报, 2011, 36(2): 272-277.

[48] 张强勇, 张绪涛, 向文, 等. 不同洞形与加载方式对深部岩体分区破裂影响的模型试验研究. 岩石力学与工程学报, 2013, 32(8): 1564-1571.

[49] Chen X G, Zhang Q Y, Li S C, et al. Geo-mechanical model testing for stability of underground gas storage in halite during the operational period. Rock Mechanics and Rock Engineering, 2016, 49(7): 2795-2809.

[50] 周生国, 黄伦海, 蒋树屏, 等. 黄土连拱隧道施工方法模型试验研究. 地下空间与工程学报, 2005, 1(2): 188-191.

[51] Alejano L R, Alonso E, Rodriguez-Dono A, et al. Application of the convergence-confinement method to tunnels in rock masses exhibiting Hoek-Brown strain-softening behaviour. International Journal of Rock Mechanics and Mining Sciences, 2010, 47(1): 150-160.

[52] Golshani A, Oda M, Okui Y, et al. Numerical simulation of the excavation damaged zone around an opening in brittle rock. International Journal of Rock Mechanics and Mining Sciences, 2007, 44(6): 835-845.

[53] Zhou X P, Song H F, Qian Q H. Zonal disintegration of deep crack-weakened rock masses: A non-Euclidean model. Theoretical and Applied Fracture Mechanics, 2011, 55(3): 227-236.

[54] 苏国韶, 冯夏庭, 江权, 等. 高地应力下地下工程稳定性分析与优化的局部能量释放率新指标研究. 岩石力学与工程学报, 2006, 25(12): 2453-2460.

[55] 陈国庆, 冯夏庭, 江权, 等. 考虑岩体劣化的大型地下厂房围岩变形动态监测预警方法研究. 岩土力学, 2010, 31(9): 3012-3018.

[56] 刘会波, 肖明, 陈俊涛. 岩体地下工程局部围岩失稳的能量耗散突变判据. 武汉大学学报 (工学版), 2011, 44(2): 202-206.

[57] 张建海, 胡著秀, 杨永涛, 等. 地下厂房围岩松动圈声波拟合及监测反馈分析. 岩石力学与 工程学报, 2011, 30(6): 1191-1197.

[58] Asef M R, Reddish D J, Lloyd P W. Rock-support interaction analysis based on numerical modelling. Geotechnical and Geological Engineering, 2000, 18(1): 23-37.

[59] 张素敏, 宋玉香, 朱永全. 隧道围岩特性曲线数值模拟与分析. 岩土力学, 2004, 25(3): 455-458.

[60] Basarir H, Genis M, Ozarslan A. The analysis of radial displacements occurring near the face of a circular opening in weak rock mass. International Journal of Rock Mechanics and Mining Sciences, 2010, 47(5): 771-783.

[61] 李煜舲, 林铭益, 许文贵. 三维有限元分析隧道开挖收敛损失与纵剖面变形曲线关系研究. 岩石力学与工程学报, 2008, 27(2): 258-265.

[62] 孙钧, 张玉生. 大断面地下结构黏弹塑性有限元解析. 同济大学学报, 1983, (2): 10-25.

[63] 金丰年. 考虑时间效应的围岩特征曲线. 岩石力学与工程学报, 1997, (4): 51-60.

[64] 齐明山, 陈明波, 冯翠霞. 厦门海底隧道围岩-支护系统相互作用时效数值分析. 建筑科学, 2006, 22(5): 29-33.

[65] Oreste P P. A numerical approach to the hyperstatic reaction method for the dimensioning of tunnel supports. Tunnelling and Underground Space Technology, 2007, 22(2): 185-205.

[66] Malmgren L, Nordlund E. Interaction of shotcrete with rock and rock bolts—A numerical study. International Journal of Rock Mechanics and Mining Sciences, 2008, 45(4): 538-553.

[67] Tian H M, Chen W Z, Yang D S, et al. Numerical analysis on the interaction of shotcrete liner with rock for yielding supports. Tunnelling and Underground Space Technology, 2016, 54: 20-28.

[68] 周辉, 高阳, 张传庆, 等. 考虑围岩衬砌相互作用的钢筋混凝土衬砌数值模拟. 水利学报, 2016, 47(6): 763-771.

[69] Cai M, Kaiser P K, Morioka H, et al. FLAC/PFC coupled numerical simulation of AE in large-scale underground excavations. International Journal of Rock Mechanics and Mining Sciences, 2007, 44(4): 550-564.

[70] Lee Y Z, Schubert W. Determination of the round length for tunnel excavation in weak rock. Tunnelling and Underground Space Technology, 2008, 23(3): 221-231.

[71] Elmekati A, Shamy U E. A practical co-simulation approach for multiscale analysis of geotechnical systems. Computers and Geotechnics, 2010, 37(4): 494-503.

[72] Cook B K, Lee M Y, DiGiovanni A A, et al. Discrete element modeling applied to laboratory simulation of near-wellbore mechanics. International Journal of Geomechanics, 2004, 4(1): 19-27.

[73] 刘军, 李仲奎. 非连续变形分析(DDA)方法研究现状及发展趋势. 岩石力学与工程学报, 2004, 23(5): 839-845.

[74] Beyabanaki S, Jafari A, Yeung M R. High-order three-dimensional discontinuous deformation analysis(3-D DDA). International Journal for Numerical Methods in Biomedical Engineering, 2010, 26(12): 1522-1547.

[75] Maclaughlin M, Sitar N, Doolin D M, et al. Investigation of slope stability kinematics using discontinuous deformation analysis. International Journal of Rock Mechanics and Mining Sciences, 2001, 38(5): 753-762.

[76] Yang M, Fukawa T, Ohnishi Y, et al. The application of 3-dimensional dda with a spherical rigid block for rockfall simulation. International Journal of Rock Mechanics and Mining Sciences, 2004, 41(3): 611-616.

[77] Cai F, Yang Q Q, Su Z M. DDA simulation of large landslides triggered by the Wenchuan earthquake//Proceedings of the 11th International Conference on Analysis of Discontinuous Deformation, Fukuoka, 2013: 201-206.

[78] 邬爱清, 丁秀丽, 陈胜宏, 等. DDA 方法在复杂地质条件下地下厂房围岩变形与破坏特征分析中的应用研究. 岩石力学与工程学报, 2006, 25(1): 1-8.

[79] 张航, 王述红, 郭牡丹, 等. 岩体隧道三维建模及围岩非连续变形动态分析. 地下空间与工程学报, 2012, 8(1): 43-47.

[80] 王芝银, 王思敬. 岩石大变形分析的流形方法. 岩石力学与工程学报, 1997, 16(5): 1-6.

[81] 张国新, 周立本, 朱伯芳, 等. 五强溪船闸裂缝的流形元模拟. 水利学报, 2003, (11): 37-42.

[82] Wu Z, Wong L. Frictional crack initiation and propagation analysis using the numerical manifold method. Computers and Geotechnics, 2012, 39(1): 38-53.

[83] 李树忱, 程玉民. 考虑裂纹尖端场的数值流形方法. 土木工程学报, 2005, 38(7): 96-101.

[84] 张大林, 栾茂田, 杨庆, 等. 基于流形方法的动态应力强度因子数值算法. 大连理工大学学报, 2002, 42(5): 590-593.

# 第2章 大型真三维物理模拟系统与模型试验微型 TBM 开挖掘进系统研制

开展物理模拟必须具备物理模拟试验系统，目前地下工程物理模拟试验系统的研制已取得可喜的研究进展[1~5]，但现有物理模拟试验系统在实施大埋深洞室智能数控加载方面还存在一些问题。因此，本章采用伺服数控技术研制发明一种数字伺服控制、加荷量值大、加载精度高、稳压性能好、尺寸可调的智能数控超高压真三维非均匀加载与稳压模型试验系统[6~10]。

物理模拟是根据相似原理对特定工程地质问题进行的缩尺模型试验研究，模型的尺寸一般较小，模型试验较小的开挖误差就会造成与实际工程较大的偏差，如何进行模型微小洞室的精准开挖成为模型试验能否取得成功的关键。目前，模型试验洞室大多采用人工方式进行掘进开挖[11~17]，但人工开挖精度比较差。因此，研究者研制了模型试验机械开挖装置，例如，李浪等[18]研制了一种采用步进电机驱动的掘进装置，并将其应用于成兰铁路龙门山隧道突水灾害模型试验；朱叶艇等[19]自主开发了一种半自动盾构掘进装置，能较好地模拟盾构开挖过程。

为解决现有模型试验开挖装置在模型洞室自动开挖方面的不足，本章采用伺服电动控制技术，研制发明地下工程模型试验微型 TBM 开挖掘进系统[20~22]，实现了对模型试验不同洞型(圆形和非圆形)、不同断面尺寸洞室的全断面和台阶法开挖，提高了模型试验的开挖精度，减少了传统人工开挖误差对模型试验结果的影响，实现了模型试验开挖过程的自动化。

## 2.1 模型试验系统设计理念与研制方法

### 1. 设计理念

1)模块化设计理念

采用模块组合技术，加载反力装置采用模块组合结构形式，通过模块组合，加载反力装置的尺寸可以任意调整，可满足不同规模模型试验的要求。

2)数控针阀调压理念

通过数控针阀调压技术，解决系统零起步加载技术难题，大大提高了模型系统的加载精度和应用范围。

3）梯度非均匀加载理念

采用梯度非均匀加载技术，实现模型试验的梯度非均匀加载，真实模拟初始地应力分布状况。

2. 研制方法

采用上述设计理念，设计并研制发明了智能数控超高压真三维非均匀加载与稳压模型试验系统。图 2.1.1 为模型试验系统设计图，图 2.1.2 为研制的模型试验

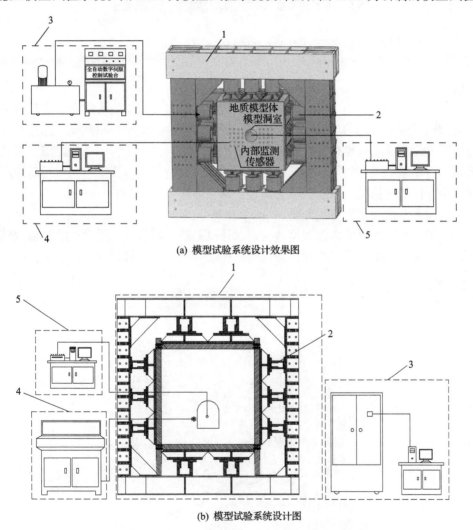

(a) 模型试验系统设计效果图

(b) 模型试验系统设计图

图 2.1.1　智能数控超高压真三维非均匀加载与稳压模型试验系统设计图

1.模块组合台架反力装置；2.超高压加载装置；3.液压非均匀加载数控系统；
4.模型位移测试系统；5.高清内窥可视系统

图 2.1.2 智能数控超高压真三维非均匀加载与稳压模型试验系统照片

1.模块组合台架反力装置；2.超高压加载装置；3.液压非均匀加载数控系统；4.模型位移测试系统；5.可视化开挖观测窗

系统照片。

由图 2.1.1 和图 2.1.2 可以看出，超高压加载装置设置于模块组合台架反力装置内，通过液压非均匀加载数控系统输入的加载指令，伺服控制超高压加载装置进行模型超高压真三维梯度非均匀加载与稳压控制。试验过程中通过模型位移测试系统自动采集模型内部任意部位的位移，通过高清内窥可视系统可实时动态观测模型开挖破坏状况。下面对系统设计加以介绍。

1）模块组合台架反力装置设计

图 2.1.3 为模块组合台架反力装置设计效果图。该装置采用模块组合结构形式，主要用于容纳试验模型并作为模型试验加载的反力装置，其由若干可拆卸的

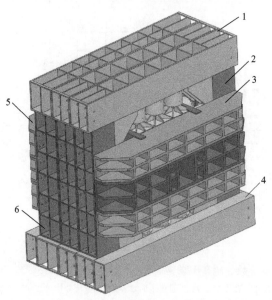

图 2.1.3 模块组合台架反力装置设计效果图

1.顶梁；2.右立柱；3.前反力墙；4.底梁；5.后反力墙；6.左立柱

钢制模块构件通过高强螺栓、角件和拉筋连接组合而成。整个装置长 5.05m、宽 3.6m、高 4.85m，包含顶梁、底梁、立柱和反力墙等部件，所有模块化构件均由厚度为 25mm 的 Q345 高强钢板加工而成，可容纳的试验模型最大净尺寸为长 2.5m、宽 2m、高 2.5m。

为控制模块组合台架反力装置的变形，在装置内部设置了角件、拉筋等加强件。采用模块组合结构，反力装置的尺寸可根据试验模型的范围任意调整，克服了传统试验装置尺寸固定、不能根据试验范围灵活调整的缺陷。

2) 超高压加载装置设计

超高压加载装置设置于模块组合台架反力装置内部，图 2.1.4 为超高压加载装置设计图。超高压加载装置设计采用了梯度加载技术，通过液压非均匀加载数控系统实现模型试验的梯度非均匀加载，从而准确模拟深部工程初始高地应力分布状况。

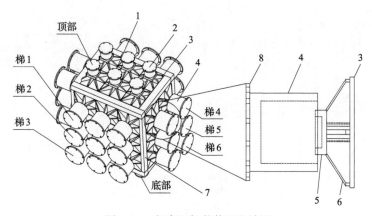

图 2.1.4　超高压加载装置设计图

1.加载板；2.法兰盘；3.台形传力加载模块底板；4.大吨位液压千斤顶；
5.台形传力加载模块顶板；6.传力加筋肋板；7.三维加载导向框；8.台架反力装置

由图 2.1.4 可以看出：

(1) 超高压加载装置包含 33 个加载单元，每个加载单元由一个液压千斤顶和一个台形传力加载模块组成。加载单元分别设置在台架反力装置的上、下、左、右、后五个面上进行主动加载，模型正面采用位移约束的被动加载以方便洞室开挖。液压千斤顶的加载设计吨位为 5000kN，油缸直径为 280mm，千斤顶行程为 100mm。

(2) 台形传力加载模块由顶板、底板和传力加筋肋板焊接而成，传力加筋肋板彼此呈 45°夹角均匀分布于顶板和底板之间。液压千斤顶的后端通过法兰盘与台架反力装置连接，液压千斤顶前端通过高强螺栓与台形传力加载模块的顶板连接。台形传力加载模块的底板紧贴模型加载板，通过台形传力加载模块和台架反力装置将液压千斤顶的荷载均匀施加到模型表面。

（3）加载单元被分为 8 组，模型顶部 1 组，模型底部 1 组，模型左、右侧面从上往下被分成三个梯度加载层，每层 1 组，共 3 组（对应图 2.1.4 中的梯 4、梯 5、梯 6）；模型后面从上往下被分成 3 个梯度加载层，每层 1 组，共 3 组（对应图 2.1.4 中的梯 1、梯 2、梯 3）。8 组加载单元分别由液压非均匀加载数控系统控制的 8 个油路通道进行独立、同步超高压梯度非均匀加载。

3）液压非均匀加载数控系统设计

图 2.1.5 为液压非均匀加载数控系统油路设计图。该系统主要由 PLC 液压数控系统、超高压执行系统和 PC 监控系统等组成。通过数控针阀调压，消除起步压力的影响，实现模型试验系统零起步加载。

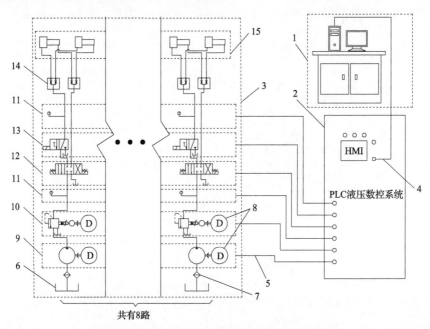

图 2.1.5　液压非均匀加载数控系统油路设计图

1.PC 监控系统；2.PLC 液压数控系统；3.超高压执行系统；4.网线；5.电缆；6.油箱；7.滤油器；8.步进电机；
9.油泵；10.步进溢流针阀；11.压力传感器；12.O 形三位四通电磁换向阀；13.电磁球阀保压阀；14.同步阀；
15.可编程控制器

由图 2.1.5 可以看出：

（1）PC 监控系统和 PLC 液压数控系统通过网线连接，PLC 液压数控系统和超高压执行系统通过电缆连接，形成对压力的全闭环控制。油路中的液压油由油箱经滤油器、油泵、步进溢流针阀、O 形三位四通电磁换向阀、电磁球阀保压阀、同步阀进入液压千斤顶，之后进入 O 形三位四通电磁换向阀形成回流。

（2）超高压执行系统被分成相互独立且并联的 8 个油路通道，每个油路通道单独控制超高压加载装置的 1 组加载单元，每个油路通道独立运行且互不干扰。

（3）不同的电磁阀起着不同的作用。步进溢流针阀用于调节油路压力；O 形三位四通电磁换向阀用于控制油路流向；电磁球阀保压阀起到保压作用；同步阀保证同一油路上不同的液压千斤顶实现同步加载。

图 2.1.6 为液压非均匀加载数控系统电路设计图，其中 PLC 液压数控系统包括人机界面（human-machine interface，HMI）、可编程控制器、传感器系统、变频油泵驱动系统、步进溢流针阀驱动系统和电磁阀驱动系统。

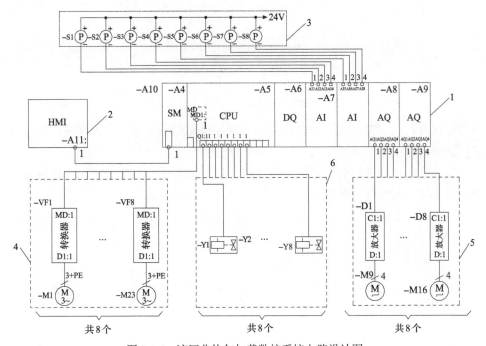

图 2.1.6 液压非均匀加载数控系统电路设计图

1.可编程控制器；2.人机界面；3.传感器系统；4.变频油泵驱动系统；5.步进溢流针阀驱动系统；6.电磁阀驱动系统

由图 2.1.6 可以看出：

（1）人机界面的作用是操作人员可以直接通过这个界面输入加载指令。

（2）可编程控制器作为中央处理器，将输入的加载指令转换成电信号分别传输给变频油泵驱动系统、步进溢流针阀驱动系统和电磁阀驱动系统。

（3）变频油泵驱动系统控制油泵将液压油泵入油路；步进溢流针阀驱动系统控制步进电机推动步进溢流针阀的阀芯前进或者后退，实现油路压力的减小或增大；电磁阀驱动系统控制 O 形三位四通电磁换向阀和电磁球阀保压阀的开启或关闭，实现油路的分流与保压。

（4）传感器系统将检测到的油路压力信息及时反馈到可编程控制器以处理成数字压力信号，从而在人机界面上实时动态显示。

## 2.2　模型试验系统工作原理与技术特性

**1. 梯度非均匀加载原理**

模型试验系统的加载单元被分成 8 组，由 8 个独立的油路通道单独控制，每一个油路的输出压力为

$$\begin{cases} \sigma_{顶} = \gamma h_{顶} \\ \sigma_{底} = \gamma h_{底} \\ \sigma_i = k_i \gamma h_i \end{cases} \tag{2.2.1}$$

式中，$\sigma_{顶}$、$\sigma_{底}$、$\sigma_i$ 分别为模型顶部、底部和侧面需要施加的初始地应力；$\gamma$ 为岩体容重；$h_{顶}$ 为模型顶部埋深；$h_{底}$ 为模型底部埋深；$h_i$ 为各梯度加载层埋深；$k_i$ 为对应的侧压系数。

根据式(2.2.1)计算的应力，通过液压非均匀加载数控系统就可以实现试验模型的梯度非均匀加载，如图 2.2.1 所示。

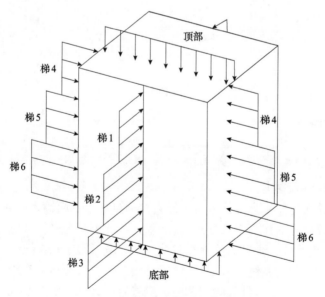

图 2.2.1　模型梯度非均匀加载示意图

**2. 液压非均匀加载数控原理**

液压非均匀加载数控系统的压力输出均需要通过阀门来控制压力的大小。不

同于传统的电磁阀，本节设计了数控溢流针阀，该针阀与传统电磁阀的不同之处在于，在其上游和下游各装有一个高精度的压力传感器，在压力控制过程中，通过步进电机驱动数控溢流针阀的阀芯前进或后退来进行压力调节。当数控溢流针阀下游的压力大于需要的输出压力时，步进电机驱动阀芯前进，多余的压力"溢流"，油路压力降低；反之，油路压力升高。

步进电机是由可编程控制器控制的数控溢流针阀驱动系统进行控制的，通过可编程控制器，针对读取的数控溢流针阀上下游的压力数据，实时调整步进电机的转速，实现对数控溢流针阀驱动系统的变频调试。同时结合步进电机的无级调速功能，就可以利用电气控制技术的优势，消除机械误差造成的影响。

对于传统阀门，其初始状态处于密闭状态，为了防止漏压，一般会在阀芯上安装弹簧用以压紧阀芯，这就导致传统阀门在开启时必须依靠一个"起步压力"抵消该弹簧的压力，才能打开阀门，这样传统阀门在开启过程中输出的最小压力就必须大于"起步压力"。而本节设计的数控溢流针阀在阀门打开过程中，可以有一个反向的压力修正，用以抵消这个"起步压力"的影响，从而使得油路的开启摆脱了起步压力的束缚，轻松解决启动压力从零起步的技术难题，大大提高了液压非均匀加载数控系统的加载精度。

液压非均匀加载数控系统的压力控制流程如下：

(1)操作员通过人机交互可视化系统的人机界面或 PC 监控系统输入加载指令。

(2)可视化人机交互系统将指令转换成数字信号，并传送给 PLC 液压数控系统。

(3)PLC 液压数控系统的中央控制单元将数字压力信号转换成电信号。

(4)电信号分别传送到变频油泵驱动系统、步进溢流针阀驱动系统和电磁阀驱动系统。

(5)变频油泵驱动系统控制油泵将液压油泵入油路。

(6)数控溢流针阀驱动系统经过变频调试，控制步进电机驱动数控溢流针阀阀芯前进或后退，从而降低或增加油路压力。

(7)电磁阀驱动系统控制 O 形三位四通电磁换向阀和电磁球阀保压阀的开闭，实现油路的分流保压。

(8)传感器系统将检测到的油路压力信息及时反馈给可编程控制器，将油路压力信息处理成数字压力信号。

(9)数字压力信号实时动态显示在人机界面上，加载历史记录保存在 PC 监控系统中。

3. 模型位移测试原理

模型位移测试系统通过柔性传递、光电转换、精确解译实现模型内部位移的实时量测，精度达到 0.0001mm，比传统机电测试技术提高了 10 倍，如图 2.2.2

所示。模型内部围岩的变形主要通过柔性测丝传递给光栅尺，将其转换成光电信号，再通过自行研制的光栅信号数据采集仪精确解译得到模型数字位移，从而实现模型体内部位移的实时动态采集，大大提高了模型位移的测量精度。

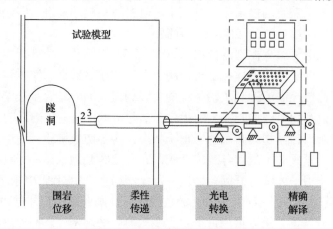

图 2.2.2 模型位移测试原理

**4. 模型试验系统主要技术参数**

(1)系统单面最大加载 45000kN。

(2)系统额定出力 63.5MPa。

(3)系统加载精度 1.5‰F.S.。

(4)千斤顶设计吨位 5000kN。

(5)千斤顶行程 100mm。

(6)电机功率 1.5kW。

(7)电机转速 1500r/min。

(8)高压流量 2.5L/min。

(9)位移量程 100mm，位移测试精度 0.0001mm。

**5. 模型试验系统技术特性**

与国内外同类型的模型试验系统相比，本章的模型试验系统具有如下技术优势：

(1)系统加载反力装置规模大且尺寸可调。反力装置外部尺寸为长 5.05m、高 4.85m、厚 3.6m，反力装置内部容纳的模型净尺寸为长 2.5m、高 2.5m、厚 2.0m。反力装置采用模块组合结构、尺寸可调，解决了现有模型试验装置尺寸固定不可调的技术难题。

(2)通过数控针阀调压技术，实现复杂地应力环境条件下试验模型的真三维、零起步、超高压、高精度非均匀加载，可精细模拟千米以深高地应力分布状况，解决了现有模型试验系统低压均匀加载、无法零起步加压的技术难题。

(3)系统加载精度高、稳压时间长、加荷范围广。系统加载精度达 1.5‰F.S.，稳压时间超过 300 天，能进行 0～63.5MPa 范围的任意加载，可满足浅埋和深埋地下工程模型试验的需要。

(4)通过柔性传递和光电转换技术，实现模型体内部位移的高精度实时量测，解决了现有模型试验无法有效测试模型体内部任意部位位移的技术难题。

(5)通过配备可拆卸的透明开挖视窗和高清内窥可视系统，可实时动态观测洞室开挖变形破坏状况。

## 2.3　模型试验微型 TBM 开挖掘进系统研制

要开展地下工程物理模拟，必须对模型洞室进行开挖，而模型试验的开挖精度直接影响模型试验结果。目前，国内外模型试验多以人工开挖为主，即使采用机械开挖，也只能进行圆形洞室的全断面开挖，无法实施非圆形洞室的台阶法开挖。为此，本节采用伺服电动控制技术研制发明地下工程模型试验微型 TBM 开挖掘进系统[20~22]。

### 1. 开挖装置设计理念

(1)任意洞型开挖。通过仿形刀头和补偿切削，实现任意形状洞室开挖，克服了传统开挖装置只能开挖圆形洞室的技术缺陷。

(2)精准开挖。通过伺服电动控制技术实现对模型开挖速度、开挖进尺的精确控制，克服了传统人工开挖对模型试验结果的影响。

(3)自动出渣。通过真空负压技术，自动吸出被切削的模型体材料，实现模型开挖的自动出渣。

### 2. 开挖装置设计方法

采用上述设计理念，设计研制出模型试验微型 TBM 开挖掘进系统，图 2.3.1 为模型试验微型 TBM 开挖掘进系统设计图。图 2.3.2 为模型试验微型 TBM 开挖掘进系统照片。

由图 2.3.1 和图 2.3.2 可以看出：

(1)微型 TBM 开挖掘进系统包括旋转切削系统、渣土吸送系统、导向推进系统、人机交互控制系统。旋转切削系统位于装置最前端，用于切削模型材料；渣土吸送系统紧邻开挖面后方，用于及时清除开挖切削下来的渣土；导向推进系统位于装置底部，用于约束掘进走向，并推动开挖装置前进；人机交互控制系统与导向推进系统连接，用户可通过人机交互控制系统对开挖掘进速度、掘进进尺和开挖间隔时间进行控制。

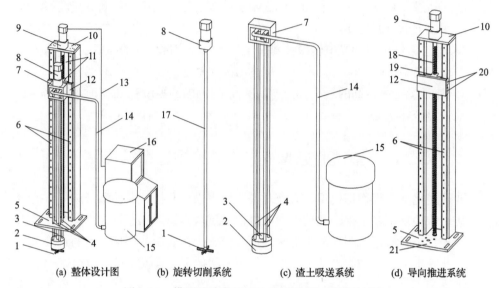

(a) 整体设计图　　(b) 旋转切削系统　　(c) 渣土吸送系统　　(d) 导向推进系统

图 2.3.1　模型试验微型 TBM 开挖掘进系统设计图

1.切削刀头；2.集尘罩；3.驱动轴外套筒；4.刚性吸渣管；5.定位导向板；6.直线导轨；7.底板；8.切削伺服电机；9.推进伺服电机；10.后面板；11.滚珠丝杠副；12.滑动平台；13.连接线；14.柔性吸渣管；15.真空吸尘器；16.人机交互控制系统；17.中心传动轴；18.滚珠丝杠；19.螺杆；20.滑块；21.直线轴承

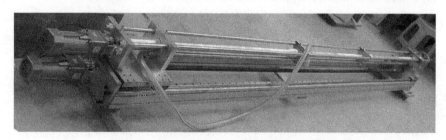

图 2.3.2　模型试验微型 TBM 开挖掘进系统照片

（2）旋转切削系统主要由切削刀头、中心传动轴和切削伺服电机组成。切削刀头由 Q345 高强淬火钢加工成型，位于最前端，通过中心传动轴与切削伺服电机连接，可以由切削伺服电机驱动切削刀头高速旋转从而切削模型材料，实现模型洞室开挖成型。

（3）如图 2.3.3 所示，通过开挖仿形装置可实现任意形状洞室的开挖。开挖仿形装置主要由防颤定位刀头、十字刀具、仿形刀头、仿形导轨和伸缩轴组成。防颤定位刀头起切削定位作用；十字刀具旋转切削洞室；仿形刀头通过伸缩轴固定在与十字刀具同步旋转的刀盘上，并通过轴承连在仿形导轨上。仿形刀头可以沿着伸缩轴伸缩，伸缩轴上装有一个高阻尼弹簧，使得仿形刀头在旋转过程中始终沿着仿形导轨运动，它端部的运动轨迹始终与仿形导轨一致，只要改变仿形导轨的形状便可以开挖出任意形状的洞室。

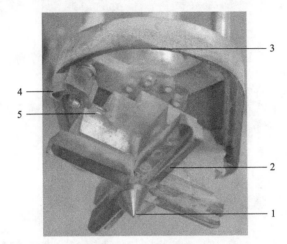

图 2.3.3　开挖仿形装置
1.防颤定位刀头；2.十字刀具；3.仿形导轨；4.仿形刀头；5.伸缩轴

(4)渣土吸送系统主要由集尘罩、驱动轴外套管、刚性吸渣管、柔性吸渣管、真空吸尘器等组成。集尘罩底部开有多个孔，分别与驱动轴外套管和刚性吸渣管连通；驱动轴外套管、刚性吸渣管通过集尘罩连成整体；刚性吸渣管末端由柔性吸渣管与真空吸尘器连通。当真空吸尘器工作时，可在集尘罩内形成负压，从而及时、有效地将切削刀头旋转切削的渣土依次通过刚性吸渣管、柔性吸渣管吸送到真空吸尘器中。

(5)导向推进系统主要由直线导轨、滚珠丝杠、滑动平台、推进伺服电机、定位导向板和尾部面板组成。直线导轨中间安装有滚珠丝杠，且滑动平台固定在滚珠丝杠上，沿着直线导轨前后移动，滚珠丝杠和直线导轨的前端固定于定位导向板上，直线导轨的末端固定在尾部面板上，滚珠丝杠由固定在尾部面板上的推进伺服电机驱动其旋转。

(6)人机交互控制系统主要由人机交互界面、集成控制板组成。集成控制板与推进伺服电机相连，集成控制板内置自编程序，可自动对推进伺服电机的转速进行精确控制，从而可按用户所设定的开挖速度、开挖进尺和开挖间隔时间完成开挖，并将开挖进程实时显示在人机交互控制界面上。

图 2.3.4 为模型试验微型 TBM 开挖掘进系统工作照片。图 2.3.5 为模型试验微型 TBM 开挖掘进系统开挖洞室效果。

(a) 竖井开挖

(b) 水平洞室开挖

图 2.3.4　模型试验微型 TBM 开挖掘进系统工作照片

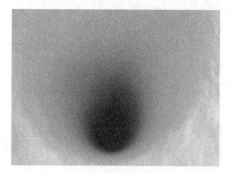

(a) 竖井开挖　　　　　　　　　　　　　(b) 交叉洞室开挖

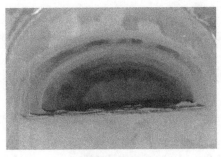

(c) 洞室上台阶开挖　　　　　　　　　(d) 洞室下台阶开挖

图 2.3.5　模型试验微型 TBM 开挖掘进系统开挖洞室效果

**3. 开挖掘进系统技术特性**

(1)开挖精度高。采用伺服电动控制技术精确控制模型洞室开挖速度、开挖进尺和开挖走向，每延米的开挖误差为±1mm，克服了传统人工开挖误差对模型试验结果的影响，极大地提高了模型试验的开挖精度。

(2)实现任意洞型开挖。采用仿形开挖技术，实现任意形状洞室的全断面或台阶法开挖，模型开挖更符合工程实际。

(3)开挖效率高。配备人机交互控制系统，操作简单，用户只需设定好开挖进尺、开挖速度和开挖间隔时间，就可进行模型洞室开挖，大大提高了模型试验的开挖效率。

(4)开挖扰动影响小。通过旋转切削开挖，开挖完成后洞室形状规整，对模型围岩和洞周传感器的扰动影响小。

## 2.4　本 章 小 结

本章采用伺服数控技术研制发明了智能数控超高压真三维非均匀加载与稳压模型试验系统，该系统具有反力装置规模大且尺寸可调、伺服数控加载、非均匀加荷量值大、加载精度高、稳压性能好等优势，其规模和性能为国内外首创，可精细模拟复杂环境条件下深部洞室开挖的非连续变形破坏过程，实现了高地应力条件下深部洞室施工过程的真实物理模拟。

本章采用伺服电动控制技术研制发明了模型试验微型 TBM 开挖掘进系统，该系统可以进行任意形状和任意尺寸模型洞室的全断面开挖和台阶法开挖，减少了人工开挖对模型试验结果的影响，实现了模型试验微型洞室的精准高效开挖。

## 参 考 文 献

[1] 李仲奎, 徐千军, 罗光福, 等. 大型地下水电站厂房洞群三维地质力学模型试验. 水利学报, 2002, (5): 31-36.

[2] 姜耀东, 刘文岗, 赵毅鑫. 一种新型真三轴巷道模型试验台的研制. 岩石力学与工程学报, 2004, 23(21): 3727-3731.

[3] 孙晓明, 何满潮, 刘成禹, 等. 真三轴软岩非线性力学试验系统研制. 岩石力学与工程学报, 2005, 24(16): 2870-2874.

[4] 李术才, 刘钦, 李利平, 等. 隧道施工过程大比尺模型试验系统的研制及应用. 岩石力学与工程学报, 2011, 30(7): 1368-1374.

[5] 张强勇, 李术才, 李勇, 等. 地下工程模型试验新方法、新技术及工程应用. 北京: 科学出版社, 2012.

[6] 张强勇, 向文, 张岳, 等. 超高压智能数控真三维加载模型试验系统的研制及应用. 岩石力学与工程学报, 2016, 35(8): 1628-1637.

[7] 张强勇, 李术才, 刘传成, 等. 智能数控超高压真三维非均匀加卸载与稳压模型试验系统: 中国, 201780002869.1. 2018.

[8] Zhang Q Y, Li S C, Liu C C, et al. Intelligent numerically-controlled ultrahigh pressure true three-dimensional non-uniform loading/unloading and steady pressure model test system: Australian, 2017329096. 2019.

[9] Zhang Q Y, Liu C C, Li S C, et al. Three-dimensional non-uniform loading/unloading and steady pressure model test system: US, 10408718B2. 2019.

[10] Liu C C, Zhang Q Y, Duan K, et al. Development and application of an intelligent test system for the model test on deep underground rock caverns. Energies, 2020, 13: 358.

[11] 姜小兰, 操建国, 孙绍文. 清江水布垭地下厂房洞室模型试验研究. 长江科学院院报, 2006, 23(6): 75-79.

[12] 王克忠, 李仲奎, 王爱民, 等. 浅埋暗挖地铁站厅洞室开挖过程物理模型试验及土体变形规律研究. 岩石力学与工程学报, 2008, 27(S1): 2715-2720.

[13] 房倩, 张顶立, 王毅远, 等. 圆形洞室围岩破坏模式模型试验研究. 岩石力学与工程学报, 2011, 30(3): 564-571.

[14] 郑甲佳, 撒蕾, 郭永建. 黄土地铁隧道锚杆布置方式的模型试验研究. 现代隧道技术, 2014, 51(6): 130-135.

[15] 刘泉声, 雷广峰, 肖龙鸽, 等. 十字岩柱法隧道开挖地质力学模型试验研究. 岩石力学与工程学报, 2016, 35(5): 919-927.

[16] 李璐, 陈秀铜. 大型地下洞室群稳定性地质力学模型试验研究. 地下空间与工程学报, 2016, 12(S2): 510-517.

[17] 杨为民, 王浩, 杨昕, 等. 高地应力-高水压下隧道突水模型试验系统的研制及应用. 岩石力学与工程学报, 2017, 36(S2): 3992-4001.

[18] 李浪, 戎晓力, 王明洋, 等. 深长隧道突水地质灾害三维模型试验系统研制及其应用. 岩石力学与工程学报, 2016, 35(3): 491-497.

[19] 朱叶艇, 张桓, 张子新, 等. 盾构隧道推进对邻近地下管线影响的物理模型试验研究. 岩土力学, 2016, 37(S2): 151-160.

[20] 张强勇, 张振杰, 刘传成, 等. 物理模型试验不同洞型微小洞室的精确自动开挖装置: 中国, 201711173491.X. 2019.

[21] 张强勇, 张振杰, 李术才, 等. 模型试验交叉隐蔽洞室开挖机械手及方法: 中国, 201810965747.9. 2019.

[22] 张强勇, 刘传成, 李术才, 等. 一种用于模型试验竖井开挖的精准数控自动开挖装置: 中国, 201810073091.X. 2019.

# 第 3 章 深部隧洞围岩-支护结构协同承载
# 数值模拟与物理模拟

鉴于深部地质环境的复杂多变、围岩力学特性的非线性及支护性能的不确定性，深部隧洞施工过程中开挖荷载如何释放、开挖荷载在围岩和支护结构间如何传递和转移、围岩和支护结构最终分担多少开挖荷载、开挖荷载如何动态分配等关键科学问题至今仍未得到很好的解决。因此，本章通过理论分析、数值模拟和物理模拟揭示深部隧洞施工开挖围岩-支护结构的协同承载作用机理[1]，研究成果可为深部工程围岩稳定性分析和支护结构设计优化提供科学指导。

## 3.1 深部岩石非线性变形与强度特性

选取滇中引水工程最大埋深 1512m 的香炉山隧洞的灰岩和粉砂质泥岩开展室内物理力学试验，分析讨论了不同应力条件下深部围岩的非线性变形特征与强度破坏规律，重点研究了峰后软化阶段围岩的非线性力学特性，提出了基于Hoek-Brown 强度准则的深部围岩非线性强度准则，为开展深部隧洞围岩-支护结构协同承载作用研究提供了理论基础。

### 3.1.1 深部岩石物理力学试验

#### 1. 现场取样

为研究滇中引水工程深部围岩的物理力学特性，作者在云南香炉山隧洞工程现场，分别从 XLZK13 和 XLZK14 两个千米级深部钻孔中选取灰白色的灰岩岩芯和灰黑色的粉砂质泥岩岩芯(见图 3.1.1)进行力学试验。通过 X 射线衍射分析，灰岩的主要矿物成分为方解石，含少量石英，而粉砂质泥岩的主要矿物成分为石英和绿泥石，含少量伊利石和长石。

#### 2. 试件制备

现场钻取的岩芯长度和直径均不符合室内力学试验要求，需要对取回的岩样进行切割、取芯和打磨，加工成高度 100mm、直径 50mm 的标准圆柱形试件，并保证打磨后试件两端面的不平整度小于 0.02mm，高度偏差控制在 1mm 以内。

图 3.1.2 为灰岩和粉砂质泥岩标准试件制备。

(a) 取样现场　　　　　　　　　　　　　　(b) 取样岩芯

(c) 灰岩岩芯　　　　　　　　　　　　　　(d) 粉砂质泥岩岩芯

图 3.1.1　现场取样

(a) 打磨岩芯　　　　　　　　　　　　　(b) 标准试件

图 3.1.2　灰岩和粉砂质泥岩标准试件制备

3. 试验方法

　　为保证试验结果的可靠性，尽可能消除试件离散性对试验结果的影响，采用非金属超声波探测仪对制备的标准试件进行声波测试，以便选取波速相近的岩芯进行力学试验。图 3.1.3 为岩石试件波速测试。波速测试完成后需要测量每个试件的高度和直径，并称重计算岩石密度。

图 3.1.3　岩石试件波速测试

在进行岩石直接拉伸试验时，首先采用自主研制发明的拉伸对中装置将试件与拉头用强力胶黏结对中，防止受拉偏心；然后将黏结对中的试件连同拉头一起放入万能试验机的拉伸夹具内，对拉伸试件施加 0.2kN 拉力以消除各连接构件之间的间隙；最后以 0.05mm/min 的速度缓慢施加拉力，直至试件被拉断。图 3.1.4 为岩石直接拉伸试验。

(a) 拉伸试件对中　　　　　　　　　　　(b) 直接拉伸试验

图 3.1.4　岩石直接拉伸试验

采用美国生产的 MTS-815 电液伺服岩石刚性试验机(见图 3.1.5)开展岩石单轴和常规三轴压缩试验，该设备具有性能稳定和测试精度高等优点，试验机最大轴向荷载为 2000kN，最大围压为 80MPa。通过安装在试件上的链式引伸计和线性可变差动传感器可实时监测岩石试件的环向和轴向应变。图 3.1.6 为岩石单轴压缩和常规三轴压缩试验。

图 3.1.5　MTS-815 电液伺服岩石刚性试验机

(a) 组装试件

(b) 安装试件

图 3.1.6　岩石单轴压缩和常规三轴压缩试验

### 3.1.2　深部岩石非线性变形破坏特性

1. 深部围岩应力-应变曲线

1) 拉伸应力-应变曲线

通过岩石直接拉伸试验得到灰岩和粉砂质泥岩的拉伸应力-应变曲线，如图 3.1.7 所示。由图 3.1.7 分析可知：

(1) 两类岩石除抗拉强度具有明显差异外 (灰岩的直接抗拉强度平均值为 4.5MPa，粉砂质泥岩的直接抗拉强度平均值为 1.3MPa)，其拉伸应力-应变曲线的形状基本一致。

(2)以图 3.1.7(b)中 B-3 试件为例,岩石拉伸应力-应变曲线总体上可分为 4 个阶段:①拉应力调整阶段(图中 *OA* 段),该阶段拉伸应力-应变曲线呈非线性缓慢增长趋势;②线弹性变形增长阶段(图中 *AB* 段),此阶段拉伸应力-应变曲线近似以直线形式快速增长;③非线性变形增长阶段(图中 *BC* 段),此阶段试件内部微裂纹扩展演化引起岩石产生损伤,导致出现非线性变形;④脆性跌落阶段(图中 *CD* 段),拉伸应力达到峰值后试件发生脆性拉伸断裂,拉应力迅速跌落至 0,同时伴随有清脆的断裂声。

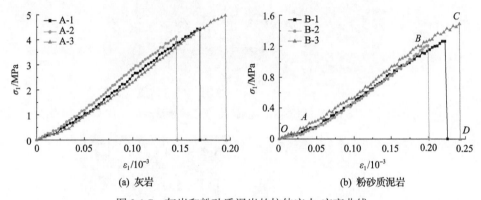

(a) 灰岩　　　　　　　　(b) 粉砂质泥岩

图 3.1.7　灰岩和粉砂质泥岩的拉伸应力-应变曲线

2)压缩应力-应变曲线

通过常规三轴压缩试验得到灰岩和粉砂质泥岩在不同围压条件下的压缩应力-应变曲线(见图 3.1.8),图中应力和应变符号规定:受压为“+”,受拉为“–”。图中右侧为应力-轴向应变曲线,左侧为应力-侧向应变曲线。

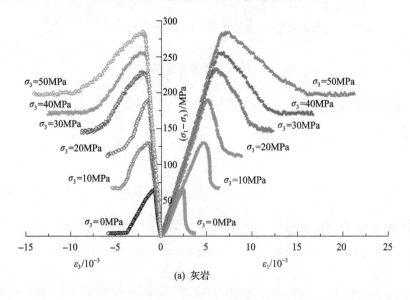

(a) 灰岩

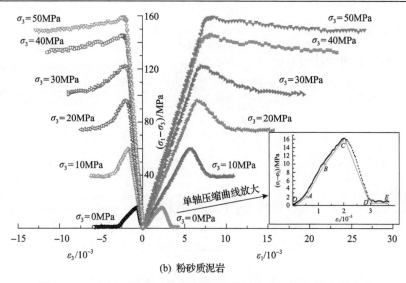

图 3.1.8　不同围压条件下灰岩和粉砂质泥岩的压缩应力-应变曲线

由图 3.1.8 分析可知：

(1)单轴压缩条件下(即围压为 0)，两类岩石的压缩应力-轴向应变曲线可以分为五个阶段(以图 3.1.8(b)粉砂质泥岩为例)，即裂隙压密阶段($OA$ 段)、线弹性变形阶段($AB$ 段)、峰前非线性变形阶段($BC$ 段)、峰后软化阶段($CD$ 段)和峰后残余阶段($DE$ 段)。

(2)两类岩石压缩应力-轴向应变曲线峰前段的倾斜程度受围压的影响比较显著，围压越大，该曲线越陡，说明围压升高可以显著增加围岩的弹性模量和变形模量；然而对压缩应力-侧向应变曲线而言，两类岩石在峰前段的倾斜程度几乎不受围压影响，各条曲线在峰前段基本重合。

(3)两类岩石都经历了明显的峰后软化阶段和峰后残余阶段。当围压较低时，两类岩石到达峰值强度后发生快速的应力跌落，峰后段曲线的倾斜程度较大，脆性特征明显。而随着围压增加，峰后段曲线的倾斜程度逐渐变缓，延性特征显著增强，表明两类岩石均随着围压的增加逐渐由脆性破坏向延性破坏转化。对于岩质较硬的灰岩，其在 50MPa 围压时，峰后曲线仍表现出明显的下降趋势，而粉砂质泥岩在围压大于 30MPa 时，其峰后下降段就变得非常平缓，甚至接近水平，表明粉砂质泥岩脆-延转化的临界围压明显比灰岩小。

因此，深部围岩除具有明显的峰后软化特征外，围岩力学性质也具有显著的围压效应，围压可以显著影响围岩的承载能力与破坏规律。

下面从变形特性、强度特性和破坏模式三个方面分析深部围岩力学参数的变化规律。

**2. 深部围岩变形特性**

**1) 深部围岩的弹性参数**

拉伸模量为岩石拉伸应力-应变曲线上直线段的斜率，其计算公式为

$$E_{\mathrm{T}} = \frac{\sigma_{\mathrm{t1}} - \sigma_{\mathrm{t2}}}{\varepsilon_{\mathrm{t1}} - \varepsilon_{\mathrm{t2}}} \tag{3.1.1}$$

式中，$\sigma_{\mathrm{t1}}$ 和 $\sigma_{\mathrm{t2}}$ 分别为拉伸应力-应变曲线直线段上任意两点的拉应力；$\varepsilon_{\mathrm{t1}}$ 和 $\varepsilon_{\mathrm{t2}}$ 为对应两点的应变。

不同围压下岩石变形模量和泊松比的计算公式为[2]

$$\begin{cases} E = \dfrac{\sigma_1 - 2\mu\sigma_3}{\varepsilon_1} \\[3mm] \mu = \dfrac{\varepsilon_3\sigma_1 - \varepsilon_1\sigma_3}{\sigma_3(2\varepsilon_3 - \varepsilon_1) - \varepsilon_1\sigma_1} \end{cases} \tag{3.1.2}$$

式中，$\varepsilon_1$ 和 $\varepsilon_3$ 分别为压缩应力-应变曲线峰值处的轴向应变和侧向应变；$\sigma_1$ 和 $\sigma_3$ 分别为相应的轴向应力和围压。

根据式(3.1.1)和式(3.1.2)，可计算得到不同围压下灰岩和粉砂质泥岩的变形参数，如表 3.1.1 所示。

**表 3.1.1　不同围压下灰岩和粉砂质泥岩的变形参数**

| 围压/MPa | 拉伸模量/GPa | | 弹性模量/GPa | | 变形模量/GPa | | 泊松比 | |
|---|---|---|---|---|---|---|---|---|
| | 灰岩 | 粉砂质泥岩 | 灰岩 | 粉砂质泥岩 | 灰岩 | 粉砂质泥岩 | 灰岩 | 粉砂质泥岩 |
| 0 | 29.3 | 7.2 | 31.8 | 9.6 | 25.3 | 6.8 | — | 0.29 |
| 10 | — | — | 35.1 | 13.9 | 30.7 | 11.8 | 0.27 | 0.28 |
| 20 | — | — | 38.7 | 17.6 | 36.1 | 15.3 | 0.26 | 0.28 |
| 30 | — | — | 41.8 | 20.5 | 39 | 18.3 | 0.26 | 0.27 |
| 40 | — | — | 43.7 | 22.1 | 41.5 | 20.4 | 0.26 | 0.27 |
| 50 | — | — | 44.5 | 23.2 | 42.2 | 21.7 | 0.26 | 0.27 |

由表 3.1.1 分析可知：

(1) 两类岩石的拉伸模量都介于弹性模量和变形模量之间，灰岩拉伸模量与弹性模量的比值为 0.92，而粉砂质泥岩的拉伸模量与其弹性模量的比值为 0.75，可见岩质较硬的灰岩的拉伸模量更接近于弹性模量，而岩质较软的粉砂质泥岩的拉伸模量与弹性模量相差较多。

(2)围岩的变形模量小于弹性模量,在较低围压时,变形模量与弹性模量的差值较大,随着围压增加,两者间的差距越来越小,这是因为围压的存在使得围岩内部的空隙和裂隙被压密。

(3)随着围压增加,围岩的弹性模量和变形模量也逐渐增加,但增加的幅度逐渐变小。在低围压时,弹性模量和变形模量大致随围压增加呈线性增长趋势,而在高围压时,两者均随围压增加呈缓慢的非线性增长趋势。

(4)相比弹性模量和变形模量,泊松比受围压的影响较小。

岩石的弹性模量和变形模量与围压呈负指数函数关系,即

$$E = A \exp\left( B \frac{\sigma_3}{\sigma_0} \right) + C \tag{3.1.3}$$

式中,$A$ 和 $C$ 的单位为 GPa;$B$ 为无量纲的量;$\sigma_3$ 的单位为 MPa,为消除量纲间的不一致,这里取 $\sigma_0 = 1\,\mathrm{MPa}$。

根据式(3.1.3)和表 3.1.1,通过回归拟合得到灰岩和粉砂质泥岩的弹性模量和变形模量随围压变化的经验公式。

灰岩弹性模量拟合公式为

$$E_{\mathrm{e}} = -19.1 \exp\left( -0.024 \frac{\sigma_3}{\sigma_0} \right) + 50.6 \tag{3.1.4}$$

灰岩变形模量拟合公式为

$$E_{\mathrm{d}} = -21.2 \exp\left( -0.035 \frac{\sigma_3}{\sigma_0} \right) + 46.2 \tag{3.1.5}$$

粉砂质泥岩弹性模量拟合公式为

$$E_{\mathrm{e}} = -17.6 \exp\left( -0.031 \frac{\sigma_3}{\sigma_0} \right) + 27.1 \tag{3.1.6}$$

粉砂质泥岩变形模量拟合公式为

$$E_{\mathrm{d}} = -19.5 \exp\left( -0.029 \frac{\sigma_3}{\sigma_0} \right) + 26.3 \tag{3.1.7}$$

2)深部围岩的剪胀特性

根据岩石的压缩应力-应变曲线,参考体积应变的计算公式(3.1.8),可得到不同围压下灰岩和粉砂质泥岩的侧向应变和体积应变随轴向应变的变化曲线,

如图 3.1.9 和图 3.1.10 所示。

体积应变 $\varepsilon_v$ 为

$$\varepsilon_v = \varepsilon_1 + 2\varepsilon_3 \tag{3.1.8}$$

式中，$\varepsilon_1$ 为轴向应变；$\varepsilon_3$ 为侧向应变。

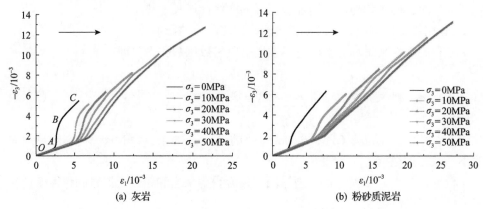

图 3.1.9　不同围压下灰岩和粉砂质泥岩的侧向应变随轴向应变的变化曲线

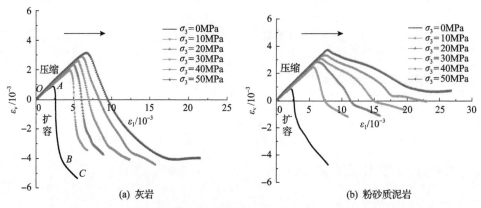

图 3.1.10　不同围压下灰岩和粉砂质泥岩的体积应变随轴向应变的变化曲线

由图 3.1.9 和图 3.1.10 分析可知：

(1) 两类岩石在加载破坏过程中侧向应变随轴向应变的变化趋势基本一致，均呈现"慢-快-慢"的增长方式。侧向应变曲线的变化大致可以分为 3 个阶段(以图 3.1.9 中灰岩为例)：线性增长阶段($OA$ 段)、非线性增长阶段($AB$ 段)和线性衰减阶段($BC$ 段)，分别对应压缩应力-应变曲线的峰前阶段、峰后软化阶段和峰后残余阶段。在峰前阶段，侧向应变大致以线性速度缓慢增加，在峰后软化阶段，侧向应变以非线性速度快速增加，进入残余阶段后，侧向应变又以接近线性的速度缓慢增加。

(2)两类岩石在加载破坏过程中体积应变随轴向应变的变化趋势也基本一致，存在体积压缩($OA$ 段)和体积扩容($AC$ 段)两个阶段，如图 3.1.10(a)所示。按照扩容速率，体积扩容阶段又分为快速扩容阶段($AB$ 段)和缓慢扩容阶段($BC$ 段)。

(3)围压对岩石侧向应变和体积应变的影响显著。围压为 0 时，岩石侧向应变和体积应变的增长速度很快，而随着围压增加，围压的约束使得侧向应变和体积应变的增长速度逐渐变慢，说明围压对岩石的剪胀具有明显的抑制作用。相比高围压，岩石的侧向应变和体积应变对低围压更加敏感。

(4)在相同围压下，灰岩体积应变增长的速度明显比粉砂质泥岩快，说明岩质较硬的灰岩的扩容特性更加显著。

在常规三轴试验中，剪胀角的计算公式为[3~5]

$$\psi = \arcsin \frac{2\mathrm{d}\varepsilon_3^{\mathrm{p}} + \mathrm{d}\varepsilon_1^{\mathrm{p}}}{2\mathrm{d}\varepsilon_3^{\mathrm{p}} - \mathrm{d}\varepsilon_1^{\mathrm{p}}} \tag{3.1.9}$$

式中，$\mathrm{d}\varepsilon_1^{\mathrm{p}}$ 和 $\mathrm{d}\varepsilon_3^{\mathrm{p}}$ 分别为轴向和侧向方向上的塑性应变增量。

定义塑性剪应变为

$$\gamma^{\mathrm{p}} = \varepsilon_1^{\mathrm{p}} - \varepsilon_3^{\mathrm{p}} \tag{3.1.10}$$

式中，$\varepsilon_1^{\mathrm{p}}$ 和 $\varepsilon_3^{\mathrm{p}}$ 分别为最大和最小主应力方向上的塑性应变。

根据式(3.1.9)和式(3.1.10)，可得到不同围压下灰岩和粉砂质泥岩的剪胀角随塑性剪应变的变化曲线，如图 3.1.11 所示。

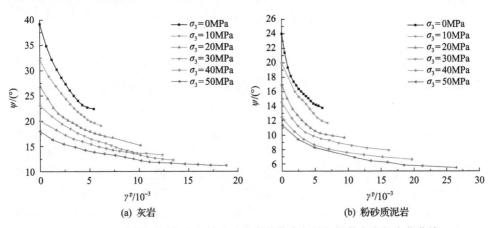

图 3.1.11　不同围压下灰岩和粉砂质泥岩的剪胀角随塑性剪应变的变化曲线

由图 3.1.11 分析可知：

(1)无论灰岩还是粉砂质泥岩，其剪胀角均随着塑性剪应变的发展逐渐减小。

当塑性剪应变较小时，剪胀角的降低速度较快，随着塑性剪应变发展到一定量值时，剪胀角将趋于稳定，此时的塑性剪应变为峰后软化阶段转入残余阶段的临界塑性剪应变。

(2)围压对岩石的剪胀效应影响显著，在相同的塑性剪应变下，围压越大，岩石的剪胀角越小，单轴压缩下岩石的剪胀角可达到围压 50MPa 时的 2 倍左右。

(3)随着围压增加，剪胀角变化曲线之间的距离越来越近，说明在高围压下岩石剪胀角的降低幅度较小，岩石的剪胀特性对低围压更加敏感。

提取图 3.1.11 中不同围压下的临界塑性剪应变，得到岩石由软化阶段进入残余阶段的临界塑性剪应变与围压之间的二次函数关系表达式，即

$$\gamma_c^p = A\left(\frac{\sigma_3}{\sigma_0}\right)^2 + B\frac{\sigma_3}{\sigma_0} + C \tag{3.1.11}$$

式中，系数 $A$、$B$ 和 $C$ 均为无量纲的量，为消除量纲间的差异，这里取 $\sigma_0 = 1\,\text{MPa}$。

根据式(3.1.11)，可拟合得到灰岩和粉砂质泥岩临界塑性剪应变的经验公式。

灰岩临界塑性剪应变经验公式：

$$\gamma_c^p = 0.002\left(\frac{\sigma_3}{\sigma_0}\right)^2 + 0.161\frac{\sigma_3}{\sigma_0} + 5.236 \tag{3.1.12}$$

粉砂质泥岩临界塑性剪应变经验公式：

$$\gamma_c^p = 0.006\left(\frac{\sigma_3}{\sigma_0}\right)^2 + 0.113\frac{\sigma_3}{\sigma_0} + 5.657 \tag{3.1.13}$$

为便于定量分析塑性剪应变对深部围岩剪胀特性的影响及后续强度参数的变化规律，将不同围压下的塑性剪应变进行归一化处理，定义修正塑性剪应变为

$$\eta = \frac{\gamma^p(\sigma_3)}{\gamma_c^p(\sigma_3)} \tag{3.1.14}$$

由此可得到灰岩和粉砂质泥岩的剪胀角随修正塑性剪应变的变化曲线(见图 3.1.12)，进而也得到二者的剪胀角随围压的变化曲线(见图 3.1.13)。

由图 3.1.12 和图 3.1.13 分析可知：①围岩的剪胀角同时受修正塑性剪应变和围压的影响，即剪胀角可表达为修正塑性剪应变和围压的二元函数；②在相同围压或者相同修正塑性剪应变条件下，岩石的剪胀角均随着修正塑性剪应变和围压的增加而逐渐降低，最后趋于稳定。

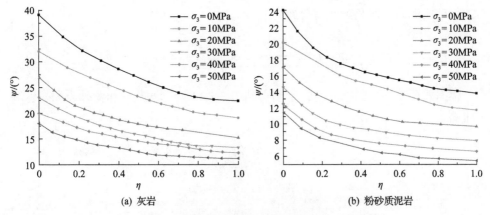

图 3.1.12　岩石剪胀角随修正塑性剪应变的变化曲线

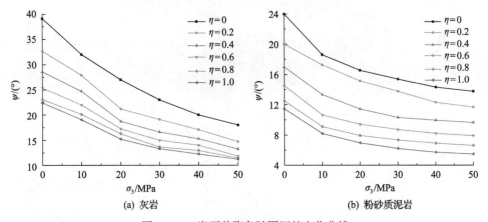

图 3.1.13　岩石剪胀角随围压的变化曲线

岩石剪胀角和修正塑性剪应变与围压之间的指数函数关系表达式为

$$\psi(\sigma_3,\eta)=\psi_0 \exp\left(A\frac{\sigma_3}{\sigma_0}+B\right)\exp(C\eta+D) \tag{3.1.15}$$

式中，系数 $A$、$B$、$C$ 和 $D$ 均为无量纲的量，其中 $A$ 和 $B$ 代表围压对剪胀角的影响，$C$ 和 $D$ 代表修正塑性剪应变对剪胀角的影响。

为保持式(3.1.15)等号左右两端的量纲一致，这里取 $\psi_0=1°$，$\sigma_0=1\,\mathrm{MPa}$。根据式(3.1.15)可拟合得到灰岩和粉砂质泥岩剪胀角的经验公式。

灰岩剪胀角的经验公式为

$$\psi=\psi_0 \exp\left(-0.016\frac{\sigma_3}{\sigma_0}+93.95\right)\exp(-0.57\eta-90.34) \tag{3.1.16}$$

粉砂质泥岩剪胀角的经验公式为

$$\psi = \psi_0 \exp\left(-0.012\frac{\sigma_3}{\sigma_0} + 123.88\right)\exp(-0.88\eta - 120.75) \qquad (3.1.17)$$

根据式(3.1.16)和式(3.1.17)绘制得到图 3.1.14 所示的灰岩和粉砂质泥岩剪胀角曲面。

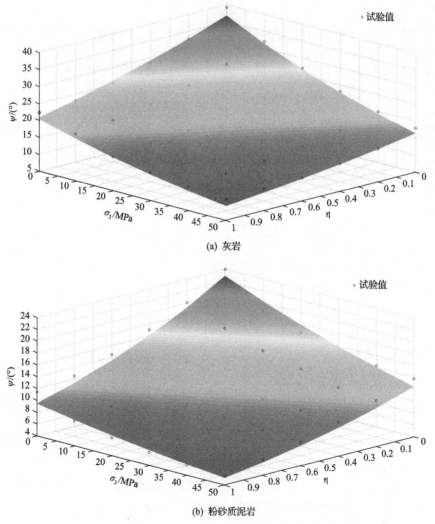

图 3.1.14　灰岩和粉砂质泥岩剪胀角曲面

## 3. 深部围岩强度特性

根据灰岩和粉砂质泥岩的压缩应力-应变曲线, 可以得到不同围压下灰岩与粉砂质泥岩的特征强度(包括峰值强度、峰值强度增量、残余强度和残余强度增量)，见表 3.1.2，并据此得到灰岩和粉砂质泥岩的峰值强度和残余强度包络线，如图 3.1.15 所示。

**表 3.1.2　不同围压下灰岩与粉砂质泥岩的特征强度**

| 围压/MPa | 峰值强度/MPa | | 峰值强度增量/MPa | | 残余强度/MPa | | 残余强度增量/MPa | |
|---|---|---|---|---|---|---|---|---|
| | 灰岩 | 粉砂质泥岩 | 灰岩 | 粉砂质泥岩 | 灰岩 | 粉砂质泥岩 | 灰岩 | 粉砂质泥岩 |
| 0 | 64.8 | 16.3 | — | — | 3.8 | 0.8 | — | — |
| 10 | 140.3 | 69.5 | 75.5 | 53.2 | 77.6 | 49.6 | 73.8 | 48.8 |
| 20 | 209.6 | 116.3 | 69.3 | 46.8 | 131.5 | 93.8 | 53.9 | 44.2 |
| 30 | 262.8 | 152.2 | 53.2 | 35.9 | 175.5 | 130.8 | 44.0 | 37.0 |
| 40 | 295.8 | 186.0 | 33.0 | 33.8 | 209.5 | 172.4 | 34.0 | 41.6 |
| 50 | 333.6 | 209.3 | 37.8 | 23.3 | 248.9 | 199.6 | 39.4 | 27.2 |

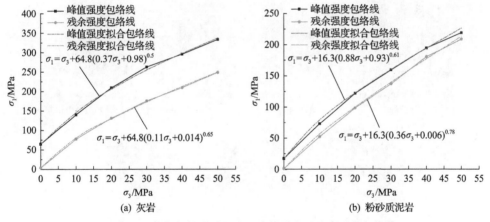

图 3.1.15　灰岩与粉砂质泥岩的峰值强度和残余强度包络线

由表 3.1.2 和图 3.1.15 分析可知，灰岩与粉砂质泥岩的峰值强度和残余强度均具有明显的非线性特征，围压的存在大大提高了岩石的承载能力。随着围压的增加，岩石的峰值强度和残余强度均呈现非线性增长，且增长速度整体上逐渐变缓，这与式(3.1.18)描述的 Hoek-Brown 强度准则[6]的强度变化规律基本一致。

$$\sigma_1 = \sigma_3 + \sigma_c \left( m_b \frac{\sigma_3}{\sigma_c} + s \right)^a \tag{3.1.18}$$

式中，$\sigma_1$ 和 $\sigma_3$ 分别为最大和最小主应力；$\sigma_c$ 为岩石单轴抗压强度；$m_b$、$s$ 和 $a$ 分别为反映岩体特征的经验参数，当 $a=1$ 时，非线性的 Hoek-Brown 强度准则退化为线性强度准则。

利用式(3.1.18)对灰岩和粉砂质泥岩的峰值强度和残余强度进行非线性拟合，得到峰值强度和残余强度的拟合曲线，并与图 3.1.15 中试验得到的强度包络线进行对比，可见拟合效果良好。

**4. 深部围岩破坏模式**

单轴拉伸、单轴压缩和常规三轴压缩试验得到的深部灰岩和粉砂质泥岩的破坏形态如图 3.1.16 所示。

由图 3.1.16 分析可知：

(1)在单轴拉伸条件下，岩石断口较平整，没有岩石碎屑产生，是纯粹的拉伸脆性断裂破坏。

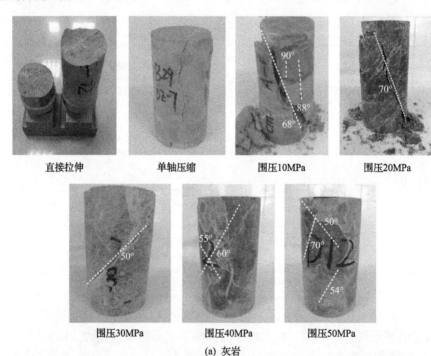

直接拉伸　　　　　单轴压缩　　　　　围压10MPa　　　　　围压20MPa

围压30MPa　　　　围压40MPa　　　　围压50MPa

(a) 灰岩

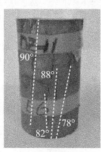

直接拉伸　　　　　单轴压缩　　　　　围压10MPa　　　　　围压20MPa

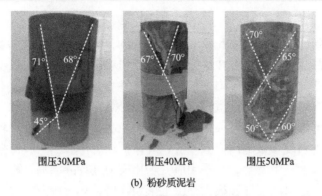

围压30MPa　　　　　围压40MPa　　　　　围压50MPa

(b) 粉砂质泥岩

图 3.1.16　深部灰岩和粉砂质泥岩的破坏形态

(2) 单轴压缩时岩石均发生多裂纹劈裂破坏，并伴随着剧烈的爆炸声，产生的劈裂裂纹与轴向压缩方向大致平行。相比灰岩，粉砂质泥岩破坏后完整性更差，碎裂更明显。

(3) 在常规三轴压缩试验条件下，当围压较低时，岩石呈剪切破坏与局部劈裂破坏相结合的复合型破坏，且破裂面倾角较陡；随着围压增加，当处于中等围压时，岩石多表现为单一主裂纹面剪切破坏，同时破裂面倾角较缓；当围压较高时，岩石多呈现共轭 X 形的多裂纹剪切破坏形态。由此可见，围压对岩石破坏模式的影响较大，随着围压增加，深部围岩的破坏模式呈现轴向劈裂破坏→剪切与劈裂复合型破坏→单斜破裂面剪切破坏→共轭型剪切破坏发展。

### 3.1.3　深部围岩非线性强度准则

通过对灰岩和粉砂质泥岩强度特性的分析，发现深部围岩的峰后阶段具有显著的应变软化特性，并且 Hoek-Brown 强度准则可以较好地描述深部围岩的非线性强度特征。应变软化是指围岩在峰后软化阶段强度参数随塑性应变累积而不断发生劣化，即在围岩峰后软化阶段，其屈服准则与塑性势函数不仅包含应力，还包含塑性软化参数。因此，基于 Hoek-Brown 强度准则的深部围岩的屈服函数和塑性势函数表达式为

$$f = \sigma_1 - \sigma_3 - \sigma_c \left( m_b(\kappa)\frac{\sigma_3}{\sigma_c} + s(\kappa) \right)^{a(\kappa)} \tag{3.1.19}$$

$$g = \sigma_1 - \sigma_3 - \sigma_c \left( m_g(\kappa)\frac{\sigma_3}{\sigma_c} + s_g(\kappa) \right)^{a_g(\kappa)} \tag{3.1.20}$$

式中，$\kappa$ 为软化参数；强度参数 $m_b$、$s$ 和 $a$ 及势函数参数 $m_g$、$s_g$ 和 $a_g$ 均为软化参数的函数。

基于 Hoek-Brown 强度准则，岩石峰后软化参数的确定主要有两种方法[7~11]：一是选用地质强度指标(geological strength index，GSI)作为软化参数，根据 GSI 与强度参数的演化规律建立软化模型；二是选用塑性剪应变、等效塑性应变、最大塑性主应变或塑性体应变等内变量作为软化参数，通过假设强度参数随这些内变量的变化规律来建立软化模型。这两种方法虽然简单直观，但方法一忽略了 GSI 在物理取值上的限制，容易导致 Hoek-Brown 强度参数的估计出现较大的偏差；方法二人为假设强度参数随内变量的演化规律，缺乏可靠的试验依据，确定的强度参数主观性较大。事实上，在采用应变软化模型进行隧洞围岩稳定性分析和支护设计时，计算结果的可靠性很大程度上依赖峰后软化阶段围岩力学参数的真实变化规律。

### 1. 峰后强度包络线

为研究深部围岩峰后软化阶段强度参数的真实变化规律，本节选用式(3.1.14)定义的修正塑性剪应变 $\eta$ 作为软化参数，分别得到不同围压下灰岩和粉砂质泥岩的峰后强度(见表 3.1.3 和表 3.1.4)，并据此绘制得到灰岩与粉砂质泥岩的强度包络线，如图 3.1.17 所示。

表 3.1.3　不同围压下灰岩的峰后强度

| $\sigma_3$/MPa | $\sigma_1$/MPa | | | | | |
|---|---|---|---|---|---|---|
| | $\eta=0$ | $\eta=0.2$ | $\eta=0.4$ | $\eta=0.6$ | $\eta=0.8$ | $\eta=1.0$ |
| 0 | 64.8 | 56.0 | 44.9 | 31.8 | 19.1 | 4.1 |
| 10 | 147.1 | 142.5 | 131.7 | 116.3 | 97.8 | 79.8 |
| 20 | 205.2 | 188.0 | 165.7 | 144.4 | 133.6 | 130.1 |
| 30 | 258.1 | 243.4 | 226.4 | 207.4 | 185.4 | 176.2 |
| 40 | 295.0 | 284.1 | 268.5 | 249.6 | 231.8 | 212.1 |
| 50 | 330.2 | 317.4 | 298.1 | 279.2 | 261.0 | 250.2 |

表 3.1.4　不同围压下粉砂质泥岩的峰后强度

| $\sigma_3$/MPa | $\sigma_1$/MPa | | | | | |
|---|---|---|---|---|---|---|
| | $\eta=0$ | $\eta=0.2$ | $\eta=0.4$ | $\eta=0.6$ | $\eta=0.8$ | $\eta=1.0$ |
| 0 | 16.3 | 12.6 | 10.0 | 7.0 | 3.9 | 0.4 |
| 10 | 69.4 | 68.6 | 65.4 | 60.5 | 55.6 | 52.1 |
| 20 | 116.6 | 112.3 | 106.8 | 101.4 | 97.3 | 95.2 |
| 30 | 154.8 | 146.6 | 141.0 | 136.8 | 134.0 | 132.0 |
| 40 | 183.8 | 180.2 | 176.4 | 173.4 | 170.8 | 169.0 |
| 50 | 209.0 | 207.9 | 207.1 | 205.0 | 203.0 | 200.2 |

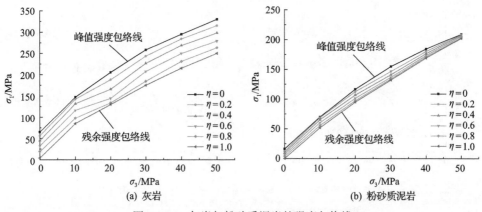

图 3.1.17　灰岩与粉砂质泥岩的强度包络线

由表 3.1.3、表 3.1.4 和图 3.1.17 可知:

(1)随着围压增加,峰后不同阶段的围岩强度均显著增强且表现出明显的非线性特征。伴随软化程度的增加,围岩峰值强度包络线逐渐过渡至残余强度包络线,不同软化程度的强度包络线具有显著的相似性,说明 Hoek-Brown 强度准则可以很好地描述峰后不同软化阶段的强度包络线。

(2)相比灰岩,粉砂质泥岩的峰值强度包络线和残余强度包络线之间所夹的区域要窄得多,说明粉砂质泥岩在峰后软化阶段发生的应力跌落较小,延性特征更加显著。

### 2. 峰后强度参数演化规律

采用 Hoek-Brown 强度准则,通过最小二乘法对图 3.1.17 峰后不同阶段的强度包络线进行非线性拟合,得到围岩峰后软化阶段不同修正塑性剪应变对应的 Hoek-Brown 强度参数(见表 3.1.5),并据此绘出灰岩与粉砂质泥岩峰后软化阶段 Hoek-Brown 强度参数演化曲线,如图 3.1.18 所示。

**表 3.1.5　围岩峰后软化阶段不同修正塑性剪应变对应的 Hoek-Brown 强度参数**

| 峰后不同阶段 | $m_b$ | | $s$ | | $a$ | |
|---|---|---|---|---|---|---|
| | 灰岩 | 粉砂质泥岩 | 灰岩 | 粉砂质泥岩 | 灰岩 | 粉砂质泥岩 |
| $\eta=0$ | 24.19 | 14.38 | 0.98 | 0.93 | 0.5 | 0.61 |
| $\eta=0.2$ | 20.20 | 12.15 | 0.76 | 0.66 | 0.51 | 0.63 |
| $\eta=0.4$ | 15.12 | 9.25 | 0.52 | 0.49 | 0.54 | 0.68 |
| $\eta=0.6$ | 10.76 | 7.23 | 0.32 | 0.32 | 0.59 | 0.73 |
| $\eta=0.8$ | 8.35 | 6.10 | 0.15 | 0.15 | 0.63 | 0.76 |
| $\eta=1.0$ | 7.30 | 5.79 | 0.014 | 0.006 | 0.65 | 0.78 |

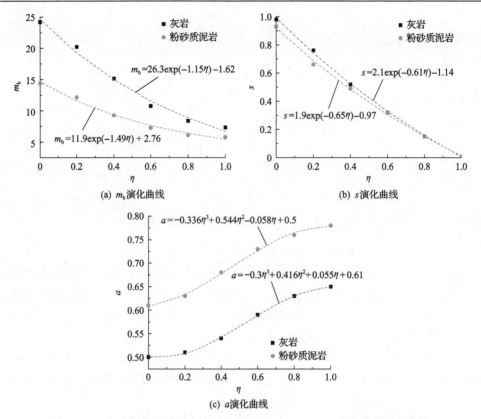

图 3.1.18　灰岩与粉砂质泥岩峰后软化阶段 Hoek-Brown 强度参数演化曲线

由表 3.1.5 和图 3.1.18 分析可知：

（1）随着塑性变形的发展，围岩的强度参数 $m_b$ 和 $s$ 均随着修正塑性剪应变的增加而逐渐下降，下降速度先快后慢，大致符合负指数函数规律，相比参数 $m_b$，参数 $s$ 的下降速度更快。灰岩的强度参数 $m_b$ 和 $s$ 均比粉砂质泥岩大，说明灰岩的岩体质量明显高于粉砂质泥岩。

（2）相比参数 $m_b$，围岩强度参数 $s$ 的演化曲线差异较小，说明岩性对 $m_b$ 的影响比 $s$ 要大，然而随着残余阶段塑性流动的出现，岩性对强度参数的影响逐渐变弱。

（3）随着塑性变形的发展，围岩的强度参数 $a$ 均逐渐增加，且增长速度呈现慢-快-慢的趋势，大致按照三次函数的规律增加。

根据上述分析，可以得到峰后阶段围岩 Hoek-Brown 强度参数经验公式，即

$$\begin{cases} m_b(\eta) = A_1 \exp(A_2\eta) + A_3 \\ s(\eta) = B_1 \exp(B_2\eta) + B_3 \\ a(\eta) = C_1\eta^3 + C_2\eta^2 + C_3\eta + C_4 \end{cases} \tag{3.1.21}$$

式中，系数 $A_1 \sim A_3$、$B_1 \sim B_3$ 和 $C_1 \sim C_4$ 均为无量纲的量，可通过拟合方法得到。

将式(3.1.21)代入式(3.1.19)，得到基于 Hoek-Brown 强度准则的深部围岩的非线性强度准则，即

$$\sigma_1 = \sigma_3 + \sigma_c \left\{ \left[ A_1 \exp(A_2\eta) + A_3 \right] \frac{\sigma_3}{\sigma_c} + B_1 \exp(B_2\eta) + B_3 \right\}^{C_1\eta^3 + C_2\eta^2 + C_3\eta + C_4} \tag{3.1.22}$$

根据式(3.1.21)可拟合得到灰岩和粉砂质泥岩的强度参数经验公式。

灰岩强度参数经验公式：

$$\begin{cases} m_b(\eta) = 26.3\exp(-1.15\eta) - 1.62 \\ s(\eta) = 2.1\exp(-0.61\eta) - 1.14 \\ a(\eta) = -0.336\eta^3 + 0.544\eta^2 - 0.058\eta + 0.5 \end{cases} \tag{3.1.23}$$

粉砂质泥岩强度参数经验公式：

$$\begin{cases} m_b(\eta) = 11.9\exp(-1.49\eta) + 2.76 \\ s(\eta) = 1.9\exp(-0.65\eta) - 0.97 \\ a(\eta) = -0.3\eta^3 + 0.416\eta^2 + 0.055\eta + 0.61 \end{cases} \tag{3.1.24}$$

将拟合的灰岩和粉砂质泥岩的强度参数经验公式显示在图 3.1.18 中，可见强度参数拟合值与试验值非常吻合，表明提出的强度参数演化模型和基于 Hoek-Brown 强度准则建立的深部围岩非线性强度模型可以很好地反映深部围岩非线性强度的变化规律。

## 3.2 深部隧洞围岩-支护结构协同承载力学模型

随着地下工程施工技术的发展，特别是新奥法的兴起和喷锚方法的出现，形成了围岩与支护结构共同作用的支护设计理论，该理论认为围岩具有自承能力，其不仅是荷载的来源，更是荷载承担的主体，围岩与支护结构通过复杂的相互作用共同分担荷载，即围岩-支护结构协同承载。

目前关于围岩-支护结构协同承载的力学模型主要有两种，如图 3.2.1 所示。模型一(见图 3.2.1(a))是采用在隧道洞壁施加均匀的面力模拟支护反力，并不考虑支护结构与围岩的变形情况，完全从结构力学的角度分析问题。该方法过度简化了支护结构的承载作用，并不能真实反映围岩与支护体系的相互作用。模型二(见图 3.2.1(b))是将支护结构和围岩作为整体，考虑支护结构与围岩变形和应力的协调性，根据围岩与衬砌接触界面的连续性边界条件联立围岩特征曲线和支护特征曲

线进行求解。该方法虽然粗略地考虑了围岩和衬砌间的相互作用，但是忽略了围岩与衬砌接触界面的不连续性，通常采用两种极端的假设：围岩与衬砌接触部位完全光滑或者完全黏结。事实上，围岩-衬砌界面是岩土工程中常见的不连续面，这种接触的不连续性将显著影响围岩和支护结构的应力、变形以及荷载的传递，进而影响围岩-支护结构的协同承载作用[12,13]。

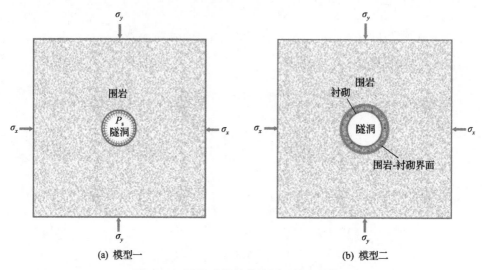

(a) 模型一　　　　　　　　　　　　(b) 模型二

图 3.2.1　围岩-支护结构协同承载力学模型

岩石与衬砌混凝土之间的接触面在传递围岩与衬砌之间的荷载时起着重要作用，对围岩和衬砌的应力、变形及围岩压力的分布有着很大的影响。隧洞施工技术很难保证围岩与衬砌完全黏结，不可避免地造成围岩与衬砌之间不连续性界面的存在，因此在研究围岩-支护结构协同承载作用时有必要考虑围岩-衬砌接触界面的力学特性[14,15]。基于此，本节采用分形维数来描述围岩-衬砌接触界面的粗糙程度，并根据岩石-混凝土接触界面力学试验，提出围岩-衬砌界面的法向和切向接触非线性模型，在此基础上建立深部隧洞施工开挖围岩-支护结构协同承载力学模型[16]。

### 3.2.1　岩石-混凝土接触力学试验

采用分形维数表征接触表面的最初形貌特征，通过开展灰岩和粉砂质泥岩与混凝土胶结面力学试验，提出能够合理描述围岩-混凝土衬砌界面力学行为的接触非线性力学模型。

#### 1. 接触界面粗糙度的分形描述

分形几何是现代非线性科学的一个重要数学分支，在物理、地质、材料和工程技术领域都有着非常广泛的应用[17]。从物理学观点来看，无论是微观尺度还是宏观尺度的岩石破裂过程均具有分形结构，从而为结构面的几何特征分析提供了新的研究方法。物体表面的粗糙度可以通过物体表面图片的灰度图像直观表现出来，因此可以通过数字图像处理技术提取物体表面的灰度图像，进而采用图像灰度的分形维数来度量物体表面的粗糙程度[18~20]。差分盒子维（differential box-counting，DBC）是计算机图像处理中常用的一种分形维数，下面简要介绍计算灰度图像分形维数的思路[21]。

差分盒子分形维数的计算表达式为

$$d = \lim_{a \to 0} \frac{\lg N(a)}{\lg(1/a)} \tag{3.2.1}$$

式中，$a$ 为覆盖图形的立方体盒子边长；$N(a)$ 为相应的覆盖立方体的个数。

在一维空间，假设直线长度为 1，覆盖立方体的边长 $a$ 为 0.2，则需要 5 个立方体即可覆盖，需要的盒子数 $N$ 和 $a$ 的关系为 $N = a^{-1}$。

在二维空间，假设正方形的边长为 1，覆盖立方体的边长 $a$ 为 0.2，则需要 25 个立方体即可覆盖，需要的盒子数 $N$ 和 $a$ 的关系为 $N = a^{-2}$。

以此类推，当图形的维数为 $d$ 时，覆盖图形的盒子数 $N$ 与 $a$ 的关系为 $N = a^{-d}$。

可以猜测，相比直线，弯弯曲曲的曲线需更多的盒子才能覆盖，但是肯定少于覆盖平面所需的盒子数，所以曲线的分形维数取值区间为[1.0，2.0）；类似得到曲面的分形维数取值区间为[2.0，3.0）。受到上面思路的启发，可以用一个个盒子去度量图形灰度曲面的分形维数。

图 3.2.2 为灰度曲面的分形维数计算示意图。首先将灰度曲面的投影平面用

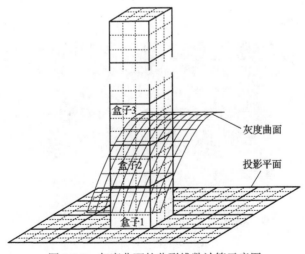

图 3.2.2 灰度曲面的分形维数计算示意图

网格进行划分，用不同大小的盒子去"覆盖"图像的灰度曲面，图中盒子的边长为 3，网格为 $3\times 3$，共需要堆放三个盒子才能覆盖该区域内的灰度曲面，记为 $N_r(i,j)=3$；然后计算覆盖整个灰度曲面共需要的盒子总数 $N_r$，此后逐次变换不同的盒子边长。重复上述过程，计算每次变换盒子边长所需的盒子总数；最后对盒子边长的倒数和相应的盒子总数分别取对数，采用拟合回归分析即可确定图像灰度的差分盒子分形维数。

灰度图的像素范围为 0～255，因此可以将灰度曲面投影平面上的网格长度取为 1 个像素，盒子的边长 $a_i$ 取为网格长度的整数倍。下面给出计算灰度曲面差分盒子分形维数的计算流程。

（1）取盒子边长为 128 个、64 个、32 个像素，计算覆盖灰度曲面所需的盒子数分别为 $N_1$、$N_2$、$N_3$。

（2）依次类推，取盒子边长 $a_i$ 为 16 个、8 个、4 个、2 个和 1 个像素，分别计算相应所需的盒子数 $N_i$。

（3）根据差分盒子分形维数计算公式（3.2.1），对每个边长 $a_i$ 先取倒数再取对数，相应的盒子数 $N_i$ 取对数，可以得到一系列的坐标点，将这些坐标点绘图，采用最小二乘法进行回归分析，即可得到灰度曲面的差分盒子分形维数。

按照上述流程即可编制灰度图像的差分盒子分形维数计算程序。图 3.2.3 为滇中引水香炉山隧洞施工现场毛洞洞壁表面的轮廓图。由图 3.2.3（a）分析可知，即使采用了光面爆破技术，毛洞洞壁表面仍然高低不平，非常粗糙，存在大量的凸起和凹陷。选取图 3.2.3（a）中毛洞洞壁图片局部区域（框选区），运用 MATLAB 图像处理技术提取该区域的表面灰度图像（见图 3.2.3（b）），其中三个坐标轴代表三个方向的像素值，可以很清晰地观察到洞壁表面大量随机分布的凸起和凹陷。采用编制的灰度图像差分盒子分形维数计算程序，可确定图 3.2.3（b）所示灰度图像的分形维数为 2.36。

(a) 毛洞洞壁表面照片

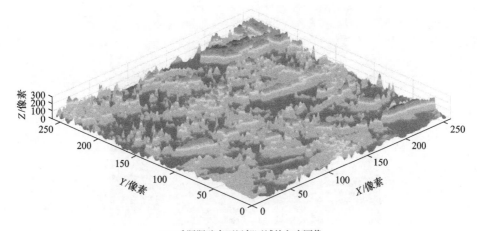

(b) 毛洞洞壁表面局部区域的灰度图像

图 3.2.3 滇中引水香炉山隧洞施工现场毛洞洞壁表面的轮廓图

## 2. 岩石-混凝土接触界面压缩力学试验

考虑从施工现场的隧洞洞壁钻取岩石-衬砌混凝土试件非常困难，钻机的掘进震动常常导致取芯失败，为此将灰岩和粉砂质泥岩直接拉伸试验得到的断裂试件放入模具，在试件断裂面上方浇筑 C30 混凝土来制作岩石-衬砌混凝土试件。岩石与衬砌混凝土界面的抗拉强度很低，可以忽略不计，只对岩石-衬砌混凝土胶结试件开展压缩试验，研究压缩条件下岩石-混凝土接触界面法向接触应力与法向接触位移的关系。图 3.2.4 为岩石-混凝土接触界面压缩力学试验。

(a) 岩石拉伸断裂面　　　　　　　　　(b) 岩石-混凝土胶结试件

(c) 接触界面法向压缩

图 3.2.4 岩石-混凝土接触界面压缩力学试验

在岩石-混凝土胶结试件压缩过程中，岩石和混凝土的轴向位移可通过粘贴在岩石和混凝土表面的应变片记录的应变计算得到，将压力机压头的轴向位移去掉岩石和混凝土各自产生的轴向位移即可得到岩石-混凝土接触界面的法向接触位移，进而得到接触界面的法向应力-法向位移曲线[22]。

为研究接触界面的粗糙度对岩石-混凝土接触界面法向力学性质的影响，从灰岩和粉砂质泥岩拉伸断裂的试件中各选取 4 种不同粗糙度的断裂面浇筑的岩石-混凝土试件进行法向压缩力学试验，得到法向压缩力学试验的岩石-混凝土接触界面的灰度图像及分形维数，如图 3.2.5 所示。可以看出，随着接触界面粗糙程度的增大，其分形维数也逐渐增大，接触界面的分形维数与其粗糙程度呈现显著的正相关关系。

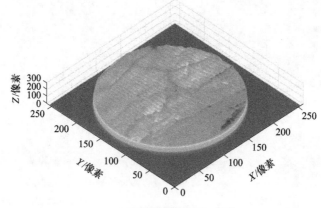

(a1) 分形维数为2.08，灰岩

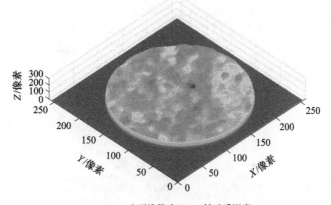

(a2) 分形维数为2.09，粉砂质泥岩

(a) 粗糙度水平一

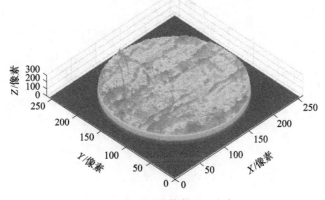

(b1) 分形维数为2.18，灰岩

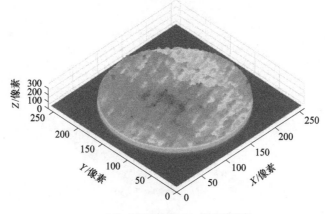

(b2) 分形维数为2.14，粉砂质泥岩

(b) 粗糙度水平二

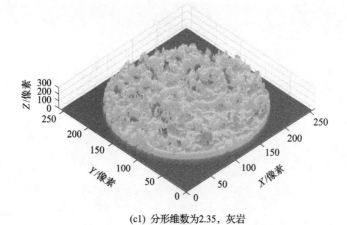

(c1) 分形维数为2.35，灰岩

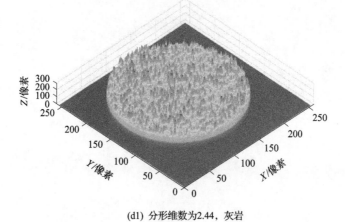

(c2) 分形维数为2.32，粉砂质泥岩

(c) 粗糙度水平三

(d1) 分形维数为2.44，灰岩

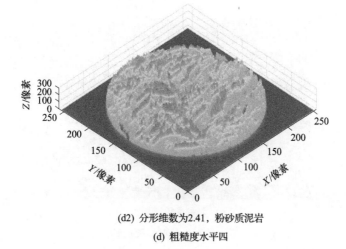

(d2) 分形维数为2.41，粉砂质泥岩

(d) 粗糙度水平四

图 3.2.5　法向压缩力学试验的岩石-混凝土接触界面灰度图像及分形维数

### 3. 岩石-混凝土接触界面剪切力学试验

为开展岩石-混凝土接触界面剪切试验，对灰岩和粉砂质泥岩分别开展巴西试验制作岩石破裂面，然后选取较完整的劈裂试件放入模具，破裂面朝上，在破裂面上浇筑 C30 混凝土，同时在试件周围铺上一层纸板，养护完成后去除纸板即可放入剪切盒中进行接触界面直剪试验。图 3.2.6 为岩石-混凝土接触界面剪切力学试验，首先对试件施加法向压力，待稳定为预设值后，施加水平推力推动剪切盒进行接触界面剪切，整个过程由计算机记录接触界面的切向力和切向相对位移。

同样地，从劈裂破坏的岩石试件中选取 4 种不同粗糙度的劈裂面浇筑的试件进行岩石-混凝土接触界面剪切力学试验，得到剪切力学试验的岩石-混凝土接触界面的灰度图像及分形维数，如图 3.2.7 所示。可以看出，接触界面的粗糙程度越高，其表面的分形维数越大。

(a) 岩石巴西劈裂破坏面

(b) 浇筑试件

(c) 接触界面切向剪切

图 3.2.6 岩石-混凝土接触界面剪切力学试验

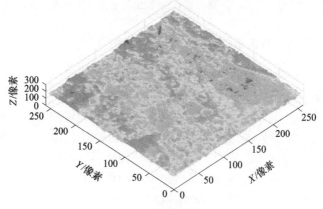

(a1) 分形维数为2.19，灰岩

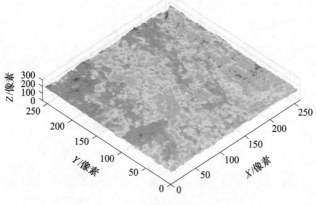

(a2) 分形维数为2.19，粉砂质泥岩

(a) 粗糙度水平一

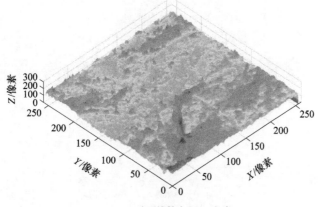

(b1) 分形维数为2.27，灰岩

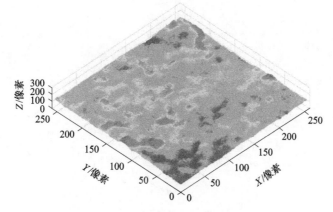

(b2) 分形维数为2.26，粉砂质泥岩

(b) 粗糙度水平二

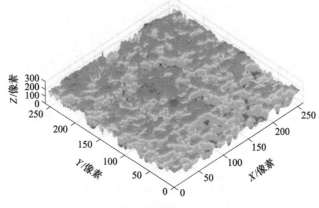

(c1) 分形维数为2.37，灰岩

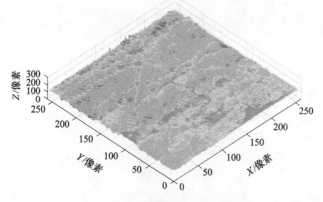

(c2) 分形维数为2.32，粉砂质泥岩

(c) 粗糙度水平三

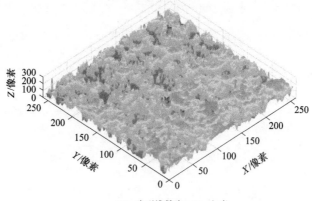

(d1) 分形维数为2.42，灰岩

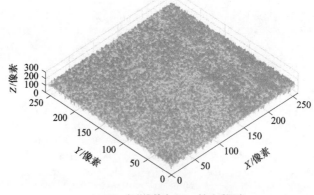

(d2) 分形维数为2.49，粉砂质泥岩

(d) 粗糙度水平四

图 3.2.7　剪切力学试验的岩石-混凝土接触界面的灰度图像及分形维数

### 3.2.2　岩石-混凝土接触非线性模型

#### 1．法向接触非线性模型

根据岩石-混凝土接触界面的压缩力学试验，可以得到不同界面分形维数下岩石与混凝土法向接触应力-法向接触位移关系曲线，如图 3.2.8 所示，图中散点为试验值，曲线为拟合值。

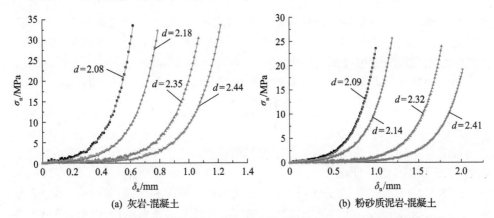

(a) 灰岩-混凝土　　　　　　　　　　(b) 粉砂质泥岩-混凝土

图 3.2.8　不同界面分形维数下岩石与混凝土法向接触应力-法向接触位移关系曲线

由图 3.2.8 分析可知，岩石-混凝土接触界面的法向接触应力与法向接触位移之间呈现明显的非线性关系。在加载初期，界面法向接触应力在很长的一段法向变形阶段均保持很小的量值，这是因为岩石表面比较粗糙，接触表面的微凸起在加载过程中逐渐被压碎变形，界面接触面积逐渐增加，岩石与混凝土充分接触需要较大的界面变形。当岩石与混凝土充分接触后，界面的法向接触应力随法向接触位移的增加迅速上升，整体看来，界面法向接触应力和法向接触位移符合指数函数关系，即

$$\sigma_{n} = \frac{k_{n0}}{\alpha}\left[\exp(\alpha\delta_{n}) - 1\right] \tag{3.2.2}$$

式中，$k_{n0}$ 为法向初始刚度，表示法向压力为 0 时的界面法向刚度，MPa/mm；$\alpha$ 为增速指数，表征界面法向接触应力随界面法向接触位移增长速度的快慢程度，$mm^{-1}$，很显然，$\alpha$ 越大，界面法向接触应力增长越快。

采用式(3.2.2)对图 3.2.8 中的散点进行最小二乘回归，得到不同界面分形维数下的法向接触力学参数，如表 3.2.1 所示。

由表 3.2.1 分析可知，岩石-混凝土接触界面的分形维数越大，界面的法向初始刚度和增速指数越小。相应地，图 3.2.8 中界面的法向接触应力-法向接触位移

表 3.2.1　不同界面分形维数下的法向接触力学参数

| 界面分形维数 | | 初始刚度 $k_{n0}$ /(MPa/mm) | | 增速指数 $\alpha$ /mm$^{-1}$ | |
|---|---|---|---|---|---|
| 灰岩 | 粉砂质泥岩 | 灰岩 | 粉砂质泥岩 | 灰岩 | 粉砂质泥岩 |
| 2.08 | 2.09 | 2.99 | 1.06 | 7.06 | 4.65 |
| 2.18 | 2.14 | 1.21 | 0.62 | 6.52 | 4.37 |
| 2.35 | 2.32 | 0.32 | 0.09 | 5.92 | 3.91 |
| 2.44 | 2.41 | 0.17 | 0.03 | 5.77 | 3.79 |

关系曲线越靠右，说明界面的粗糙度越大，围岩与混凝土充分接触所需要的界面变形越大，界面的法向接触应力增长也就越缓慢。因此，界面分形维数对界面的法向初始刚度和增速指数影响较大。

由此构建考虑界面分形维数影响的指数型法向接触本构关系，即

$$\sigma_n = \frac{k_{n0}(d)}{\alpha(d)}\big[\exp(\alpha(d)\delta_n)-1\big] \tag{3.2.3}$$

根据表 3.2.1，可绘制法向初始刚度和增速指数与界面分形维数的关系曲线，如图 3.2.9 和图 3.2.10 所示。

由图 3.2.9 和图 3.2.10 分析可知，界面法向初始刚度和增速指数均随界面分形维数的增加而降低，不同的是法向初始刚度随界面分形维数的增加大致呈负指数关系递减，而增速指数随界面分形维数的增加大致呈线性递减。

由此得到考虑界面粗糙度影响的岩石-混凝土接触界面法向接触非线性本构关系，即

$$\sigma_n = \frac{m_1\exp(m_2 d + m_3)}{n_1 d + n_2}\big\{\exp\big[(n_1 d + n_2)\delta_n\big]-1\big\} \tag{3.2.4}$$

式中，$m_1$、$m_2$ 和 $m_3$ 分别为与法向初始刚度有关的参数，其中 $m_1$ 的单位为 MPa/mm，与法向刚度一致，$m_2$ 和 $m_3$ 为无量纲量；$n_1$ 和 $n_2$ 为与增速指数相关的参数，mm$^{-1}$。

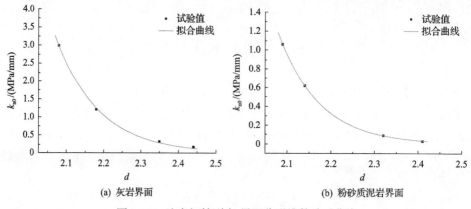

(a) 灰岩界面　　　　　　　　　　(b) 粉砂质泥岩界面

图 3.2.9　法向初始刚度-界面分形维数关系曲线

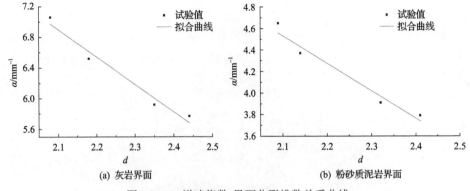

(a) 灰岩界面　　　　　　　(b) 粉砂质泥岩界面

图 3.2.10　增速指数-界面分形维数关系曲线

根据接触界面力学试验，由式(3.2.4)可分别拟合得到灰岩、粉砂质泥岩与混凝土接触界面的法向接触非线性本构关系。

(1)灰岩-混凝土接触界面法向接触非线性本构关系：

$$\sigma_n = \frac{12.4\exp(-8.7d+16.7)}{-3.58d+14.43}\left\{\exp\left[(-3.58d+14.43)\delta_n\right]-1\right\} \tag{3.2.5}$$

(2)粉砂质泥岩-混凝土接触界面法向接触非线性本构关系：

$$\sigma_n = \frac{8.4\exp(-10.8d+20.4)}{-2.57d+9.92}\left\{\exp\left[(-2.57d+9.92)\delta_n\right]-1\right\} \tag{3.2.6}$$

图 3.2.11 为根据法向接触非线性本构关系绘制的空间曲面。图中试验点数据全部位于曲面之上，表明考虑界面粗糙度影响的法向接触非线性模型可以较好地描述岩石-混凝土法向接触非线性本构关系。

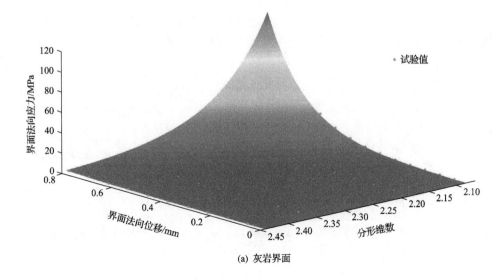

(a) 灰岩界面

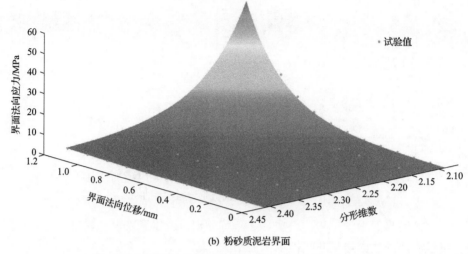

(b) 粉砂质泥岩界面

图 3.2.11　根据法向接触非线性本构关系绘制的空间曲面

## 2. 切向接触非线性模型

通过岩石-混凝土接触界面剪切力学试验，可得到不同法向压力下岩石与混凝土界面的切向剪切应力-切向位移关系曲线，如图 3.2.12 和图 3.2.13 所示。

由图 3.2.12 和图 3.2.13 分析可知：

(1)在界面直剪试验加载初期，岩石与混凝土界面接触状态不断发生调整，此时界面切向剪切应力随着切向位移的增加呈非线性增长，切向剪切应力-切向位移曲线表现为下凸形状(图 3.2.12(b)中 OA 段)。当岩石与混凝土完全接触时，切向剪切应力开始随切向位移呈线性增长(图 3.2.12(b)中 AB 段)，此过程围岩与混凝土虽然发生微小的切向相对位移，但是二者并未发生宏观的界面滑动，它们之间仍保持黏结状态。达到界面峰值抗剪强度后，混凝土与岩石间的黏结状态被打破，黏结失效，此时界面切向剪切应力猛然下降(图 3.2.12(b)中 BC 段)，

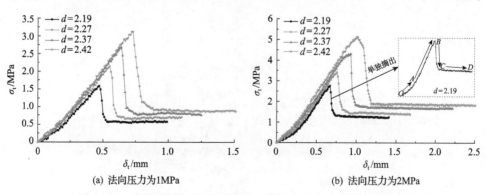

(a) 法向压力为1MPa　　　　(b) 法向压力为2MPa

图 3.2.12　灰岩-混凝土接触界面切向剪切应力-切向位移关系曲线

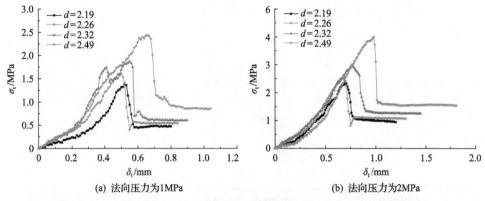

(a) 法向压力为1MPa

(b) 法向压力为2MPa

图 3.2.13　粉砂质泥岩-混凝土接触界面切向剪切应力-切向位移关系曲线

迅速跌落至残余应力(图 3.2.12(b)中 $CD$ 段),岩石-混凝土接触界面由微观滑移转化为宏观滑动。因此,整个界面切向剪切应力-切向位移曲线具有明显的弹-脆-塑性特征。

(2)在相同法向压力下,界面的分形维数越大,界面切向剪切应力-切向位移曲线的峰前部分越靠左,说明粗糙度较大时,界面的切向刚度也较大。

由上述分析,岩石-混凝土接触界面切向剪切应力-切向位移曲线可以简化为如图 3.2.14 所示的弹-脆-塑性切向接触模型,图中 $k_{t1}$ 和 $k_{t2}$ 表示不同粗糙度下的界面切向刚度,$\sigma_{t1}^{p}$、$\sigma_{t2}^{p}$、$\sigma_{t1}^{r}$ 和 $\sigma_{t2}^{r}$ 分别表示不同粗糙度下界面的峰值剪切强度和残余剪切强度。很显然,描述图 3.2.14 所示的切向接触模型需要变形参数 $k_{t}$、界面分形维数 $d$、强度参数 $S$、界面切向位移 $\delta_{t}$ 和界面法向接触应力 $\sigma_{n}$　即

$$\sigma_t = F(k_t, \delta_t, d, S, \sigma_n) \tag{3.2.7}$$

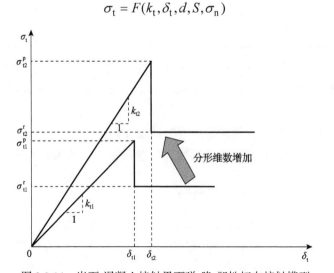

图 3.2.14　岩石-混凝土接触界面弹-脆-塑性切向接触模型

岩石与混凝土界面的抗剪强度满足库仑准则：

$$\sigma_{\mathrm{t}} = \sigma_{\mathrm{n}} \tan \varphi_i + c_i \tag{3.2.8}$$

式中，$c_i$ 和 $\varphi_i$ 分别为界面的黏聚力和内摩擦角，对应峰值点，则为峰值黏聚力和峰值内摩擦角，对应残余阶段，则为残余黏聚力和残余内摩擦角。

由图 3.2.12 和图 3.2.13 可以计算得到不同界面分形维数下岩石-混凝土接触界面的切向刚度和剪切强度参数，如表 3.2.2 和表 3.2.3 所示。

**表 3.2.2　不同界面分形维数下岩石-混凝土接触界面切向刚度**

| 界面分形维数 | | 切向刚度 ($\sigma_{\mathrm{n}}$=1MPa) | | 切向刚度 ($\sigma_{\mathrm{n}}$=2MPa) | |
| --- | --- | --- | --- | --- | --- |
| 灰岩 | 粉砂质泥岩 | 灰岩/(MPa/mm) | 粉砂质泥岩/(MPa/mm) | 灰岩/(MPa/mm) | 粉砂质泥岩/(MPa/mm) |
| 2.19 | 2.19 | 3.4 | 2.8 | 3.6 | 3.2 |
| 2.27 | 2.26 | 3.9 | 3.3 | 4.1 | 3.4 |
| 2.37 | 2.32 | 4.2 | 3.5 | 4.3 | 3.8 |
| 2.42 | 2.49 | 4.3 | 3.8 | 4.4 | 4.0 |

**表 3.2.3　不同界面分形维数下岩石-混凝土接触界面剪切强度参数**

| 界面分形维数 | | 峰值黏聚力/MPa | | 残余黏聚力/MPa | | 峰值内摩擦角/(°) | | 残余内摩擦角/(°) | |
| --- | --- | --- | --- | --- | --- | --- | --- | --- | --- |
| 灰岩 | 粉砂质泥岩 | 灰岩 | 粉砂质泥岩 | 灰岩 | 粉砂质泥岩 | 灰岩 | 粉砂质泥岩 | 灰岩 | 粉砂质泥岩 |
| 2.19 | 2.19 | 0.64 | 0.53 | 0.02 | 0.04 | 43.2 | 42.3 | 28.3 | 24.2 |
| 2.27 | 2.26 | 1.16 | 0.69 | 0.15 | 0.06 | 44.4 | 44.2 | 29.4 | 26.6 |
| 2.37 | 2.32 | 1.42 | 0.86 | 0.01 | 0.02 | 51.6 | 47.3 | 37.2 | 31.2 |
| 2.42 | 2.49 | 1.53 | 1.02 | 0.13 | 0.22 | 57.8 | 56.1 | 39 | 33.4 |

由表 3.2.2 分析可知，相同的界面分形维数条件下，界面切向刚度随法向压力的增加略有增大。由此可绘制岩石-混凝土接触界面切向刚度随界面分形维数的变化曲线，如图 3.2.15 所示。

由图 3.2.15 分析可知，随着分形维数的增加，岩石-混凝土接触界面的切向刚度均逐渐增加，同时增长速度逐渐变缓，符合负指数函数关系表达式，即

$$k_{\mathrm{t}} = k_{\mathrm{t}0} \left[ A + \exp(Bd + C) \right] \tag{3.2.9}$$

式中，$A$、$B$ 和 $C$ 为无量纲系数，为保持左右量纲一致，取 $k_{\mathrm{t}0}$=1MPa/mm。

根据式 (3.2.9) 可得到灰岩和粉砂质泥岩与混凝土接触界面切向刚度的经验公式。

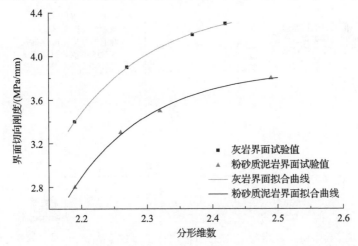

图 3.2.15　岩石-混凝土接触界面切向刚度随界面分形维数的变化曲线

（1）灰岩-混凝土接触界面切向刚度经验公式：

$$k_t = k_{t0}\left[4.48 - \exp(-7.7d + 16.95)\right] \tag{3.2.10}$$

（2）粉砂质泥岩-混凝土接触界面切向刚度经验公式：

$$k_t = k_{t0}\left[3.88 - \exp(-8.35d + 18.36)\right] \tag{3.2.11}$$

根据表 3.2.3 可绘制灰岩、粉砂质泥岩与混凝土接触界面剪切强度参数随界面分形维数的变化曲线，如图 3.2.16 和图 3.2.17 所示。

由图 3.2.16 和图 3.2.17 分析可知：

（1）岩石-混凝土接触界面的黏聚力普遍较小，峰值黏聚力一般介于 0.6～1.6MPa，相比灰岩，粉砂质泥岩-混凝土接触界面的黏聚力更小。

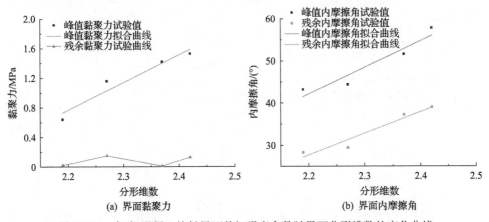

图 3.2.16　灰岩-混凝土接触界面剪切强度参数随界面分形维数的变化曲线

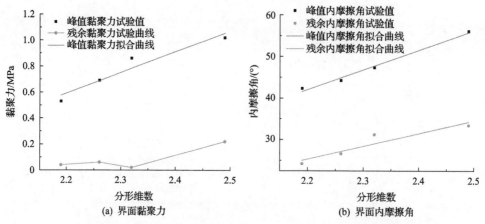

图 3.2.17　粉砂质泥岩-混凝土接触界面剪切强度参数随界面分形维数的变化曲线

(2) 岩石-混凝土接触界面的内摩擦角则普遍偏大，峰值内摩擦角在 50°左右，残余内摩擦角也在 30°上下。在残余阶段，岩石与混凝土接触界面的黏结破裂导致残余黏聚力很小。

除残余黏聚力外，界面其他强度参数均随界面分形维数的增加呈线性增加，可表示为

$$S_i^j = S_i^0 (H_i^j d + F_i^j) \qquad (3.2.12)$$

式中，下标 $i$ 可取 $c$ 和 $\varphi$，分别代表界面黏聚力和界面内摩擦角；上标 $j$ 可取 p 和 r，分别代表峰值状态和残余状态；$H_i^j$ 和 $F_i^j$ 均为相应 $i$、$j$ 时的无量纲系数；$S_i^0$ 为与 $S_i^j$ 单位相同的量，对于界面黏聚力，$S_c^0 = 1\,\mathrm{MPa}$，而对于界面内摩擦角，$S_\varphi^0 = 1°$。

由图 3.2.16 和图 3.2.17 可得到灰岩和粉砂质泥岩与混凝土接触界面强度参数的经验公式。

(1) 灰岩-混凝土接触界面峰值黏聚力计算公式：

$$S_c^{\mathrm{p}} = S_c^0 (3.74d - 7.46) \qquad (3.2.13)$$

(2) 灰岩-混凝土接触界面峰值内摩擦角计算公式：

$$S_\varphi^{\mathrm{p}} = S_\varphi^0 (63.19d - 96.87) \qquad (3.2.14)$$

(3) 灰岩-混凝土接触界面残余内摩擦角计算公式：

$$S_\varphi^{\mathrm{r}} = S_\varphi^0 (50.99d - 84.45) \qquad (3.2.15)$$

(4) 粉砂质泥岩-混凝土接触界面峰值黏聚力计算公式：

$$S_c^{\mathrm{p}} = S_c^0(1.59d - 2.92) \tag{3.2.16}$$

（5）粉砂质泥岩-混凝土接触界面峰值内摩擦角计算公式：

$$S_\varphi^{\mathrm{p}} = S_\varphi^0(47.37d - 62.19) \tag{3.2.17}$$

（6）粉砂质泥岩-混凝土接触界面残余内摩擦角计算公式：

$$S_\varphi^{\mathrm{r}} = S_\varphi^0(30.69d - 42.2) \tag{3.2.18}$$

根据图 3.2.14，结合式（3.2.9）和式（3.2.12），可建立岩石-混凝土接触界面的切向接触非线性本构关系：

$$\begin{cases} \sigma_{\mathrm{t}} = \begin{cases} k_{\mathrm{t0}}\left[A + \exp(Bd + C)\right]\delta_{\mathrm{t}}, & \delta_{\mathrm{t}} < \delta^* \\ \tan\left[S_\varphi^{\mathrm{r}}(H_\varphi^{\mathrm{r}}d + F_\varphi^{\mathrm{r}})\right]\sigma_{\mathrm{n}}, & \delta_{\mathrm{t}} \geqslant \delta^* \end{cases} \\ \delta^* = \dfrac{S_c^0(H_c^{\mathrm{p}}d + F_c^{\mathrm{p}}) + \tan\left[S_\varphi^{\mathrm{p}}(H_\varphi^{\mathrm{p}} + F_\varphi^{\mathrm{p}})\right]\sigma_{\mathrm{n}}}{k_{\mathrm{t0}}\left[A + \exp(Bd + C)\right]} \end{cases} \tag{3.2.19}$$

式中，$\delta^*$ 为峰值抗剪强度对应的界面切向位移。

（1）灰岩-混凝土接触界面切向接触非线性本构关系：

$$\begin{cases} \sigma_{\mathrm{t}} = \begin{cases} k_{\mathrm{t0}}\left[4.48 - \exp(-7.7d + 16.95)\right]\delta_{\mathrm{t}}, & \delta_{\mathrm{t}} < \delta^* \\ \tan\left[S_\varphi^0(50.99d - 84.45)\right]\sigma_{\mathrm{n}}, & \delta_{\mathrm{t}} \geqslant \delta^* \end{cases} \\ \delta^* = \dfrac{S_c^0(3.74d - 7.46) + \tan\left[S_\varphi^0(63.19d - 96.87)\right]\sigma_{\mathrm{n}}}{k_{\mathrm{t0}}\left[4.48 - \exp(-7.7d + 16.95)\right]} \end{cases} \tag{3.2.20}$$

（2）粉砂质泥岩-混凝土接触界面切向接触非线性本构关系：

$$\begin{cases} \sigma_{\mathrm{t}} = \begin{cases} k_{\mathrm{t0}}\left[3.88 - \exp(-8.35d + 18.36)\right]\delta_{\mathrm{t}}, & \delta_{\mathrm{t}} < \delta^* \\ \tan\left[S_\varphi^0(30.69d - 42.2)\right]\sigma_{\mathrm{n}}, & \delta_{\mathrm{t}} \geqslant \delta^* \end{cases} \\ \delta^* = \dfrac{S_c^0(1.59d - 2.92) + \tan\left[S_\varphi^0(47.37d - 62.19)\right]\sigma_{\mathrm{n}}}{k_{\mathrm{t0}}\left[3.88 - \exp(-8.35d + 18.36)\right]} \end{cases} \tag{3.2.21}$$

### 3. 两种岩石-混凝土界面接触模型的差异

虽然灰岩-混凝土接触界面和粉砂质泥岩-混凝土接触界面力学模型在形式上具有一致性，但对比二者法向接触模型和切向接触模型参数，发现二者具有显著的差异。

(1)在相同分形维数下，灰岩界面的初始法向刚度为粉砂质泥岩界面的 2～6 倍，法向刚度增速指数为粉砂质泥岩界面的 1.5 倍，岩质较硬的灰岩的表面硬度较高，导致其与混凝土接触界面的初始法向刚度比粉砂质泥岩大得多，界面法向接触应力的增长速度也明显快得多。二者界面切向刚度也存在着相似的规律。

(2)对于切向剪切强度参数(界面黏聚力和界面内摩擦角)，在相同分形维数下，二者界面的粗糙度基本一致，因此内摩擦角相差不多，而灰岩界面的峰值黏聚力明显比粉砂质泥岩界面的大，约为后者的 2 倍，可见硬度较大的灰岩与混凝土的黏结效果更好，抗剪强度更高。

(3)综合上述对比，发现岩石与混凝土界面的接触模型参数与岩石的岩性有关，相同分形维数下，岩石间硬度差异性决定了它们与混凝土界面接触模型的差异。

### 3.2.3 围岩-支护结构协同承载力学模型

隧洞开挖后支护安装前由围岩自身承担开挖荷载，而支护结构施作以后，支护结构与围岩发生相互作用，并与围岩共同承担开挖荷载，随着围岩变形的持续增加，支护结构承担的荷载逐渐增加。为了确定隧洞施工过程中围岩和支护结构分担的开挖荷载，需要建立围岩-支护结构协同承载力学模型，并对其进行求解。

在考虑围岩和混凝土衬砌接触效应的前提下，深部隧洞围岩-支护结构协同承载力学模型示意图如图 3.2.18 所示，这里的支护结构包括锚杆支护结构和衬砌支护结构。

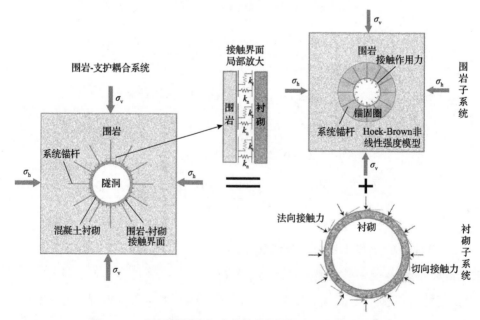

图 3.2.18 深部隧洞围岩-支护结构协同承载力学模型示意图

　　将围岩-支护耦合系统分解为围岩子系统 A′ 和衬砌子系统 B′，围岩采用基于 Hoek-Brown 的非线性强度模型模拟，衬砌采用线弹性模型模拟。

　　对于围岩子系统和衬砌子系统，其平衡微分方程为

$$\sigma_{ij,l} + f_l = 0 \tag{3.2.22}$$

几何方程为

$$\varepsilon_{ij} = \frac{u_{i,j} + u_{j,i}}{2} \tag{3.2.23}$$

物理方程为

$$\sigma_{ij} = D_{ijkl}\varepsilon_{kl} \tag{3.2.24}$$

上述式中，$D_{ijkl}$ 为弹（塑）性模量张量；$f_l$ 为体积力；$\sigma_{ij}$ 和 $\varepsilon_{ij}$ 分别为应力张量和应变张量。

　　围岩子系统的屈服准则采用如下基于 Hoek-Brown 的深部围岩非线性强度准则：

$$f = \sigma_1 - \sigma_3 - \sigma_c \left\{ \left[ A_1 \exp(A_2\eta) + A_3 \right] \frac{\sigma_3}{\sigma_c} + B_1 \exp(B_2\eta) + B_3 \right\}^{C_1\eta^3 + C_2\eta^2 + C_3\eta + C_4} \tag{3.2.25}$$

　　系统锚杆不但可以协助围岩承担一定的开挖荷载，还可以显著提高围岩强度参数，改善围岩的力学特性[23,24]，将锚固圈内围岩的 Hoek-Brown 强度参数改写为

$$\begin{cases} m_b' = m_b(1+\beta) \\ s' = s(1+\beta) \\ \sigma_c' = \sigma_c(1+\beta) \end{cases} \tag{3.2.26}$$

$$\beta = \frac{\pi d_b \lambda R_a}{s_h s_v} \tag{3.2.27}$$

式中，$m_b'$、$s'$ 和 $\sigma_c'$ 分别为锚杆加固区内围岩的 Hoek-Brown 强度参数，假设围岩锚固后临界塑性剪应变不发生变化，只对峰值处和残余阶段的 Hoek-Brown 强度参数进行适当提高；$\beta$ 为锚杆密集程度参数；$d_b$、$s_h$ 和 $s_v$ 分别为系统锚杆的直径、间距和排距；$R_a$ 为毛洞半径；$\lambda$ 为经验系数，一般取 0.5。

　　当围岩子系统和衬砌子系统相互独立、互不接触时，结合应力边界条件式 (3.2.28) 和位移边界条件式 (3.2.29)，可求解围岩和衬砌的应力和位移。

$$n_i \sigma_{ij} = \overline{f}_j, \quad i,j = 1,2,3 ；在边界 \Gamma_\sigma 上 \tag{3.2.28}$$

$$u_i = \bar{u}_i, \quad i = 1,2,3 ; \text{在边界} \Gamma_u \text{上} \tag{3.2.29}$$

式中，$n_i$ 为边界外法向量；$\bar{f}_j$ 和 $\bar{u}_i$ 分别为边界处已知的面力和位移。

然而，当围岩和衬砌发生接触作用时，为了得到围岩-支护结构耦合系统的解，还必须考虑围岩和衬砌在接触边界上的应力和位移条件。

根据作用力与反作用力原理，围岩对衬砌的接触压力与衬砌对围岩的支护反力大小相等、方向相反，即二者在接触边界上满足应力连续条件。同时，由岩石-混凝土接触界面力学试验可知，岩石-混凝土接触界面受力时，会产生一定的法向位移和切向位移，即在接触边界上，围岩和衬砌的位移边界条件不连续。围岩-衬砌界面这种应力连续、位移不连续的情况相当于在二者的接触界面人为布置一系列非线性的法向弹簧和切向弹簧。在围岩-支护结构耦合系统接触边界上，法向非线性接触边界条件为

$$\begin{cases} \delta_n = u_n^{A'} - u_n^{B'} \\ \sigma_n^{A'} = \sigma_n^{B'} \\ \delta_n = \dfrac{\ln\left[ \dfrac{\sigma_n^{B'}(n_1 d + n_2)}{m_1 \exp(m_2 d + m_3)} + 1 \right]}{n_1 d + n_2} \end{cases} \tag{3.2.30}$$

对于切向接触边界条件，根据图 3.2.14 可分为两种情况：峰前弹性黏结状态和峰后塑性滑移状态。峰后塑性滑移状态界面切向位移的确定比较困难，没有显式表达式，因此这里只给出界面处于峰前弹性黏结状态时的切向非线性接触边界条件，即

$$\begin{cases} \delta_t = u_t^{A'} - u_t^{B'} \\ \sigma_t^{A'} = \sigma_t^{B'} \\ \delta_t = \dfrac{\sigma_t^{B'}}{k_{t0}\left[ A + \exp(Bd + C) \right]} \end{cases} \tag{3.2.31}$$

式中，$\delta_n$ 和 $\delta_t$ 分别为围岩-衬砌接触界面的法向位移和切向位移；$u_n^{A'}$ 和 $u_t^{A'}$ 分别为接触界面围岩内表面的径向位移和切向位移；$u_n^{B'}$ 和 $u_t^{B'}$ 分别为接触界面衬砌外表面的径向位移和切向位移；$\sigma_n^{A'}$、$\sigma_t^{A'}$ 分别为接触界面围岩的法向接触应力和切向接触应力；$\sigma_n^{B'}$ 和 $\sigma_t^{B'}$ 分别为接触界面衬砌的法向接触应力和切向接触应力。

式(3.2.22)～式(3.2.31)即为考虑材料非线性和接触非线性的深部隧洞施工开挖围岩-支护结构协同承载力学模型的基本方程，通过求解上述方程即可确定围岩和支护结构各自承担的开挖荷载。

需要说明的是，不仅围岩与支护结构的接触需要考虑接触界面法向和切向的边界条件，一切涉及接触问题的力学模型都应该考虑法向和切向两个方面，只是在某些领域(如机械和航天领域)研究零件加工和碰撞冲击时，金属表面非常平整，表面不存在肉眼可见的起伏度，常常默认切向是光滑的，仅考虑微细观尺度上的法向接触。而在地下工程领域，大部分的接触表面都存在宏观可见的粗糙起伏，此时研究接触体间相互作用时将不得不综合考虑界面法向和切向的接触非线性力学特性。

## 3.3　深部隧洞围岩-支护结构协同承载数值模拟

深部隧洞施工开挖围岩-支护结构协同承载是涉及材料非线性和接触非线性的双重非线性问题，理论解析求解难以实现，必须采用数值方法。目前，研究围岩-支护结构协同承载的数值分析方法主要分为三类，如图 3.3.1 所示。

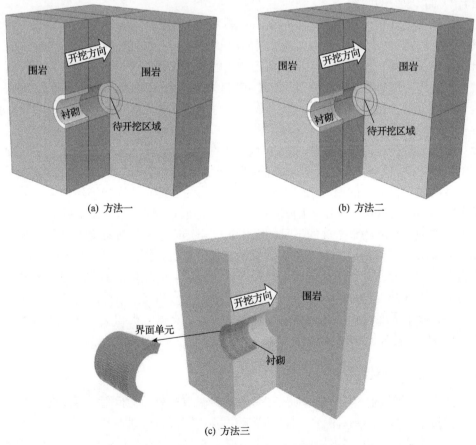

(a) 方法一　　　　　　　　　　　　　(b) 方法二

(c) 方法三

图 3.3.1　围岩-支护结构协同承载数值分析方法

方法一（见图 3.3.1(a)）将围岩和衬砌划分为不同的单元区域，围岩和衬砌在边界上共用节点，计算时分别赋予不同的材料模型和力学参数，并不考虑二者间的接触效应，围岩和衬砌如同"长在一起"，其简单方便，计算速度较快，是隧洞施工数值模拟中最常用的方法。然而，该方法忽略了围岩与衬砌间的接触效应，并不能真实反映围岩与支护结构间的相互作用，计算结果与实际情况往往相差较大。

方法二（见图 3.3.1(b)）和方法三（见图 3.3.1(c)）均考虑了围岩与衬砌间的接触效应，不同的是，二者对于围岩-衬砌接触处理的方法不同。方法二采用接触力学方法，从变分原理出发，通过 Lagrange 乘子法或者罚函数法将接触面约束条件引入接触系统的能量泛函，最后形成接触问题的控制方程并进行求解。该方法理论完备、严谨实用、力学意义直观，在 ANSYS 和 ABAQUS 等大型商业软件中被广泛采用，但是其忽略了接触变形的物理机制和接触界面的真实力学行为，单纯从几何学和数学方法角度出发研究围岩-支护结构协同承载，常常造成结果失真或者计算难以收敛的问题。

方法三是在围岩-衬砌接触界面插入有厚度的或无厚度的界面单元模拟二者间的相互作用，如 Goodman 无厚度界面单元、Desai 薄层单元和 FLAC3D 中的 Interface 单元等，该方法基于事先假定的接触本构关系，通过增量和迭代手段调整单元本构中的参数，近似地模拟应力-应变关系。界面单元法原理简单、易于编程、应用方便，接触面单元的程序开发与普通的实体单元基本一致，可以与现有的有限元或有限差分计算程序很好地衔接，在岩土工程中得到了大量的应用。然而，其本质上仍是以连续模型来模拟不连续的接触面，是一种将不连续模型连续化的处理方法，同时界面单元处理方法的不同也对计算结果的准确性有直接影响。

方法二对接触面的变形、受力特性采用了更为合理和严谨的描述，本节采用基于接触力学的数值方法研究围岩-支护结构的协同承载作用。首先，针对经典接触问题中关于接触约束条件的不足，提出能够反映围岩-衬砌接触变形物理机制的接触约束条件；然后，建立基于弹塑性接触迭代的数值分析方法，并基于 ABAQUS 平台开发相应的计算程序；最后，利用开发的计算程序对滇中引水工程——香炉山隧洞施工开挖与支护过程进行数值模拟，得到围岩和支护结构的变形和应力分布规律，阐明界面粗糙度、隧洞埋深、侧压系数、支护时机和支护刚度等因素对围岩-支护结构协同承载的影响规律。

### 3.3.1 协同承载数值分析方法

围岩-支护结构协同承载本质上是一种非线性弹塑性接触问题，不仅要对围岩进行弹塑性计算，还要对围岩-衬砌的接触边界进行接触非线性迭代计算。接触问题是指两个或两个以上物体受载荷作用后产生局部应力和变形的问题，当两个物体在边界发生接触时，接触面和接触应力的大小与接触面的几何形貌、接触体的力学性质及受力的大小有关。

1. **围岩-衬砌接触约束条件**

经典接触问题规定物体相互接触时，在接触面法向和切向上的受力和变形应分别满足相应的接触约束条件，即接触本构关系。

1) 经典法向接触模型

图 3.3.2 为经典法向接触模型，其法向接触约束条件包括法向不可贯入性和法向接触力为压力两个条件。法向不可贯入性是指相互接触的两物体在几何上不能相互贯穿或侵入，即接触面上两接触点的最小间隙为 0。法向接触力为压力是指接触界面上的法向接触力只能为压力，当两物体相距一定间隙时，法向接触力为 0，当二者逐渐靠近至距离为 0 时，接触面开始受压，继续靠近时，由于法向不可贯入，接触面间距仍为 0，而法向接触力却直线增加，这样的法向接触称为"硬接触"。

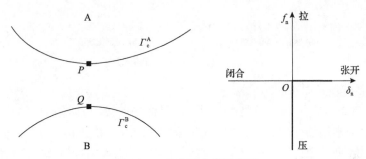

图 3.3.2　经典法向接触模型

2) 经典切向接触模型

图 3.3.3 为经典切向接触模型，其切向接触约束条件分为无摩擦和有摩擦两种情况。无摩擦时，物体 A 和 B 间的切向接触力和切向接触力的分量恒为 0，物体在接触面上可以自由滑动；有摩擦时，认为切向接触力即摩擦力不能超过极限强度值，即

$$f_t = (f_1^2 + f_2^2)^{1/2} \leqslant \mu f_n \tag{3.3.1}$$

式中，$\mu$ 为摩擦系数，取决于接触面的粗糙程度；$f_t$ 和 $f_n$ 分别为切向接触力和法向接触力；$f_1$ 和 $f_2$ 为切向接触力在接触面内的分量。

当 $f_t < \mu f_n$ 时，接触面间无切向相对位移，即

$$\delta_t = u_t^A - u_t^B = 0 \tag{3.3.2}$$

当 $f_t = \mu f_n$ 时，接触面将发生切向相对滑移，这时应有

$$\delta_t = u_t^A - u_t^B \neq 0 \tag{3.3.3}$$

按照上述切向接触约束条件可绘制切向接触力与切向相对位移之间的关系曲线（见图 3.3.3(a)），该曲线又称标准型库仑摩擦曲线，该曲线在坐标原点处不连续，常常引起数值上的求解困难。为避免数值求解的奇异性，许多大型商业软件都对其进行了正则化处理（见图 3.3.3(b)）。图 3.3.3(b) 所示的切向接触模型往往适用于土、细砂等颗粒材料形成的摩擦型界面，而对岩石与混凝土形成的黏结型界面并不适用。

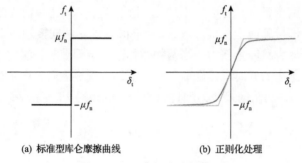

(a) 标准型库仑摩擦曲线　　　　　(b) 正则化处理

图 3.3.3　经典切向接触模型

3) 围岩-衬砌界面接触约束条件

由图 3.3.2 分析可知，经典接触问题的界面法向接触力-法向位移曲线在坐标原点处发生了剧烈的变化，导致曲线在此处不可导，相应的法向接触刚度也不存在，因此很容易导致计算不稳定，收敛失败。事实上，由物体接触变形的物理机制可知，物体表面存在许多随机分布的微凸体，导致接触表面并不完全接触。在法向接触压力逐渐增加时，微凸体将不断被压碎、磨平，进而引起接触界面产生一定的法向变形，大量的工程实践和力学试验都已经证实了这一现象。

通过岩石-混凝土接触界面力学试验可得到岩石-混凝土接触界面法向接触力-法向位移关系曲线，如图 3.3.4 所示。可以看出，接触界面闭合后，界面仍可发生

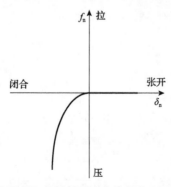

图 3.3.4　岩石-混凝土接触界面法向接触力-法向位移关系曲线

一定变形。相较图 3.3.2 所示的硬接触模型，图 3.3.4 所示的法向接触模型可称为软接触模型，即允许界面接触后在法向上仍可产生少量变形。

图 3.3.4 所示的岩石-混凝土法向接触模型对经典法向接触模型进行了适当修正，其法向接触约束条件为

$$\begin{cases} f_n^{A'} = f_n^{B'} = 0 & \delta_n \geqslant 0 \\ f_n^{A'} = -f_n^{B'} = \alpha\left[\exp(\beta\delta_n) - 1\right], & \delta_n < 0 \end{cases} \tag{3.3.4}$$

图 3.3.5 为岩石-混凝土接触界面切向接触模型。由图 3.3.5 分析可知，当界面切向接触力较小时，岩石与混凝土界面处于黏结状态，接触表面的微凸体和界面内的胶结物处于弹性黏结变形阶段，界面切向接触力 $f_t$ 随切向弹性变形 $\delta_t^e$ 线性增加。当切向接触力达到峰值抗剪强度时，岩石与混凝土界面的黏结发生破坏，微凸起被剪断，界面处于塑性滑移状态，界面切向接触力急速跌落至残余值，此后切向接触力 $f_t$ 基本保持不变，此时的切向变形 $\delta_t$ 包括切向塑性变形 $\delta_t^p$ 和少量的切向弹性变形 $\delta_t^e$。

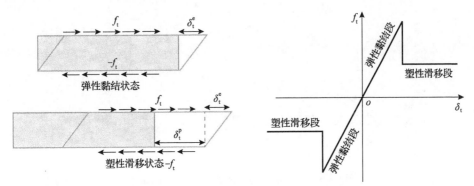

图 3.3.5　岩石-混凝土接触界面切向接触模型

由图 3.3.5 可得到如下岩石-混凝土接触界面的切向接触约束条件：

$$\begin{cases} f_t^{A'} = -f_t^{B'} = k_t\delta_t & \delta_t \leqslant \delta^* \\ f_t^{A'} = -f_t^{B'} = \mu_r f_n^{A'}, & \delta_t > \delta^* \\ \delta^* = \dfrac{\mu_p f_n^{A'}}{k_t} \end{cases} \tag{3.3.5}$$

式中，A′ 代表围岩，B′ 代表混凝土；$\delta^*$ 为峰值抗剪强度对应的界面切向位移。

参数 $\alpha$、$\beta$、$k_t$、$\mu_p$ 和 $\mu_r$ 均与接触界面分形维数 $d$ 有关。

$$\begin{cases} \alpha = S_a \dfrac{m_1 \exp(m_2 d + m_3)}{n_1 d + n_2} \\ \beta = n_1 d + n_2 \\ k_t = S_a k_{t0} \left[ A + \exp(Bd + C) \right] \end{cases} \tag{3.3.6}$$

$$\begin{cases} \mu_p = \dfrac{\tan S_\varphi^p(d) + S_c^p(d) S_a}{f_n^{A'}} \\ \mu_r = \tan S_\varphi^r(d) \end{cases} \tag{3.3.7}$$

式中，$S_a$ 为接触点对代表的等效接触面积；系数 $m_1$、$m_2$、$m_3$、$n_1$、$n_2$、$A$、$B$、$C$ 和峰值黏聚力 $S_c^p(d)$、峰值内摩擦角 $S_\varphi^p(d)$ 和残余内摩擦角 $S_\varphi^r(d)$ 均可通过岩石-混凝土接触界面力学试验确定。

2. 接触迭代计算方法

图 3.3.6 为相互接触的物体 A 和 B 组成的系统。

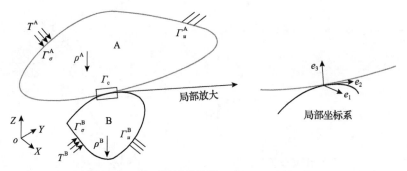

图 3.3.6　相互接触的物体 A 和 B 组成的系统

根据变形体虚功原理，接触系统的虚功方程为

$$\int_V \sigma_{ij} \delta \varepsilon_{ij} \mathrm{d}v - W_L - W_c = \left( \int_V \sigma_{ij} \delta \varepsilon_{ij} \mathrm{d}v - W_L - W_c \right)_A + \left( \int_V \sigma_{ij} \delta \varepsilon_{ij} \mathrm{d}v - W_L - W_c \right)_B = 0 \tag{3.3.8}$$

式中，$\int_V \sigma_{ij} \delta \varepsilon_{ij} \mathrm{d}v$ 为接触系统内力所做的虚功，其中 $\sigma_{ij}$ 为内部应力，$\delta \varepsilon_{ij}$ 为内部的虚应变；$W_L$ 为体力和面力所做的虚功；$W_c$ 为接触边界上接触力所做的虚功。

体力和面力所做的虚功为

$$W_L = \int_{V^A} \rho_i^A \delta U_i^A \mathrm{d}v + \int_{V^B} \rho_i^B \delta U_i^B \mathrm{d}v + \int_{\Gamma_\sigma^A} T_i^A \delta U_i^A \mathrm{d}\Gamma_\sigma + \int_{\Gamma_\sigma^B} T_i^B \delta U_i^B \mathrm{d}\Gamma_\sigma \tag{3.3.9}$$

接触边界上接触力所做的虚功为

$$W_c = \int_{\Gamma_c^A} F_i^A \delta U_i^A \mathrm{d}\Gamma_c + \int_{\Gamma_c^B} F_i^B \delta U_i^B \mathrm{d}\Gamma_c$$

$$= \int_{\Gamma_c^A} f_i^A \delta u_i^A \mathrm{d}\Gamma_c + \int_{\Gamma_c^B} f_i^B \delta u_i^B \mathrm{d}\Gamma_c = \int_{\Gamma_c} f_i^A (\delta u_i^A - \delta u_i^B) \mathrm{d}\Gamma_c \qquad (3.3.10)$$

式中，$\rho_i^A$、$\rho_i^B$ 分别为物体 A 和 B 的体力分量；$T_i^A$ 和 $T_i^B$ 分别为物体 A 和 B 的面力分量；$F_i^A$、$F_i^B$ 分别为全局坐标系下物体 A 和 B 在接触边界上的接触力分量；$f_i^A$ 和 $f_i^B$ 分别为局部坐标系下物体 A 和 B 在接触边界上的接触力分量，其满足接触约束条件(3.3.4)和(3.3.5)；$\delta U_i$ 和 $\delta u_i$ 分别为全局坐标系和局部坐标系下虚位移的分量；$\Gamma_\sigma$ 和 $\Gamma_c$ 分别为接触系统的应力边界和接触边界，接触边界的位置和状态根据求解前的校核和搜寻确定，可认为是已知的。

通过对求解区域和接触界面进行有限元离散，由虚功方程(3.3.8)可得到接触问题的平衡方程为

$$\boldsymbol{KU} = \boldsymbol{F} + \boldsymbol{F}_c \qquad (3.3.11)$$

式中，$\boldsymbol{K}$ 为接触系统的总刚度矩阵；$\boldsymbol{U}$ 为系统的节点位移矩阵；$\boldsymbol{F}$ 为系统体力和面力形成的等效节点荷载矩阵；$\boldsymbol{F}_c$ 为接触力形成的等效节点荷载矩阵。

由于接触区域和接触力均未知，式(3.3.11)无法直接求解，需要补充必要的接触边界条件。首先根据前一步的计算结果和增量步的荷载条件搜索接触边界，并假设相应的接触状态，然后引入式(3.3.4)和式(3.3.5)表示的接触约束条件，可得到平衡方程：

$$\boldsymbol{K}^* \boldsymbol{U} = \boldsymbol{F}^* \qquad (3.3.12)$$

式中，$\boldsymbol{K}^*$ 为引入接触约束条件后形成的接触系统总刚度矩阵，其依赖于物体间的接触状态；$\boldsymbol{F}^*$ 为综合考虑边界接触力的等效节点荷载矩阵。

根据式(3.3.12)求出接触系统的节点位移，并利用求节点力的方法求出接触面上各接触点对的接触力。随后，根据接触点对的位移和接触力判断接触状态，并与假设的接触状态对比是否一致，不一致则重新修改接触状态，并引入相应的接触约束条件，按上述步骤重新计算，反复迭代直至计算得到的接触状态前后一致，结束本次增量步计算。

上述接触迭代计算流程如图 3.3.7 所示。可以看出，每一个荷载增量步的接触计算都是一个"试探-校核"的过程。

从图 3.3.7 可以看出，接触问题迭代计算流程中一个关键的步骤是根据接触状态引入相应的接触约束条件，即接触本构关系。针对围岩-衬砌接触问题，主要包

括法向接触本构关系和切向弹脆塑性接触本构关系。对于法向接触，根据接触状态按照法向接触约束条件编写代码计算即可。对于切向接触，其具有明显的弹脆塑性特征，当切向接触力大于抗剪强度时，界面处于塑性滑移状态，需要按照弹塑性理论方法对超出抗剪强度的切向接触力进行塑性修正，并重新计算界面的弹塑性刚度矩阵。

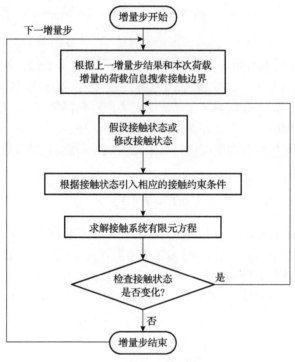

图 3.3.7　接触迭代计算流程

因此，当界面粗糙度一定时，岩石-混凝土接触界面的峰值屈服函数和残余屈服函数可分别写为

$$f_p = \sigma_t - c - \sigma_n \tan \varphi_p = 0 \tag{3.3.13}$$

$$f_r = \sigma_t - \sigma_n \tan \varphi_r = 0 \tag{3.3.14}$$

式中，$c$、$\varphi_p$ 和 $\varphi_r$ 分别为特定粗糙度界面的黏聚力、峰值内摩擦角和残余内摩擦角；$\sigma_n$ 和 $\sigma_t$ 分别为局部坐标系下界面的法向应力和切向应力，这里规定法向应力受压为 "+"。

记上一增量步结束时界面切向应力为 $\sigma_t^{(t)}$，切向相对位移为 $\delta_t^{(t)}$，由主程序传入界面切向相对位移增量 $\Delta \delta_t$，则本次增量步下的弹性试探界面切向应力为

$$\sigma_{\text{t,trial}}^{(t+\Delta t)} = \sigma_{\text{t}}^{(t)} + k_{\text{t}} \Delta \delta_{\text{t}} \tag{3.3.15}$$

这里假设界面内各个方向的切向刚度大小都相等，即为各向同性的，$k_{\text{t}}$ 为切向刚度的大小。将计算的弹性试探界面切向应力代入式(3.3.13)计算峰值屈服函数值，若值小于 0，说明该增量步下仍处于弹性黏结状态，弹性试探界面应力即为所求的应力，直接进行下一增量步计算。若值大于 0，说明该增量步下处于塑性滑移状态，需要对弹性试探界面应力进行塑性修正，以满足残余屈服条件。采用径向返回的方法，应力修正公式为

$$\begin{cases} \sigma_{\text{t}}^{(t+\Delta t)} = \sigma_{\text{t,trial}}^{(t+\Delta t)} - \lambda k_{\text{t}} e_{\text{t}}^{(t+\Delta t)} \\ e_{\text{t}}^{(t+\Delta t)} = \dfrac{\sigma_{\text{t,trial}}^{(t+\Delta t)}}{\sigma_{\text{t}}^{(t)}} - 1 \end{cases} \tag{3.3.16}$$

式中，

$$\lambda = \frac{\left| \sigma_{\text{t,trial}}^{(t+\Delta t)} \right| - \sigma_{\text{n}} \tan \varphi_{\text{r}}}{k_{\text{t}}} \tag{3.3.17}$$

更新了界面切向应力后，还需对界面的弹塑性刚度矩阵进行更新，不考虑法向和切向的耦合效应，只需对界面刚度矩阵中的切向刚度进行更新，更新后的切向刚度为

$$k_{\text{t}} = \frac{\sigma_{\text{n}} \tan \varphi_{\text{r}}}{\left| \delta_{\text{t}}^{(t)} + \Delta \delta_{\text{t}} \right|} \tag{3.3.18}$$

需要说明的是，上述推导只为说明界面处于塑性滑移状态时界面切向应力的塑性修正过程，因此忽略了界面法向接触应力的变化，认为其一直保持不变。

在确定了接触问题迭代计算方法后，结合前述提出的深部围岩非线性强度模型，就可以采用交替迭代的方法求解材料非线性和接触非线性问题，即在进行材料非线性迭代时，假定围岩接触状态不变，按照弹塑性问题求解，而在进行接触非线性迭代时，按照接触问题迭代计算，两种迭代来回交替，直至弹塑性状态和接触状态均处于稳定，计算终止。

基于此，提出了深部隧洞围岩-支护结构协同承载作用的数值分析方法，其基本方法如下：

(1)根据前一增量步的计算结果确定接触边界并假设计算过程中接触状态不发生变化，按照不考虑接触的深部围岩非线性强度模型进行弹塑性计算，直到弹塑性迭代收敛。

(2)根据弹塑性迭代计算结果，搜索接触边界并判定界面接触状态，假定计算过程中不发生塑性变形，按照前述方法不断进行接触迭代计算，直至围岩与衬砌

接触状态前后不发生变化，接触迭代收敛。

(3)接触迭代后必然引起应力场、位移场的变化，因此需要按照步骤(1)继续进行弹塑性迭代，弹塑性收敛后再按步骤(2)进行接触迭代，接触收敛后再按照步骤(1)进行弹塑性迭代，依次交替进行，直至弹塑性状态和接触状态均处于稳定，此时进入下一增量步计算。

(4)重复上述步骤，直至所有增量步计算完毕。

3. 围岩-衬砌接触计算程序

上面建立了围岩-支护结构协同承载数值分析方法，下面依托 ABAQUS 平台进行围岩-衬砌接触计算程序开发。

ABAQUS 默认的接触本构模型是经典接触模型，并不适合描述围岩-衬砌的接触力学行为，但 ABAQUS/Standard 为用户提供了接口子程序 UINTER，允许用户根据自行建立的接触本构模型进行二次开发。

UINTER 子程序的根本作用在于将用户建立的接触本构模型引入 ABAQUS 程序，因此按照围岩-衬砌接触本构模型编制代码，即可开发得到围岩-衬砌接触计算程序，其计算流程如图 3.3.8 所示。

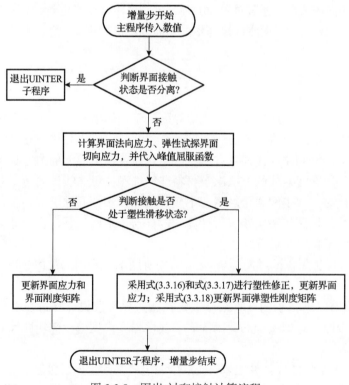

图 3.3.8　围岩-衬砌接触计算流程

### 3.3.2 协同承载数值仿真模拟

#### 1. 工程概况

滇中引水工程是解决云南省滇中地区严重缺水问题的特大型跨流域调水工程[25]，实施该工程可有效缓解滇中地区较长时期内的缺水矛盾，改善受水区河道与高原湖泊生态环境及水环境状况，对促进云南省经济社会协调、可持续发展具有重要作用。滇中引水工程自石鼓镇上游约 1.5km 的金沙江右岸引水，由香炉山向南至大理，然后转向东，经楚雄至昆明，转向东南至玉溪、红河，线路总长663.23km，由输水隧洞、暗涵、渡槽、倒虹吸等输水建筑物组成，其中隧洞长度占线路总长的 92.03%。

香炉山隧洞位于滇中引水工程总线路的首段，洞区跨越金沙江与澜沧江分水岭，穿越地层岩性和地质条件十分复杂，构造作用强烈，沿线发育有多条大断（裂）层，围岩稳定性问题突出。为减小施工难度，同时方便运营期间维护和检修，经综合技术经济对比，香炉山隧洞采用无压明流的输水方式。香炉山隧洞线路起于石鼓水源地，止于松桂镇，线路全长 63.4km，沿线地表高程一般在 2400~3400m，最大埋深为 1512m，众多洞段具有高至极高地应力背景，为整个滇中引水工程的关键控制性工程。隧址区主要发育有砂岩、泥岩、页岩及灰岩等不同岩性的围岩。

为揭示大埋深隧洞施工围岩-支护结构的协同承载作用效应，应用前面编制的计算程序对香炉山隧洞典型大埋深洞段（DL37+845～DL37+915）的施工开挖与支护进行数值模拟分析。

图 3.3.9 为隧洞典型洞段的地质剖面图，该洞段隧洞的平均埋深约 1000m，洞

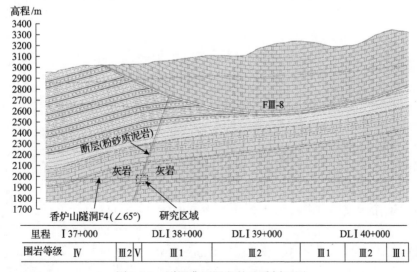

图 3.3.9　隧洞典型洞段的地质剖面图

区穿越地层岩性和地质条件十分复杂，沿线穿越一条倾角为 65°、宽约 15m 的倾斜断层带，断层带为 V 类围岩，主要成分为粉砂质泥岩，单轴抗压强度不足 20MPa，属典型软岩。断层带前后两侧为 Ⅲ 类围岩，岩体结构较完整，岩性为灰岩，单轴抗压强度约 70MPa，属较坚硬岩石。

根据隧洞设计资料，研究洞段采用系统锚杆和 C30 混凝土衬砌联合支护形式，图 3.3.10 为隧洞断面支护设计图。隧洞为圆形断面，毛洞开挖洞径 10m，衬砌支护后洞径 9m，隧洞周边设置全长黏结型砂浆系统锚杆，锚杆长度 5m，直径 28mm，间距和排距分别为 1.3m 和 1.05m。

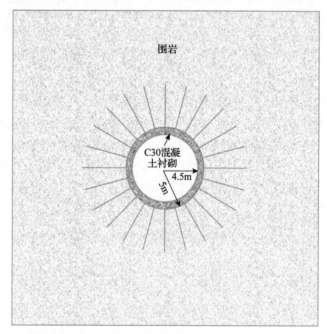

图 3.3.10　隧洞断面支护设计图

## 2. 计算条件

### 1）计算模型

图 3.3.11 为有限元计算模型，计算范围为 70m×70m×70m，坐标原点位于模型前面的隧洞中心位置，$X$ 向垂直于隧洞轴线方向，$Y$ 向为隧洞轴线开挖方向，$Z$ 向为竖直方向。围岩和衬砌采用实体单元模拟，围岩共剖分了 233137 个六面体单元、241436 个节点，衬砌共剖分了 5600 个六面体单元、11360 个节点。系统锚杆采用桁架单元模拟。围岩与衬砌间的接触作用方式采用面-面接触的主从面接触类型（见图 3.3.11（c））。断层内粉砂质泥岩和断层外灰岩的力学特性采用本章建立的深部围岩非线性强度模型反映，围岩与衬砌间的接触力学特性采用本章建立的界

面接触模型反映，衬砌和锚杆力学特性采用线弹性模型反映。

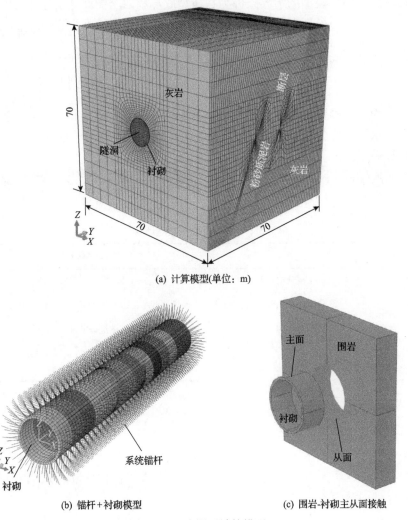

(a) 计算模型(单位：m)

(b) 锚杆+衬砌模型　　　　　　(c) 围岩-衬砌主从面接触

图 3.3.11　有限元计算模型

2)计算参数

表 3.3.1 为支护结构的物理力学参数，锚固圈内围岩的 Hoek-Brown 强度参数采用式(3.2.26)和式(3.2.27)计算。

表 3.3.1　支护结构的物理力学参数

| 支护类型 | 密度/(g/cm$^3$) | 弹性模量/GPa | 泊松比 | 抗拉强度/MPa | 抗压强度/MPa |
| --- | --- | --- | --- | --- | --- |
| 系统锚杆 | 7.9 | 210 | 0.2 | 450 | — |
| 衬砌 | 2.5 | 30 | 0.2 | 2 | 30 |

3)初始地应力及边界条件

计算过程中，模型的边界条件为在模型底部和四个侧面分别施加法向约束，顶面施加法向面力模拟上覆岩体自重，洞区初始地应力采用反演公式计算：

$$\begin{cases} \sigma_{\text{H}} = 1.4\gamma H, & \sigma_{\text{h}} = 1.02\gamma H, & \sigma_{\text{v}} = \gamma H, & H < 400\text{m} \\ \sigma_{\text{H}} = 1.2\gamma H, & \sigma_{\text{h}} = 0.74\gamma H, & \sigma_{\text{v}} = \gamma H, & H \geqslant 400\text{m} \end{cases} \tag{3.3.19}$$

式中，$\gamma$ 为围岩容重；$H$ 为隧洞埋深；$\sigma_{\text{H}}$ 和 $\sigma_{\text{h}}$ 分别为最大和最小水平主应力，其中最大水平主应力方向垂直于隧洞轴线方向；$\sigma_{\text{v}}$ 为竖向自重应力。

4)计算工况

为研究锚杆、衬砌和锚杆+衬砌联合支护对围岩变形、应力、塑性区及对围岩协同承载的影响，确定了四种数值计算工况，如表 3.3.2 所示。

表 3.3.2　确定的四种数值计算工况

| 计算工况 | 支护形式 | 施工方法 |
| --- | --- | --- |
| 工况一 | 毛洞开挖 | 全断面开挖，施工进尺每步 5m |
| 工况二 | 毛洞开挖+锚杆支护 | 全断面开挖，施工进尺每步 5m，锚杆紧跟掌子面 |
| 工况三 | 毛洞开挖+衬砌支护 | 全断面开挖，施工进尺每步 5m，衬砌滞后掌子面 3m |
| 工况四 | 毛洞开挖+"锚杆+衬砌"联合支护 | 全断面开挖，施工进尺每步 5m，锚杆紧跟掌子面，衬砌滞后掌子面 3m |

3. 数值计算结果分析

1)围岩位移分布规律

图 3.3.12 为不同工况隧洞开挖完成后洞周位移分布云图，为便于观察，选取一半模型显示，洞周位移是指围岩沿三个坐标轴方向位移分量的矢量和，围岩位移方向以朝向洞内为"+"。

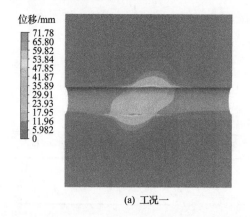 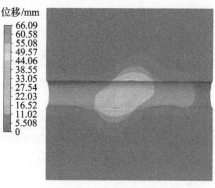

(a) 工况一　　　　　　　　　　　　　(b) 工况二

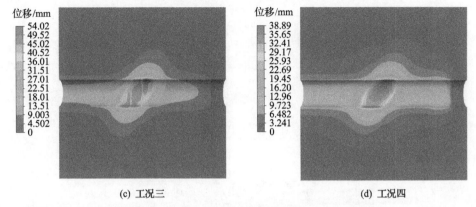

(c) 工况三　　　　　　　　　　　　　(d) 工况四

图 3.3.12　不同工况开挖完成后洞周位移分布云图

由图 3.3.12 分析可知：

(1)开挖完成后，隧洞围岩的最大位移依次减小，毛洞开挖时围岩的最大位移为 72mm，最大位移位于断层段的拱顶；采用单一锚杆支护后围岩的最大位移为 66mm，相比毛洞情况减小 8%，最大位移位于断层洞段的拱顶；采用单一衬砌支护后围岩的最大位移为 54mm，相比毛洞情况减小 25%，最大位移位于断层洞段的拱底；采用锚杆+衬砌联合支护后围岩最大位移为 39mm，相比毛洞情况减小 46%，最大位移位于断层洞段的拱腰。可见随着支护结构的增强，围岩的位移显著减小，最大位移位置由拱顶部位逐渐转移至拱腰部位，支护效果显著。

(2)锚杆对围岩变形的控制能力较弱，衬砌稍强，锚杆+衬砌联合支护最强，然而无论采用何种支护形式，断层部位的围岩位移总是最大的，因此断层部位是整个隧洞施工过程中最不利的部位，在施工中应加强监控和支护。

选取模型中两个典型的断面进行分析，如图 3.3.13 所示，其中断面一位于硬岩洞段，对应于计算模型中 $Y=17m$ 断面，断面二位于断层内软岩洞段，对应于计算模型中 $Y=38m$ 断面。为便于叙述，后成将这两个断面分别简称为硬岩断面和软岩断面。

图 3.3.14 和图 3.3.15 分别为开挖完成后硬岩断面和软岩断面洞周位移分布云图，表 3.3.3 为开挖完成后洞周关键部位的位移。由图 3.3.14、图 3.3.15 和表 3.3.3 分析可知：

(1)对于硬岩断面，除毛洞开挖时，洞周位移沿拱顶、拱肩、拱腰到拱底呈现依次增大的趋势外，其余三种工况围岩位移均在拱腰最大，拱肩次之，拱顶和拱底最小。实际上，对均质岩体而言，当最大水平主应力垂直于隧洞轴线方向时，开挖卸荷后将导致隧洞变形由拱腰、拱肩到拱顶和拱底逐渐减小，因硬岩断面下方软弱断层的影响，毛洞开挖完成后拱底部位的围岩位移比其他部位大，而支护后，围岩的整体性和均匀性得到改善，洞周各部位围岩的变形趋势与均质情况下一致。

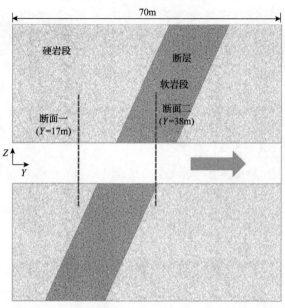

图 3.3.13　典型断面

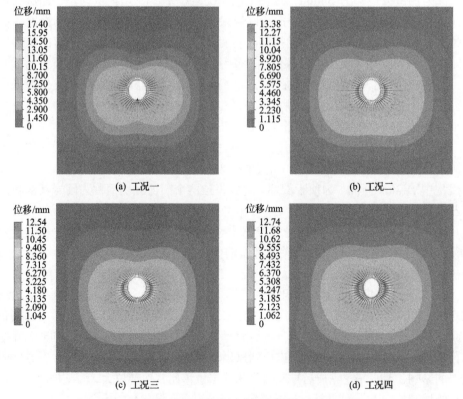

(a) 工况一　　　　　　　　　　　　　　(b) 工况二

(c) 工况三　　　　　　　　　　　　　　(d) 工况四

图 3.3.14　开挖完成后硬岩断面洞周位移分布云图

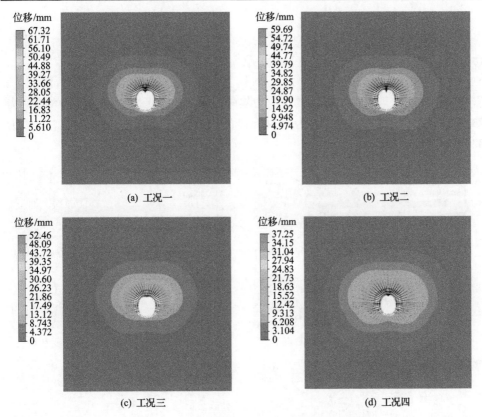

图 3.3.15　开挖完成后软岩断面洞周位移分布云图

**表 3.3.3　开挖完成后洞周关键部位的位移**

| 计算工况 | 拱顶/mm | | 拱肩/mm | | 拱腰/mm | | 拱底/mm | |
|---|---|---|---|---|---|---|---|---|
| | 硬岩断面 | 软岩断面 | 硬岩断面 | 软岩断面 | 硬岩断面 | 软岩断面 | 硬岩断面 | 软岩断面 |
| 工况一 | 9.2 | 67.1 | 11.3 | 43.2 | 13.5 | 41.3 | 17.2 | 20.2 |
| 工况二 | 7.8 | 59.3 | 10.9 | 43.1 | 13.2 | 40.4 | 10.1 | 15.4 |
| 工况三 | 7.3 | 52.2 | 10.2 | 38.5 | 12.2 | 36.2 | 9.8 | 13.3 |
| 工况四 | 7.0 | 36.9 | 10.1 | 33.6 | 11.8 | 32.2 | 9.4 | 12 |

（2）对于软岩断面，围岩位移在拱顶处最大，沿着拱肩、拱腰到拱底逐渐减小，这是因为软岩洞段围岩强度较低，最大水平主应力与隧洞轴线垂直导致拱顶部位塑性变形严重。另外，毛洞开挖时洞周各部位围岩位移变化幅度较大，进行支护后各部位围岩位移变化幅度逐渐变小,其中锚杆+衬砌联合支护条件下各部位围岩位移变化幅度最小，说明支护可以显著提高软岩洞段的稳定能力，使洞周各部位围岩的位移变化相对均匀。

2)围岩应力分布规律

图 3.3.16 为开挖完成后洞周主应力分布云图，为便于观察，选取一半模型进行显示，围岩应力以受拉为"+"，受压为"−"。由图可知：

(1)开挖完成后，洞周主应力分布规律基本一致。在软硬岩洞段相交部位的硬岩拱顶和拱底处均发生了显著的压应力集中现象，其中工况一围岩的最大压应力73.33MPa，工况三最大压应力为 75MPa，而工况二和工况四的最大压应力分别为82.68MPa 和 80MPa。

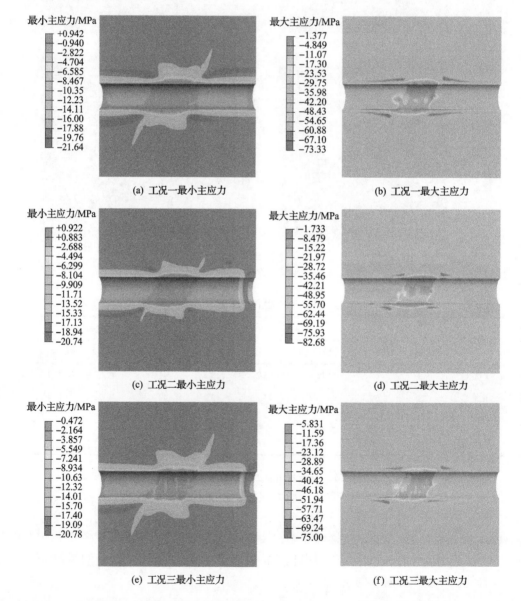

(a) 工况一最小主应力　　　　　　　　　　(b) 工况一最大主应力

(c) 工况二最小主应力　　　　　　　　　　(d) 工况二最大主应力

(e) 工况三最小主应力　　　　　　　　　　(f) 工况三最大主应力

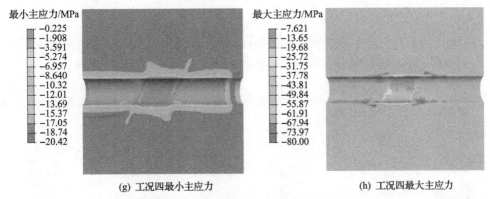

(g) 工况四最小主应力　　　　　　　　　(h) 工况四最大主应力

图 3.3.16　开挖完成后洞周主应力分布云图

（2）相比工况三和工况四采用了衬砌支护，衬砌对围岩产生了一定的挤压作用，工况一和工况二的拉应力相对较大，为 0.942MPa 和 0.922MPa，均发生于软岩洞段。

3）围岩与衬砌接触压力分布规律

图 3.3.17 为围岩与衬砌接触压力分布云图，以受压为"+"。

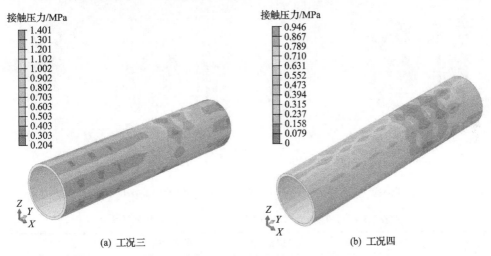

(a) 工况三　　　　　　　　　　　　　(b) 工况四

图 3.3.17　围岩与衬砌接触压力分布云图

由图 3.3.17 分析可知：

（1）断层部位围岩的承载能力较弱，导致围岩与衬砌的接触压力往往较大，且最大接触压力位于隧洞拱顶及其附近部位。工况三采用单一衬砌支护，最大衬砌接触压力约为 1.401MPa，而工况四采用锚杆+衬砌联合支护，最大衬砌接触压力为 0.946MPa，比工况三减小 32.5%，由此可见，采用锚杆对围岩加固以后，围岩的承载能力显著提升，衬砌分担的压力明显变小。

（2）隧洞拱顶、拱肩、拱腰和拱底等关键部位的围岩接触压力明显比其他部位要大，受压更严重，施工过程中对这些部位应予以重点监控。

图 3.3.18 和图 3.3.19 分别为开挖完成后硬岩断面和软岩断面围岩与衬砌接触压力分布云图，表 3.3.4 为开挖完成后洞周关键部位围岩与衬砌接触压力。

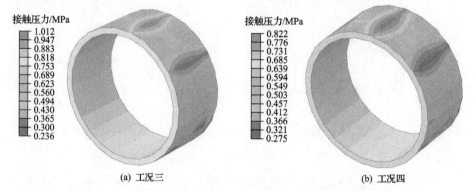

图 3.3.18　开挖完成后硬岩断面围岩与衬砌接触压力分布云图

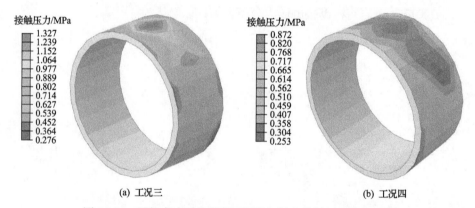

图 3.3.19　开挖完成后软岩断面围岩与衬砌接触压力分布云图

表 3.3.4　开挖完成后洞周关键部位围岩与衬砌接触压力

| 计算工况 | 拱顶/MPa | | 拱肩/MPa | | 拱腰/MPa | | 拱底/MPa | |
|---|---|---|---|---|---|---|---|---|
| | 硬岩断面 | 软岩断面 | 硬岩断面 | 软岩断面 | 硬岩断面 | 软岩断面 | 硬岩断面 | 软岩断面 |
| 工况三 | 0.96 | 1.33 | 0.89 | 1.09 | 0.51 | 0.68 | 0.98 | 1.28 |
| 工况四 | 0.76 | 0.88 | 0.73 | 0.81 | 0.47 | 0.53 | 0.79 | 0.82 |

由图 3.3.18、图 3.3.19 和表 3.3.4 分析可知：

(1)无论硬岩断面还是软岩断面，洞周围岩接触压力的分布规律基本相同。沿着隧洞拱顶、拱肩、拱腰到拱底，围岩与衬砌的接触压力呈现先减小后增大的趋势，其中拱腰部位接触压力最小，而拱顶和拱底部位接触压力相对较大。

(2)采用锚杆加固后，锚杆对软岩隧洞围岩承载能力的提高程度大于硬岩隧洞。

（3）相比其他部位，锚杆对拱腰部位围岩承载能力的提升作用相对较弱，而对拱顶部位围岩承载能力的提升作用最强。

4）锚杆轴力分布规律

图 3.3.20 为工况二和工况四隧洞锚杆的轴向应力分布，以受拉为"+"、受压为"–"。由图 3.3.20 分析可知，两种工况系统锚杆轴向应力的分布规律基本一致，断层部位围岩变形较大，使得锚杆的轴向应力普遍较大，而断层以外硬岩洞段系统锚杆的轴向应力相对较小。工况二中锚杆最大轴向应力为 592MPa，而工况四中锚杆最大轴向应力为 421MPa，减小约 28.9%，这是因为工况四采用了锚杆+衬砌联合支护形式，衬砌在分担围岩荷载的同时抑制了围岩较大的变形，使得锚杆承担的荷载大大减小。

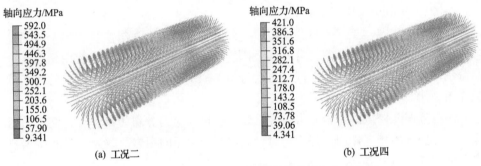

(a) 工况二　　　　　　　　　　　　　　(b) 工况四

图 3.3.20　工况二和工况四隧洞锚杆的轴向应力分布

工况二和工况四系统锚杆的轴向应力分布规律基本一致，以工况四为例，图 3.3.21 为开挖完成后硬岩断面和软岩断面锚杆轴向应力分布，表 3.3.5 为硬岩断面和软岩断面洞周关键部位锚杆的最大轴向应力值。

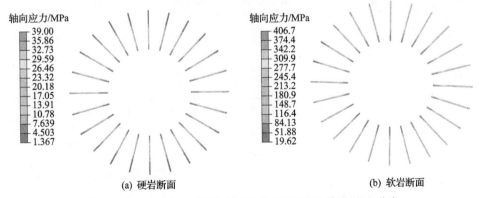

(a) 硬岩断面　　　　　　　　　　　　　(b) 软岩断面

图 3.3.21　开挖完成后硬岩断面和软岩断面锚杆轴向应力分布

**表 3.3.5　硬岩断面和软岩断面洞周关键部位锚杆的最大轴向应力值**

| 计算工况 | 拱顶/MPa | | 拱肩/MPa | | 拱腰/MPa | | 拱底/MPa | |
|---|---|---|---|---|---|---|---|---|
| | 硬岩断面 | 软岩断面 | 硬岩断面 | 软岩断面 | 硬岩断面 | 软岩断面 | 硬岩断面 | 软岩断面 |
| 工况二 | 41 | 520 | 43 | 410 | 44 | 380 | 42 | 450 |
| 工况四 | 32 | 360 | 34 | 240 | 36 | 220 | 33 | 340 |

由图 3.3.21 和表 3.3.5 分析可知:

(1)无论硬岩断面还是软岩断面,锚杆轴向应力均沿着杆体向围岩深部逐渐减小。锚杆最大轴向应力分布靠近洞壁附近,越往围岩内部,锚杆轴向应力越小。

(2)对于硬岩断面,拱腰部位锚杆轴向应力最大,拱肩次之,拱顶和拱底部位最小;而软岩断面正好相反,其拱顶和拱底部位锚杆轴向应力最大,而拱腰部位最小。

5)围岩-支护结构协同承载分析

相比其他工况,工况一只是模拟了毛洞开挖,并没有进行支护,整个施工过程中只有围岩自身单独承载,并不涉及围岩与支护结构的协同承载作用,因此下面分别对工况二、工况三和工况四进行分析,研究不同支护结构与围岩的协同承载作用规律。

假设隧洞开挖之前原岩应力在洞壁表面的径向应力分量为 $\sigma_0$ ,开挖结束后当围岩与支护结构相互作用达到稳定时,支护结构承担的围岩荷载为 $\sigma_s$ ,则围岩自身所分担的荷载 $\sigma_r$ 为

$$\sigma_r = \sigma_0 - \sigma_s \tag{3.3.20}$$

根据式(3.3.20)和上述计算结果可得到工况二~工况四洞周关键部位围岩和支护结构分担荷载及其比例,如表 3.3.6~表 3.3.8 所示。锚杆分担的围岩荷载 $\sigma_{sb}$

**表 3.3.6　工况二洞周关键部位围岩和支护结构分担荷载及其比例**

| 研究断面 | 洞周位置 | 分担荷载/MPa | | 分担荷载比例/% | |
|---|---|---|---|---|---|
| | | 围岩 | 锚杆 | 围岩 | 锚杆 |
| 硬岩断面 | 拱顶 | 25.98 | 0.02 | 99.92 | 0.08 |
| | 拱肩 | 28.58 | 0.02 | 99.93 | 0.07 |
| | 拱腰 | 31.18 | 0.02 | 99.94 | 0.06 |
| | 拱底 | 25.98 | 0.02 | 99.92 | 0.08 |
| 软岩断面 | 拱顶 | 25.70 | 0.30 | 98.85 | 1.15 |
| | 拱肩 | 28.36 | 0.24 | 99.16 | 0.84 |
| | 拱腰 | 30.98 | 0.22 | 99.29 | 0.71 |
| | 拱底 | 25.74 | 0.26 | 99.00 | 1.00 |

**表 3.3.7　工况三洞周关键部位围岩和支护结构分担荷载及其比例**

| 研究断面 | 洞周位置 | 分担荷载/MPa | | 分担荷载比例/ % | |
|---|---|---|---|---|---|
| | | 围岩 | 衬砌 | 围岩 | 衬砌 |
| 硬岩断面 | 拱顶 | 25.04 | 0.96 | 96.31 | 3.69 |
| | 拱肩 | 27.71 | 0.89 | 96.89 | 3.11 |
| | 拱腰 | 30.69 | 0.51 | 98.37 | 1.63 |
| | 拱底 | 25.02 | 0.98 | 96.23 | 3.77 |
| 软岩断面 | 拱顶 | 24.67 | 1.33 | 94.88 | 5.12 |
| | 拱肩 | 27.51 | 1.09 | 96.19 | 3.81 |
| | 拱腰 | 30.52 | 0.68 | 97.82 | 2.18 |
| | 拱底 | 24.72 | 1.28 | 95.08 | 4.92 |

**表 3.3.8　工况四洞周关键部位围岩和支护结构分担荷载及其比例**

| 研究断面 | 洞周位置 | 分担荷载/MPa | | | 分担荷载比例/ % | | |
|---|---|---|---|---|---|---|---|
| | | 围岩 | 衬砌 | 锚杆 | 围岩 | 衬砌 | 锚杆 |
| 硬岩断面 | 拱顶 | 25.22 | 0.76 | 0.02 | 97.00 | 2.92 | 0.08 |
| | 拱肩 | 27.85 | 0.73 | 0.02 | 97.38 | 2.55 | 0.07 |
| | 拱腰 | 30.71 | 0.47 | 0.02 | 98.43 | 1.51 | 0.06 |
| | 拱底 | 25.19 | 0.79 | 0.02 | 96.88 | 3.04 | 0.08 |
| 软岩断面 | 拱顶 | 24.94 | 0.85 | 0.21 | 95.92 | 3.27 | 0.81 |
| | 拱肩 | 27.65 | 0.81 | 0.14 | 96.68 | 2.83 | 0.49 |
| | 拱腰 | 30.54 | 0.53 | 0.13 | 97.88 | 1.70 | 0.42 |
| | 拱底 | 24.98 | 0.82 | 0.20 | 96.08 | 3.15 | 0.77 |

是按照其最大轴力与其加固的围岩面积进行换算得到的，换算公式为

$$\sigma_{sb} = \frac{N_{max}}{s_h s_v} \tag{3.3.21}$$

式中，$N_{max}$ 为锚杆最大轴力；$s_h$ 和 $s_v$ 分别为系统锚杆的间距和排距。

由表 3.3.6～表 3.3.8 分析可知：

（1）围岩是主要的承载体，其自身承担了 90%以上的开挖荷载，而支护结构作为辅助承载结构，仅承担约不足 10%的开挖荷载。因此，在进行隧洞支护结构设计时应充分发挥围岩的自承能力。

（2）锚杆除分担部分开挖荷载外，还可以显著提高围岩的承载能力。对比工况

三和工况四，发现采用锚杆+衬砌联合支护后，围岩分担的开挖荷载明显增加，支护结构分担的开挖荷载明显减少。

(3)相比硬岩断面，锚杆对软岩断面围岩承载能力的改善效果更加明显。采用锚杆加固后，软岩断面围岩分担的开挖荷载比单一衬砌支护时有所增加。

(4)断层的存在对支护结构分担的开挖荷载影响较大，特别是对于锚杆支护结构，不同洞段的锚杆分担的荷载最大相差近十倍。工况三中硬岩断面和软岩断面衬砌结构分担的平均开挖荷载分别为0.84MPa和1.1MPa，而工况二中硬岩断面和软岩断面锚杆分担的平均开挖荷载分别为0.02MPa和0.26MPa。

### 3.3.3 协同承载多因素敏感性分析

3.3.2节对香炉山隧洞典型大埋深洞段开挖支护进行了数值模拟，分析了围岩与支护结构的协同承载作用，然而，影响围岩与支护结构协同承载作用的因素很多，如围岩与衬砌界面粗糙度、隧洞埋深、构造应力、支护时机和支护刚度等因素，本节分析不同因素对围岩-支护结构协同承载作用的影响规律。弹塑性接触问题涉及大量的迭代计算，网格的数量和质量会严重影响求解速度和计算的收敛性，为便于开展多因素敏感性分析，建立图3.3.22所示的考虑多因素影响的数值计算模型，共剖分围岩单元和衬砌单元总数分别为82600个和8900个，围岩、衬砌、锚杆及相关计算参数与前面一致。表3.3.9为多因素分析计算工况。

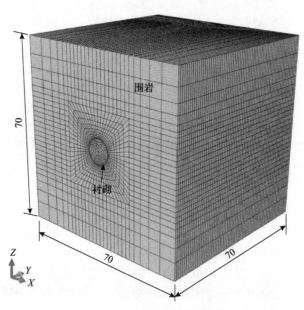

图3.3.22 考虑多因素影响的数值计算模型(单位：m)

表 3.3.9　多因素分析计算工况

| 工况编号 | 界面分形维数 | 隧洞埋深/m | 侧压系数 | 衬砌滞后掌子面的距离/m | 衬砌厚度/m | 研究目的 |
|---|---|---|---|---|---|---|
| 1 | 2.1 | | | | | 研究围岩-衬砌界面粗糙度的影响 |
| 2 | 2.3 | 1000 | 1.5 | 5 | 0.5 | |
| 3 | 2.5 | | | | | |
| 4 | 2.7 | | | | | |
| 5 | | 500 | | | | 研究隧洞埋深的影响 |
| 6 | 2.3 | 1000 | 1.5 | 5 | 0.5 | |
| 7 | | 1500 | | | | |
| 8 | | 2000 | | | | |
| 9 | | | 0.5 | | | 研究构造应力的影响 |
| 10 | 2.3 | 1000 | 1.0 | 5 | 0.5 | |
| 11 | | | 1.5 | | | |
| 12 | | | 2.0 | | | |
| 13 | | | | 0 | | 研究支护时机的影响 |
| 14 | 2.3 | 1000 | 1.5 | 3 | 0.5 | |
| 15 | | | | 5 | | |
| 16 | | | | 10 | | |
| 17 | | | | | 0.3 | 研究支护刚度的影响 |
| 18 | 2.3 | 1000 | 1.5 | 5 | 0.5 | |
| 19 | | | | | 0.7 | |
| 20 | | | | | 0.9 | |

表 3.3.9 中，界面分形维数用于表征围岩-衬砌界面的粗糙度；侧压系数用于描述构造应力的大小；衬砌支护滞后掌子面的距离用于表示支护时机的早晚，衬砌滞后掌子面的距离为 0 时表示衬砌紧跟掌子面，这是一种极限情况，实际工程中不可能发生；衬砌厚度用于反映支护刚度的大小，衬砌厚度越大，相应的支护刚度也就越大。

**1. 围岩-衬砌界面粗糙度的影响分析**

表 3.3.10 为工况 1～4 围岩与支护结构分担的开挖荷载及其比例。图 3.3.23 为围岩与支护结构分担荷载比例随界面分形维数的变化曲线。考虑对称性，只取隧洞右边一侧的关键部位进行分析，并记为拱顶、拱肩、拱腰和拱底。

由表 3.3.10 和图 3.3.23 分析可知：

(1)围岩-支护结构协同承载受界面粗糙度的影响显著。随着围岩-衬砌界面分

表 3.3.10　工况 1～4 围岩与支护结构分担的开挖荷载及其比例

| 界面分形维数 | 洞周位置 | 分担荷载/MPa | | | 分担荷载比例/% | | |
|---|---|---|---|---|---|---|---|
| | | 围岩 | 衬砌 | 锚杆 | 围岩 | 衬砌 | 锚杆 |
| 2.1 | 拱顶 | 24.85 | 1.05 | 0.11 | 95.54 | 4.04 | 0.42 |
| | 拱肩 | 31.70 | 0.71 | 0.09 | 97.54 | 2.18 | 0.28 |
| | 拱腰 | 38.37 | 0.55 | 0.08 | 98.38 | 1.41 | 0.21 |
| | 拱底 | 24.96 | 0.94 | 0.10 | 96.00 | 3.62 | 0.38 |
| 2.3 | 拱顶 | 24.90 | 0.99 | 0.11 | 95.77 | 3.81 | 0.42 |
| | 拱肩 | 31.78 | 0.62 | 0.10 | 97.78 | 1.91 | 0.31 |
| | 拱腰 | 38.48 | 0.43 | 0.09 | 98.67 | 1.10 | 0.23 |
| | 拱底 | 25.03 | 0.87 | 0.10 | 96.27 | 3.35 | 0.38 |
| 2.5 | 拱顶 | 24.95 | 0.94 | 0.11 | 95.96 | 3.62 | 0.42 |
| | 拱肩 | 31.91 | 0.49 | 0.10 | 98.18 | 1.51 | 0.31 |
| | 拱腰 | 38.58 | 0.33 | 0.09 | 98.92 | 0.85 | 0.23 |
| | 拱底 | 25.16 | 0.74 | 0.10 | 96.77 | 2.85 | 0.38 |
| 2.7 | 拱顶 | 25.03 | 0.86 | 0.11 | 96.27 | 3.31 | 0.42 |
| | 拱肩 | 32.08 | 0.32 | 0.10 | 98.71 | 0.98 | 0.31 |
| | 拱腰 | 38.66 | 0.25 | 0.09 | 99.13 | 0.64 | 0.23 |
| | 拱底 | 25.26 | 0.63 | 0.11 | 97.16 | 2.42 | 0.42 |

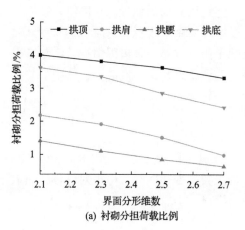

(a) 衬砌分担荷载比例

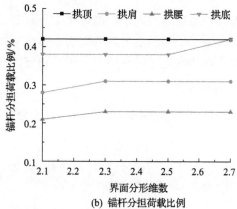

(b) 锚杆分担荷载比例

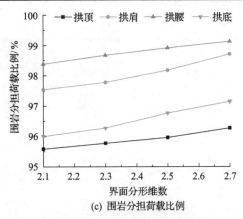

图 3.3.23　围岩与支护结构分担荷载比例随界面分形维数的变化曲线

形维数的增加，洞周各部位衬砌分担的开挖荷载比例逐渐减小，除拱顶部位外，其余部位锚杆分担的开挖荷载比例逐渐增加，相比锚杆分担荷载的增加，衬砌分担荷载的减少程度比较明显，因此导致围岩分担的荷载比例随界面分形维数的增加而增大。

(2)通过对图中围岩和衬砌分担荷载比例的各条曲线进行线性拟合，发现各条曲线的斜率相差不大，说明界面分形维数对洞周各部位围岩和衬砌分担荷载比例的影响程度近乎一致，洞周不存在对界面分形维数变化特别敏感的部位。

(3)在相同的界面分形维数条件下，洞周各部位围岩的承载能力并不相同。沿着隧洞内壁从上下的拱顶和拱底部位到左右的拱腰部位，衬砌和锚杆支护结构分担的荷载比例逐渐降低，而围岩分担的荷载比例逐渐升高，拱顶部位围岩分担的荷载比例最小，拱腰部位围岩分担的荷载比例最大，表明拱腰部位围岩的承载能力相对较强。

2. 隧洞埋深的影响分析

表 3.3.11 为工况 5～8 围岩与支护结构分担的开挖荷载及其比例。图 3.3.24 为围岩与支护结构分担的开挖荷载比例随隧洞埋深的变化曲线。

表 3.3.11　工况 5～8 围岩与支护结构分担的开挖荷载及其比例

| 隧洞 埋深/m | 洞周 位置 | 分担荷载/MPa | | | 分担荷载比例/% | | |
| --- | --- | --- | --- | --- | --- | --- | --- |
| | | 围岩 | 衬砌 | 锚杆 | 围岩 | 衬砌 | 锚杆 |
| 500 | 拱顶 | 12.56 | 0.41 | 0.03 | 96.62 | 3.15 | 0.23 |
| | 拱肩 | 15.98 | 0.23 | 0.04 | 98.33 | 1.42 | 0.25 |
| | 拱腰 | 19.29 | 0.16 | 0.05 | 98.92 | 0.82 | 0.26 |
| | 拱底 | 12.62 | 0.35 | 0.03 | 97.08 | 2.69 | 0.23 |

续表

| 隧洞埋深/m | 洞周位置 | 分担荷载/MPa | | | 分担荷载比例/% | | |
|---|---|---|---|---|---|---|---|
| | | 围岩 | 衬砌 | 锚杆 | 围岩 | 衬砌 | 锚杆 |
| 1000 | 拱顶 | 24.90 | 0.99 | 0.11 | 95.77 | 3.81 | 0.42 |
| | 拱肩 | 31.79 | 0.62 | 0.10 | 97.78 | 1.91 | 0.31 |
| | 拱腰 | 38.48 | 0.43 | 0.09 | 98.67 | 1.10 | 0.23 |
| | 拱底 | 25.03 | 0.87 | 0.10 | 96.27 | 3.35 | 0.38 |
| 1500 | 拱顶 | 37.13 | 1.65 | 0.22 | 95.21 | 4.23 | 0.56 |
| | 拱肩 | 47.43 | 1.15 | 0.17 | 97.29 | 2.36 | 0.35 |
| | 拱腰 | 57.49 | 0.85 | 0.16 | 98.28 | 1.45 | 0.27 |
| | 拱底 | 37.25 | 1.55 | 0.20 | 95.52 | 3.97 | 0.51 |
| 2000 | 拱顶 | 49.20 | 2.35 | 0.45 | 94.62 | 4.52 | 0.86 |
| | 拱肩 | 63.01 | 1.70 | 0.29 | 96.93 | 2.62 | 0.45 |
| | 拱腰 | 76.48 | 1.25 | 0.27 | 98.05 | 1.60 | 0.35 |
| | 拱底 | 49.37 | 2.20 | 0.43 | 94.94 | 4.23 | 0.83 |

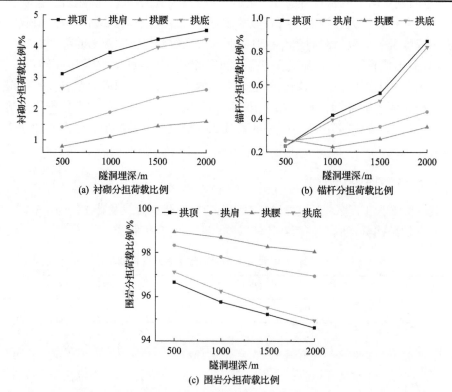

(a) 衬砌分担荷载比例

(b) 锚杆分担荷载比例

(c) 围岩分担荷载比例

图 3.3.24　围岩与支护结构分担的开挖荷载比例随隧洞埋深的变化曲线

由表 3.3.11 和图 3.3.24 分析可知：

(1)随着隧洞埋深的增加，围岩分担的荷载比例呈逐渐减小趋势，特别是拱顶部位，当埋深大于 2000m 时，围岩分担的荷载比例已不足 95%，承载能力下降非常显著。

(2)随着隧洞埋深的增加，支护结构分担的荷载比例逐渐增加，特别是埋深大于 1500m 以后，锚杆分担的荷载比例呈加速上升趋势，而围岩的承载能力大大降低，因此应加强对大埋深隧洞支护结构的设计力度。

(3)不同的埋深导致围岩和支护结构分担的荷载比例明显不同。当隧洞埋深较小时，拱腰部位锚杆分担的荷载最多，拱肩次之，拱顶和拱底最少；而当隧洞埋深大于 1000m 后，拱顶、拱底、拱肩和拱腰部位锚杆分担的荷载比例依次减小。

3. 侧压系数的影响分析

表 3.3.12 为工况 9～12 围岩与支护结构分担的开挖荷载及其比例。图 3.3.25 为围岩与支护结构分担的开挖荷载比例随侧压系数的变化曲线。

表 3.3.12　工况 9～12 围岩与支护结构分担的开挖荷载及其比例

| 侧压系数 | 洞周位置 | 分担荷载/MPa | | | 分担荷载比例/% | | |
|---|---|---|---|---|---|---|---|
| | | 围岩 | 衬砌 | 锚杆 | 围岩 | 衬砌 | 锚杆 |
| 0.5 | 拱顶 | 25.76 | 0.17 | 0.07 | 99.08 | 0.65 | 0.27 |
| | 拱肩 | 19.04 | 0.41 | 0.05 | 97.64 | 2.10 | 0.26 |
| | 拱腰 | 12.34 | 0.62 | 0.04 | 94.92 | 4.77 | 0.31 |
| | 拱底 | 25.80 | 0.14 | 0.07 | 99.19 | 0.54 | 0.27 |
| 1.0 | 拱顶 | 25.36 | 0.58 | 0.07 | 97.50 | 2.23 | 0.27 |
| | 拱肩 | 25.40 | 0.54 | 0.07 | 97.65 | 2.08 | 0.27 |
| | 拱腰 | 25.37 | 0.56 | 0.07 | 97.58 | 2.15 | 0.27 |
| | 拱底 | 25.37 | 0.57 | 0.07 | 97.54 | 2.19 | 0.27 |
| 1.5 | 拱顶 | 24.90 | 0.99 | 0.11 | 95.77 | 3.81 | 0.42 |
| | 拱肩 | 31.79 | 0.62 | 0.10 | 97.78 | 1.91 | 0.31 |
| | 拱腰 | 38.48 | 0.43 | 0.09 | 98.67 | 1.10 | 0.23 |
| | 拱底 | 25.03 | 0.87 | 0.10 | 96.27 | 3.35 | 0.38 |
| 2.0 | 拱顶 | 24.59 | 1.22 | 0.19 | 94.58 | 4.69 | 0.73 |
| | 拱肩 | 38.13 | 0.72 | 0.16 | 97.74 | 1.85 | 0.41 |
| | 拱腰 | 51.50 | 0.37 | 0.13 | 99.04 | 0.71 | 0.25 |
| | 拱底 | 24.73 | 1.09 | 0.18 | 95.12 | 4.19 | 0.69 |

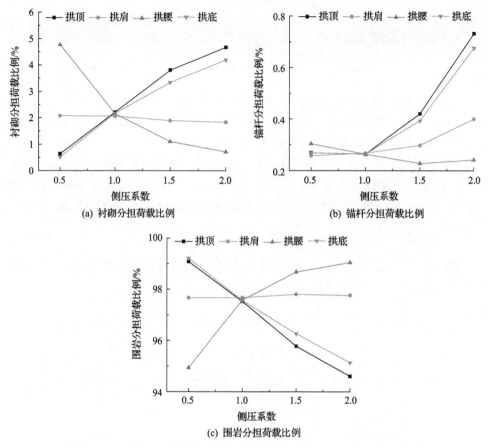

图 3.3.25　围岩与支护结构分担的开挖荷载比例随侧压系数的变化曲线

由表 3.3.12 和图 3.3.25 分析可知：

（1）除了拱肩部位，洞周其他部位围岩和支护结构分担的荷载比例受侧压系数影响比较明显。当侧压系数为 0.5 时，拱腰部位衬砌和锚杆分担的荷载比例较大，拱顶和拱底部位分担的荷载比例较小，而对围岩而言，正好相反，拱腰部位围岩分担的荷载比例较小，拱顶和拱底部位分担的荷载比例较大；当侧压系数等于 1.0 时，计算模型变为轴对称模型，洞周各关键部位围岩和支护结构分担的开挖荷载比例基本相等；当侧压系数大于 1.0 时，拱顶和拱底部位衬砌和锚杆分担的荷载比例较大，拱腰部位分担的荷载比例最小，相对应地，拱腰部位围岩分担的荷载比例最大，而拱顶和拱底部位分担的荷载比例较小。

（2）随着侧压系数由 0.5 增加至 2.0，支护结构分担荷载比例最多的部位由拱腰转移到拱顶，而围岩分担荷载比例最多的部位由拱顶转移到拱腰。当侧压系数较小时，竖向应力为最大主应力，相应地在拱腰部位发生了较严重的塑性变形，拱腰部位围岩承载能力显著降低，分担的荷载比例较小；而当侧压系数较大时，最大主应力为水平方向且垂直于隧洞轴线，此时拱顶和拱底部位围岩发生了严重的塑性变形，导致该部位围岩的承载能力显著降低，进而分担的荷载比例较小，而支护结构需要承担较多的荷载。

（3）洞周各部位围岩和支护结构分担的荷载比例受侧压系数的影响程度并不相同。通过对比观察洞周各部位围岩和支护结构分担的荷载比例随侧压力系数变化曲线的斜率，发现拱顶和拱底部位的围岩和支护结构分担的荷载比例受侧压系数的影响较大，而其他部位影响相对较小。

4. 支护时机的影响分析

表 3.3.13 为工况 13～16 围岩与支护结构分担的开挖荷载及其比例。图 3.3.26 为围岩与支护结构分担的开挖荷载比例随支护时机的变化曲线。

由表 3.3.13 和图 3.3.26 分析可知：

（1）支护时机对围岩-支护协同承载作用影响明显。随着衬砌滞后掌子面距离的增加，衬砌分担的荷载比例显著减少，而围岩分担的荷载比例显著增加。

**表 3.3.13　工况 13～16 围岩与支护结构分担的开挖荷载及其比例**

| 衬砌滞后掌子面的距离/m | 洞周位置 | 分担荷载/MPa | | | 分担荷载比例/% | | |
|---|---|---|---|---|---|---|---|
| | | 围岩 | 衬砌 | 锚杆 | 围岩 | 衬砌 | 锚杆 |
| 0 | 拱顶 | 21.56 | 4.40 | 0.04 | 82.93 | 16.92 | 0.15 |
| | 拱肩 | 29.14 | 3.30 | 0.06 | 89.67 | 10.15 | 0.18 |
| | 拱腰 | 36.00 | 2.93 | 0.07 | 92.31 | 7.51 | 0.18 |
| | 拱底 | 21.74 | 4.22 | 0.05 | 83.59 | 16.22 | 0.19 |
| 3 | 拱顶 | 24.52 | 1.41 | 0.07 | 94.31 | 5.42 | 0.27 |
| | 拱肩 | 31.51 | 0.92 | 0.07 | 96.95 | 2.83 | 0.22 |
| | 拱腰 | 38.15 | 0.77 | 0.08 | 97.82 | 1.97 | 0.21 |
| | 拱底 | 24.59 | 1.34 | 0.07 | 94.58 | 5.15 | 0.27 |
| 5 | 拱顶 | 24.90 | 0.99 | 0.11 | 95.77 | 3.81 | 0.42 |
| | 拱肩 | 31.79 | 0.62 | 0.10 | 97.78 | 1.91 | 0.31 |
| | 拱腰 | 38.48 | 0.43 | 0.09 | 98.67 | 1.10 | 0.23 |
| | 拱底 | 25.03 | 0.87 | 0.10 | 96.27 | 3.35 | 0.38 |
| 10 | 拱顶 | 25.48 | 0.37 | 0.16 | 97.96 | 1.42 | 0.62 |
| | 拱肩 | 32.15 | 0.24 | 0.11 | 98.92 | 0.74 | 0.34 |
| | 拱腰 | 38.73 | 0.18 | 0.09 | 99.31 | 0.46 | 0.23 |
| | 拱底 | 25.52 | 0.33 | 0.15 | 98.15 | 1.27 | 0.58 |

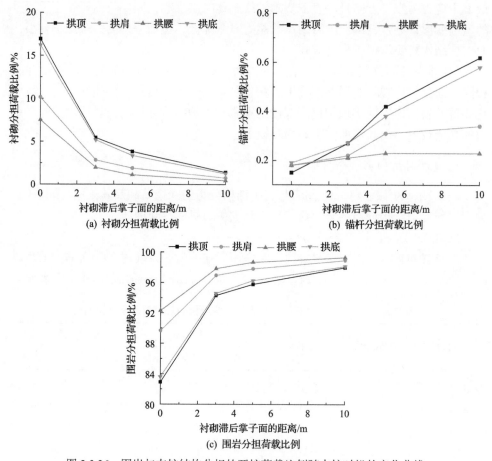

图 3.3.26　围岩与支护结构分担的开挖荷载比例随支护时机的变化曲线

系统锚杆紧跟掌子面安装，锚杆分担的荷载比例也随衬砌滞后掌子面距离的增加而增加。当衬砌滞后掌子面距离为 0 时，即衬砌支护紧跟掌子面(极端情况)，衬砌结构采用弹性模型，不考虑衬砌的屈服破坏，此时衬砌分担的荷载达到 4.4MPa，位于拱顶，为防止支护结构失效，支护时机不宜过早；当衬砌滞后掌子面距离大于 5m 时，支护结构和围岩分担的荷载比例曲线逐渐趋于平缓，即支护结构分担荷载的减少程度和围岩分担荷载的增加程度并不明显；当衬砌滞后掌子面距离过远时，支护结构虽然分担了较少荷载，但是随之而来的围岩变形和塑性区恶化将使围岩处于塌方的危险之中，因此支护时机也不宜过晚。

(2)洞周不同部位围岩-支护结构协同承载作用受支护时机的影响程度并不相同。从洞周各关键部位围岩与支护结构分担荷载比例随支护时机的变化曲线可以看出，相比其他部位，支护时机对拱顶和拱底部位围岩-支护结构协同承载作用的影响相对更加明显。

**5. 支护刚度的影响分析**

表 3.3.14 为工况 17～20 围岩与支护结构分担的开挖荷载及其比例。图 3.3.27 围岩与支护结构分担的开挖荷载比例随衬砌厚度的变化曲线。

**表 3.3.14　工况 17～20 围岩与支护结构分担的开挖荷载及其比例**

| 衬砌厚度/m | 洞周位置 | 分担荷载/MPa | | | 分担荷载比例/% | | |
|---|---|---|---|---|---|---|---|
| | | 围岩 | 衬砌 | 锚杆 | 围岩 | 衬砌 | 锚杆 |
| 0.3 | 拱顶 | 25.09 | 0.80 | 0.12 | 96.47 | 3.08 | 0.45 |
| | 拱肩 | 31.95 | 0.45 | 0.11 | 98.28 | 1.38 | 0.34 |
| | 拱腰 | 38.58 | 0.33 | 0.09 | 98.92 | 0.85 | 0.23 |
| | 拱底 | 25.20 | 0.69 | 0.11 | 96.93 | 2.65 | 0.42 |
| 0.5 | 拱顶 | 24.90 | 0.99 | 0.11 | 95.77 | 3.81 | 0.42 |
| | 拱肩 | 31.79 | 0.62 | 0.10 | 97.79 | 1.90 | 0.31 |
| | 拱腰 | 38.48 | 0.43 | 0.09 | 98.67 | 1.10 | 0.23 |
| | 拱底 | 25.03 | 0.87 | 0.09 | 96.27 | 3.35 | 0.38 |
| 0.7 | 拱顶 | 24.84 | 1.06 | 0.11 | 95.50 | 4.08 | 0.42 |
| | 拱肩 | 31.72 | 0.69 | 0.09 | 97.60 | 2.12 | 0.28 |
| | 拱腰 | 38.41 | 0.51 | 0.08 | 98.49 | 1.31 | 0.20 |
| | 拱底 | 24.96 | 0.94 | 0.10 | 96.00 | 3.62 | 0.38 |
| 0.9 | 拱顶 | 24.77 | 1.12 | 0.10 | 95.31 | 4.31 | 0.38 |
| | 拱肩 | 31.69 | 0.72 | 0.09 | 97.50 | 2.22 | 0.28 |
| | 拱腰 | 38.38 | 0.55 | 0.08 | 98.38 | 1.41 | 0.21 |
| | 拱底 | 24.89 | 1.01 | 0.10 | 95.74 | 3.88 | 0.38 |

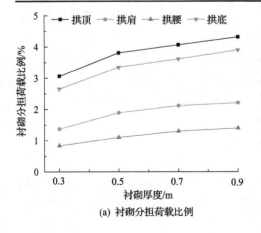

(a) 衬砌分担荷载比例

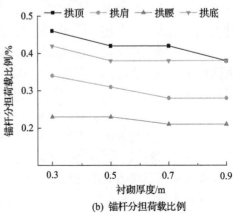

(b) 锚杆分担荷载比例

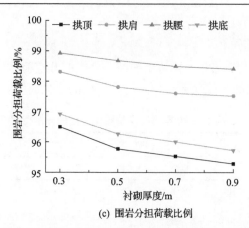

(c) 围岩分担荷载比例

图 3.3.27　围岩与支护结构分担的开挖荷载比例随衬砌厚度的变化曲线

由表 3.3.14 和图 3.3.27 分析可知：

(1)随衬砌厚度的增加，锚杆和围岩分担的荷载比例逐渐减小，两者减少的荷载被转移至衬砌结构，导致衬砌结构分担的荷载比例随着衬砌厚度的增加而明显增加。

(2)当衬砌厚度较薄时，如衬砌厚度小于 0.5m 时，围岩和支护结构分担的荷载比例曲线随衬砌厚度变化比较明显，而衬砌厚度大于 0.5m 时，二者随衬砌厚度的变化趋势明显变得较平缓。由此可见，在一定范围内增加衬砌厚度(支护刚度)可以显著地协助围岩分担部分开挖荷载，然而超过这一范围后，衬砌虽然可继续协助围岩分担荷载，但是效果并不明显，同时随之带来支护成本大大增加，因此衬砌厚度不宜过大。

6. 协同承载多因素敏感性排序

从上述单因素影响分析可知，围岩-支护结构的协同承载作用明显受到围岩-衬砌界面粗糙度、隧洞埋深、侧压系数、支护时机和支护刚度等多种因素不同程度的影响，下面将根据上述单因素分析结果，采用灰关联分析方法对围岩-支护结构协同承载作用对上述多因素的敏感性进行分析排序。

灰色关联分析是灰色理论应用最成熟的方法，其根据序列曲线的几何相似程度来确定各因素之间的关联度，几何相似程度越大，则关联度越大。相比常规的单因素敏感性分析方法，灰关联分析可以综合考虑各影响因素的作用，并且在很大程度上能够减少信息不对称带来的损失。

灰色关联分析方法的主要步骤如下[26]：

(1)确定参考矩阵和比较矩阵。

确定影响系统行为的比较数列和反映系统行为特征的参考数列，以影响参数作为比较矩阵 **X**，相应地，以各考核指标作为参考矩阵 **Y**。比较矩阵 **X** 和参考矩

阵 $Y$ 的行数为因素个数，列数为因素水平数。

(2)矩阵归一化处理。

为消除不同因素间量纲带来的影响，需要对参考矩阵和比较矩阵分别归一化，矩阵归一化的方法如下。

当参考数列和比较数列呈正相关时，

$$X_{ij}^* = \frac{X_{ij} - \min_{i}[X_{ij}]}{\max_{i}[X_{ij}] - \min_{i}[X_{ij}]} \tag{3.3.22}$$

$$Y_{ij}^* = \frac{Y_{ij} - \min_{i}[Y_{ij}]}{\max_{i}[Y_{ij}] - \min_{i}[Y_{ij}]} \tag{3.3.23}$$

当参考数列和比较数列呈负相关时，

$$X_{ij}^* = \frac{\max_{i}[X_{ij}] - X_{ij}}{\max_{i}[X_{ij}] - \min_{i}[X_{ij}]} \tag{3.3.24}$$

$$Y_{ij}^* = \frac{Y_{ij} - \min_{i}[Y_{ij}]}{\max_{i}[Y_{ij}] - \min_{i}[Y_{ij}]} \tag{3.3.25}$$

式中，$\max_{i}[X_{ij}]$、$\min_{i}[X_{ij}]$ 表示比较矩阵 $X$ 第 $i$ 行元素最大值和最小值；$\max_{i}[Y_{ij}]$、$\min_{i}[Y_{ij}]$ 表示参考矩阵 $Y$ 第 $i$ 行元素最大值和最小值。

经过上述归一化处理后，新的参考矩阵和比较矩阵中所有元素均在[0,1]之间。

(3)计算灰关联差异矩阵。

将式(3.3.22)~式(3.3.25)得到的归一化参考矩阵和比较矩阵做差，并取绝对值，即得到灰关联差异矩阵。

$$D_{ij} = \left| Y_{ij}^* - X_{ij}^* \right| \tag{3.3.26}$$

提取灰关联差异矩阵中所有元素的最大值和最小值：

$$d_{\min} = \min_{i} \min_{j} D_{ij} \tag{3.3.27}$$

$$d_{\max} = \max_{i} \max_{j} D_{ij} \tag{3.3.28}$$

(4)计算灰关联系数矩阵。

灰关联系数矩阵元素计算公式为

$$R_{ij} = \frac{d_{\min} + \rho d_{\max}}{D_{ij} + \rho d_{\max}} \tag{3.3.29}$$

式中，$\rho$ 为分辨率系数，$\rho$ 值越小，分辨率越大，一般取 0.5。

(5)计算灰关联度。

考虑数据的分散性，通常将各行灰关联系数求平均值作为影响因素与考核指标之间的关联度，即

$$r_i = \frac{\sum\limits_{j=1}^{n} R_{ij}}{n} \tag{3.3.30}$$

由上述单因素分析可知，拱顶部位的围岩、衬砌和锚杆对各种影响因素的变化比较敏感，因此选取拱顶部位围岩和支护结构分担的荷载比例作为考核指标进行灰关联分析。

根据前述计算结果，可得到比较矩阵和参考矩阵分别为

$$\boldsymbol{X} = \begin{bmatrix} 2.1 & 2.3 & 2.5 & 2.7 \\ 500 & 1000 & 1500 & 2000 \\ 0.5 & 1 & 1.5 & 2 \\ 0 & 3 & 5 & 10 \\ 0.3 & 0.5 & 0.7 & 0.9 \end{bmatrix} \tag{3.3.31}$$

$$\boldsymbol{Y}_1 = \begin{bmatrix} 95.54 & 95.77 & 95.96 & 96.27 \\ 96.62 & 95.77 & 95.21 & 94.62 \\ 99.08 & 97.50 & 95.77 & 94.58 \\ 82.93 & 94.31 & 95.77 & 97.96 \\ 96.47 & 95.77 & 95.50 & 95.31 \end{bmatrix} \tag{3.3.32}$$

$$\boldsymbol{Y}_2 = \begin{bmatrix} 4.04 & 3.81 & 3.62 & 3.31 \\ 3.15 & 3.81 & 4.23 & 4.52 \\ 0.65 & 2.23 & 3.81 & 4.69 \\ 16.92 & 5.42 & 3.81 & 1.42 \\ 3.08 & 3.81 & 4.08 & 4.31 \end{bmatrix} \tag{3.3.33}$$

$$\boldsymbol{Y}_3 = \begin{bmatrix} 0.42 & 0.42 & 0.42 & 0.42 \\ 0.23 & 0.42 & 0.56 & 0.86 \\ 0.27 & 0.27 & 0.42 & 0.73 \\ 0.15 & 0.27 & 0.42 & 0.62 \\ 0.45 & 0.42 & 0.42 & 0.38 \end{bmatrix} \tag{3.3.34}$$

式中，$X$ 为比较矩阵，代表各种因素不同水平的取值；$Y_1$、$Y_2$ 和 $Y_3$ 分别为拱顶处围岩、衬砌和锚杆的参考矩阵，代表拱顶处围岩、衬砌和锚杆所分担的围岩荷载比例。

按照灰关联分析方法的计算步骤，可得到围岩、衬砌和锚杆各自分担荷载与各因素间的灰关联度分别为

$$r_1 = \begin{bmatrix} 0.85 \\ 0.83 \\ 0.89 \\ 0.91 \\ 0.68 \end{bmatrix}, \quad r_2 = \begin{bmatrix} 0.84 \\ 0.76 \\ 0.80 \\ 0.87 \\ 0.72 \end{bmatrix}, \quad r_3 = \begin{bmatrix} 0.84 \\ 0.83 \\ 0.64 \\ 0.86 \\ 0.77 \end{bmatrix} \quad (3.3.35)$$

因此，可以得到围岩、衬砌和锚杆分担开挖荷载对各因素的敏感性排序分别为

围岩：支护时机>侧压系数>界面粗糙度>隧洞埋深>支护刚度。

衬砌：支护时机>界面粗糙度>侧压系数>隧洞埋深>支护刚度。

锚杆：支护时机>界面粗糙度>隧洞埋深>支护刚度>侧压系数。

从上述排序可以看出，对于围岩、衬砌和锚杆等不同的承载体，其受各因素影响的程度并不相同。对于围岩，支护时机和侧压系数对其分载比例的影响较大；对于衬砌和锚杆，支护时机和界面粗糙度等因素对其分载比例的影响较大。因此，支护时机是对围岩和支护结构协同承载作用影响最大的因素，而支护刚度是影响最小的因素。

## 3.4　深部隧洞围岩-支护结构协同承载真三维物理模拟

为进一步分析深部隧洞施工开挖围岩-支护结构的协同承载作用，本节对滇中引水香炉山隧洞典型大埋深洞段施工开挖与支护过程开展真三维物理模型试验，从物理模拟的角度弄清了围岩-支护结构的协同承载作用机制[27]，也有效验证了前面建立的深部隧洞围岩-支护结构协同承载力学模型和数值模拟结果的可靠性。

### 3.4.1　协同承载物理模拟相似材料

开展模型试验研究的深部洞段与前面数值分析选取的大埋深洞段(DL37+845～DL37+915)一致，该洞段包含一条倾角 65°、宽 15m 的断层带，洞区穿越地层岩性和地质条件比较复杂，既有质地较硬的灰岩，又有强度较低的粉砂质泥岩。根据提供的设计资料，该洞段隧洞为圆形断面，采用"锚杆+衬砌"联合支护，模型试验涉及围岩、衬砌、锚杆和填充锚孔的水泥砂浆四种材料，下面分别就这四

种模型相似材料的研制过程予以介绍。

### 1. 围岩相似材料

山东大学研制发明的铁晶砂胶结岩土相似模型材料是由精铁粉、重晶石粉、石英砂和松香酒精溶液等多种材料（见图 3.4.1）按规定配比均匀拌和压实而成的一种复合材料，具有力学参数变化范围广、性能稳定、干燥快速、无毒无害、环保安全、可重复利用的优点。因此，本节选用该材料成分开展围岩相似材料的研制。考虑到隧洞设计断面尺寸和真三维模型试验装置的尺寸规模，选取模型几何相似比为 100，考虑原型模拟范围为 70m×70m×70m，则试验模型尺寸为700mm×700mm×700mm，如图 3.4.2 所示。当模型容重相似比为 1 时，根据相似条件可知模型应力相似比为 100。

考虑模型试验不可能使原岩所有的物理力学参数均满足相似性要求，因此选取容重、变形模量、泊松比、抗压强度、抗拉强度等主要物理力学参数作为配比指标进行模型相似材料的配制，除此之外，还需要使研制的模型相似材料具备深部围岩的非线性强度特征，即随着围压的升高，峰值强度大致满足非线性 Hoek-Brown 强度准则。经过大量的材料配比调整和相关力学试验（包括单轴压缩试验、常规三轴压缩试验、巴西试验和直剪试验），最终得到围岩相似材料的配比方案，如表3.4.1 所示，原岩和模型相似材料的物理力学参数如表 3.4.2 所示。

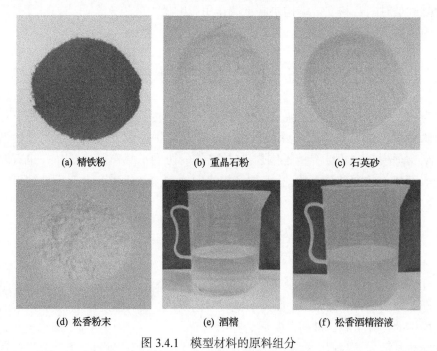

|  |  |  |
| :---: | :---: | :---: |
| (a) 精铁粉 | (b) 重晶石粉 | (c) 石英砂 |
| (d) 松香粉末 | (e) 酒精 | (f) 松香酒精溶液 |

图 3.4.1　模型材料的原料组分

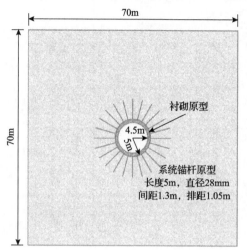
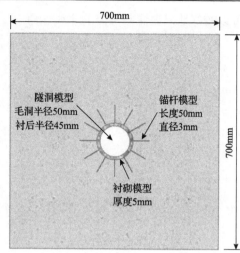

(a) 原型　　　　　　　　　　　　　　(b) 模型

图 3.4.2　原型与模型模拟范围对比

**表 3.4.1　围岩相似材料的配比方案**

| 类别 | I∶B∶S | 胶结剂浓度/% | 胶结剂占骨料比例/% |
|---|---|---|---|
| 灰岩相似材料 | 1∶0.5∶0.4 | 8 | 6 |
| 粉砂质泥岩相似材料 | 1∶0.6∶0.5 | 3 | 6 |

注：1) I 为精铁粉含量；B 为重晶石粉含量；S 为石英砂含量，均采用质量单位。

　　2) 胶结剂浓度为松香溶解于高浓度医用酒精后的溶液浓度。

　　3) 骨料成分为精铁粉、重晶石粉和石英砂。

**表 3.4.2　原岩和模型相似材料的物理力学参数**

| 类别 | 容重/(kN/m³) | 变形模量/GPa | 泊松比 | 抗拉强度/MPa | 峰值抗压强度 $\sigma_1$/MPa | | | | | |
|---|---|---|---|---|---|---|---|---|---|---|
| | | | | | $\sigma_3=0$ MPa | $\sigma_3=10$ MPa | $\sigma_3=20$ MPa | $\sigma_3=30$ MPa | $\sigma_3=40$ MPa | $\sigma_3=50$ MPa |
| 灰岩 | 26.5 | 25.3 | 0.27 | 4.5 | 64.8 | 140.3 | 209.6 | 262.8 | 295.8 | 333.6 |
| 粉砂质泥岩 | 25.5 | 6.8 | 0.28 | 1.3 | 16.3 | 69.5 | 116.3 | 152.2 | 186 | 209.3 |
| 灰岩相似材料 | 26.1~27.3 | 0.23~0.26 | 0.26~0.28 | 0.04~0.05 | 0.6~0.7 | 1.2~1.5 | 1.9~2.3 | 2.51~2.83 | 2.7~3.2 | 3.1~3.5 |
| 粉砂质泥岩相似材料 | 24.5~25.7 | 0.06~0.07 | 0.27~0.30 | 0.01~0.02 | 0.13~0.19 | 0.64~0.72 | 1.02~1.21 | 1.41~1.67 | 1.65~2.02 | 1.95~2.21 |

　　图 3.4.3 和图 3.4.4 分别为灰岩和粉砂质泥岩相似材料与原岩应力-应变曲线对比。可以看出，模型相似材料应力-应变曲线与原岩应力-应变曲线的形态具有显著的相似性，相关力学指标也满足相似条件要求。因此，所研制的模型相似材料

可以较好地模拟深部围岩的非线性力学变形特性。

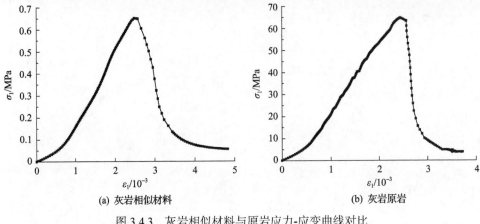

(a) 灰岩相似材料　　　　　　　　　　　(b) 灰岩原岩

图 3.4.3　灰岩相似材料与原岩应力-应变曲线对比

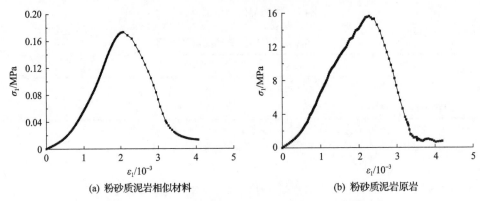

(a) 粉砂质泥岩相似材料　　　　　　　　　(b) 粉砂质泥岩原岩

图 3.4.4　粉砂质泥岩相似材料与原岩应力-应变曲线对比

**2. 衬砌相似材料**

衬砌模型采用特种石膏粉通过改变水膏比试制,设计中常将衬砌当成弹性材料考虑,因此选择弹性模量、单轴抗压强度和抗拉强度作为主要力学参数指标进行衬砌模型材料配比调试。通过反复配比调整与力学试验,测试得到满足相似条件的衬砌模型材料的水膏重量比为 1:1.6,衬砌原型与模型相似材料力学参数如表 3.4.3 所示。

表 3.4.3　衬砌原型与模型相似材料力学参数

| 衬砌 | 弹性模量/GPa | 单轴抗压强度/MPa | 抗拉强度/MPa |
| --- | --- | --- | --- |
| 原型 | 30 | 32 | 2.2 |
| 模型 | 0.3～0.38 | 0.3～0.42 | 0.02～0.028 |

3. 锚杆相似材料

试验采用 ABS 材料制作的细棒模拟锚杆，ABS 材料俗称工程塑料合金，具有强度高、韧性好、易于加工成型的特点。鉴于原型岩体锚杆分布比较密集(间距1.3m，排距 1.05m)，以及锚杆自身的直径(28mm)较小，如果严格按照几何相似比要求，除锚杆长度可以等比例缩小外，锚杆间距和直径都无法在试验中按照相似比进行缩小，故需要对原型锚杆进行等效处理。按照锚杆轴向刚度相似的原则进行等效，试验中用 1 根模型锚杆近似等效 10 根原型锚杆，模型锚杆的直径为3mm，如图 3.4.5 所示。

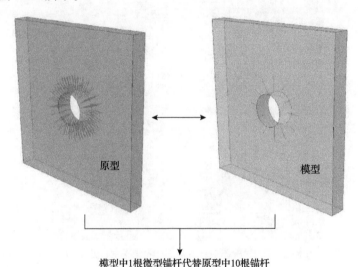

原型　　　　　　　　　　　模型

模型中1根微型锚杆代替原型中10根锚杆

图 3.4.5　原型锚杆与模型锚杆等效示意图

原型锚杆和模型锚杆的几何与力学参数见表 3.4.4。

表 3.4.4　原型锚杆和模型锚杆的几何与力学参数

| 锚杆 | 弹性模量/MPa | 直径/mm | 长度/mm | 排距/mm | 抗拉强度/MPa |
| --- | --- | --- | --- | --- | --- |
| 原型 | 210000 | 28 | 5000 | 1050 | 450 |
| 模型 | 200~220 | 3 | 50 | 50 | 4.5~4.8 |

4. 砂浆相似材料

砂浆相似材料采用普通石膏粉、石英砂和水的混合物模拟。根据提供的设计资料，实际工程中锚杆注浆材料为 M30 水泥砂浆。与配制衬砌相似材料一样，砂浆相似材料也以单轴抗压强度、抗拉强度和弹性模量作为主要力学指标进行配比调试。通过多次配比调整与力学试验，测试得到满足相似条件的水泥砂浆模型材

料的石膏粉、石英砂和水的重量比为 1:0.8:1.4，砂浆原型和模型相似材料的力学
参数见表 3.4.5。

**表 3.4.5　砂浆原型和模型相似材料的力学参数**

| 砂浆 | 弹性模量/GPa | 单轴抗压强度/MPa | 抗拉强度/MPa |
|---|---|---|---|
| 原型 | 32 | 36 | 2.8 |
| 模型 | 0.28~0.42 | 0.34~0.44 | 0.02~0.03 |

图 3.4.6 为模型相似材料主要力学试验照片。

(a) 围岩材料三轴压缩试验　　　(b) 围岩材料巴西试验

(c) 衬砌材料单轴压缩试验　(d) ABS棒拉伸试验　(e) 砂浆材料单轴压缩试验

图 3.4.6　模型相似材料主要力学试验照片

### 3.4.2 协同承载物理模拟过程

#### 1. 模型试验系统

采用自主研发的高地应力真三维物理模拟试验系统开展模型试验，该系统主要由加载反力台架装置、液压加载数控系统和试验数据自动采集系统三大部分组成，如图 3.4.7 所示。

图 3.4.7 高地应力真三维物理模拟试验系统

图 3.4.8 为模型试验加载反力台架装置，其由若干盒式锰钢构件通过高强螺栓连接组合而成，其外部尺寸为 2m×1.75m×1.75m，内部模型尺寸为 0.7m×0.7m×0.7m。为了在模型体内形成真三维初始应力场，加载反力台架装置内共布置了

(a) 外部结构

(b) 内部结构

图 3.4.8 模型试验加载反力台架装置

6 块相互独立的加载板，每块加载板分别与 4 个设计吨位为 500kN 的液压千斤顶连接，即每块加载板最大可对模型体施加 2000kN 的压力，可模拟千米以深的初始高地应力场。

液压加载数控系统如图 3.4.9 所示，主要由液压站、高压油管、液压千斤顶、液压数字传感器、电磁阀和液压控制系统等组成。试验加载时，液压控制系统根据预先设定的压力值实时调整液压站的输出压力，从而精确控制施加在模型体表面的压力。

图 3.4.9　液压加载数控系统

试验数据自动采集系统如图 3.4.10 所示，主要由应变数据采集系统、位移数据采集系统和无线针孔摄像系统组成，试验时应变采集箱和位移采集箱分别与电子计算机连接，可自动监测试验过程中的应变、应力和位移变化，无线针孔摄像机放入开挖的模型隧洞内可实时观察洞壁围岩的变形破坏状况。

(a) 位移数据采集系统　　　　(b) 应变数据采集系统　　　　(c) 无线针孔摄像系统

图 3.4.10　试验数据自动采集系统

2. 模型试验方案

考虑模型试验周期较长、成本较高，只针对数值计算的工况三和工况四开展模型试验，即毛洞开挖后开展衬砌支护和毛洞开挖后开展锚杆+衬砌联合支护的模型试验，为叙述方便，后面分别简称为模型试验一和模型试验二。图 3.4.11 为模型试验方案。

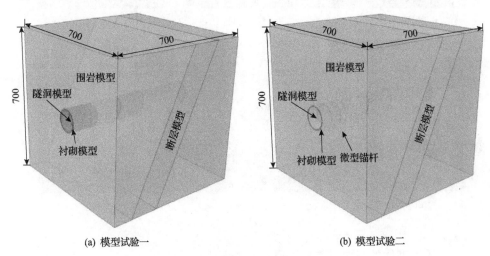

图 3.4.11　模型试验方案(单位：mm)

3. 模型制作工艺

1) 地质模型制作

图 3.4.12 为地质模型制作流程。地质模型采用分层压实、风干养护工艺制作，具体流程如下。

(1) 将断层预制装置固定于模型架导向框的相应位置。

(2) 根据每次填料高度计算断层前、后和断层内的相似材料用量，并按配比称量各组分材料，将其搅拌均匀后分层均匀摊铺在相应位置并进行初步压实。

(3) 拆除断层制作装置，采用分层压实装置将均匀摊铺的模型材料按照相应的成型压力进一步压实。

(4) 压实结束后，采用风机对分层压实的模型体进行风干养护。

(5) 重复上述操作(1)～(4)直至填至模型顶部。

按照上述流程可以很容易制作出满足模型试验一要求的地质模型，然而鉴于真三维模型试验中模型锚杆的成孔、注浆工艺难以实现，采用事先预埋方法来施作模型锚杆。

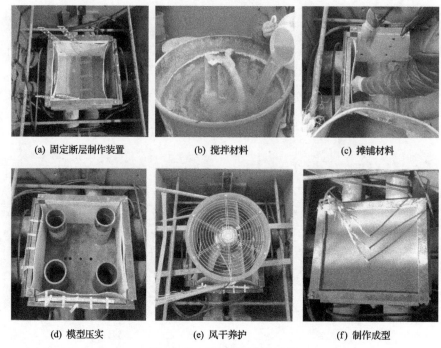

(a) 固定断层制作装置　　　(b) 搅拌材料　　　(c) 摊铺材料

(d) 模型压实　　　(e) 风干养护　　　(f) 制作成型

图 3.4.12　地质模型制作流程

在地质模型体的制作过程中需要在模型洞周埋设监测元件，为此设计了三个典型监测断面，监测断面位置与监测点布设示意图如图 3.4.13 所示。可以看出，监测断面 1 位于断层外的硬岩洞段，监测断面 2 位于断层部位的软、硬岩相交洞段，监测断面 3 位于断层内的软岩洞段。每一个监测断面又分别设置了两个子监

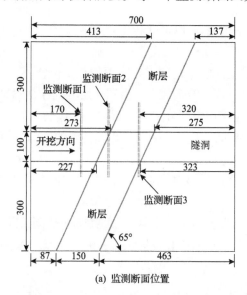

(a) 监测断面位置

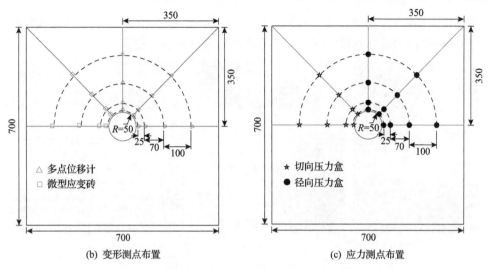

(b) 变形测点布置　　　　　　　　　(c) 应力测点布置

图 3.4.13　监测断面位置与监测点布设示意图（单位：mm）

测断面：变形监测断面（见 3.4.13（b））和应力监测断面（见 3.4.13（c））。变形监测断面右侧包含三条位移测线，分别位于右拱腰、右拱肩和拱顶部位，左侧包含两条应变测线，分别位于左拱肩和左拱腰部位。应力监测断面右侧包含三条径向应力测线，同样位于右拱腰、右拱肩和拱顶部位，而左侧包含两条切向应力测线，分别位于左拱肩和左拱腰部位。上述每条测线上共布置 4 个监测点，它们与洞壁的距离分别为 5mm、30mm、100mm 和 200mm，监测点的具体布置如图 3.4.13 所示。

图 3.4.14 为模型体内部监测元件的埋设。

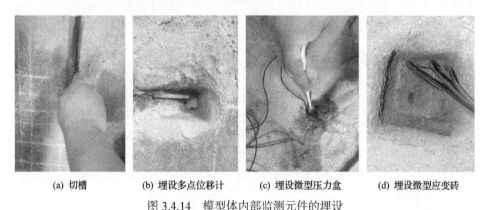

(a) 切槽　　　　(b) 埋设多点位移计　　　(c) 埋设微型压力盒　　　(d) 埋设微型应变砖

图 3.4.14　模型体内部监测元件的埋设

2）衬砌管片模型制作

为了制作模型试验的衬砌结构，研发了一套用于制作衬砌管片的浇筑模具，如图 3.4.15 所示。采用该浇筑模具预制衬砌管片时，首先将模具组装固定，然后将特种石膏粉与水按照确定的水膏重量比 1∶1.6 充分搅拌均匀后，用注射器将石膏液分段注入衬砌预制模具内，同时充分振荡使石膏液均匀密实，最后放入养护室内常温养护后即可脱模。图 3.4.15 为模型衬砌管片制作过程。

(a) 组装模具　　　　　　(b) 浇筑衬砌　　　　　　(c) 脱模

图 3.4.15　模型衬砌管片制作过程

　　为了监测模型试验围岩与衬砌间的接触压力及锚杆轴力的变化，在与模型三个监测断面对应的部位分别设置了衬砌监测断面和锚杆监测断面。衬砌监测断面分别在拱顶、左右拱腰和左右拱肩部位设置监测点，锚杆监测断面在隧洞拱顶、右拱腰和左拱肩部位设置轴力监测点，如图 3.4.16 所示。图 3.4.17 为安装有测试元件的衬砌和锚杆。

　　4. 模型开挖、支护与测试

　　为真实模拟实际隧洞施工过程，将隧洞施工模拟模型试验分为三个阶段：

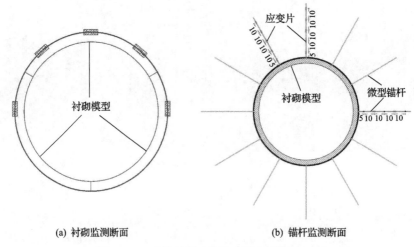

(a) 衬砌监测断面　　　　　　　　　(b) 锚杆监测断面

图 3.4.16　支护结构监测点布置图(单位: mm)

▨ 微型压力盒

(a) 衬砌监测元件

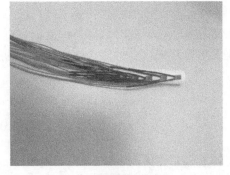
(b) 锚杆监测元件

图 3.4.17 安装有测试元件的衬砌和锚杆

(1)模型初始地应力形成阶段。为使模型洞区的初始地应力赋存环境与现场工程实际相符，采用先加载、后挖洞的模型试验方式。首先，根据模型试验相似条件和反演的初始地应力公式计算模型初始地应力；然后，采用液压加载数控系统进行模型初始地应力真三维分级加载，每级加载 10min，待压力稳定后再加载下一级荷载，直至达到设计值，并稳压至少 24h，由此在模型体内形成真三维初始地应力场。图 3.4.18 为模型试验真三维加载示意图。

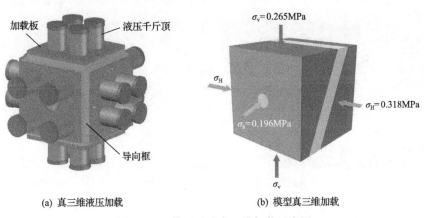
(a) 真三维液压加载          (b) 模型真三维加载

图 3.4.18 模型试验真三维加载示意图

(2)模型隧洞开挖阶段。待模型体初始地应力场形成后，按照隧洞实际开挖工序，采用开挖工具沿着洞轴向进行模型隧洞开挖，开挖产生的废渣用工业吸尘器排出。

(3)模型衬砌支护阶段。为模拟实际隧洞开挖与支护循环推进过程，本节提出"分片安装、逐段拼接"方法进行模型衬砌管片的安装。首先，将要安装的管片与安装工具黏结固定，同时在管片外侧涂抹石膏液使其与微型压力盒表面齐平；然后，使用安装工具将管片安装在开挖洞室的左下侧部位，待模型围岩与管片黏结稳定后轻轻取出管片安装工具，按照上述方法，依次安装右下侧管片；最后，安装顶部管片，此时该环衬砌支护完毕。为使相邻管片结合为一体，在管片间纵向接缝和环向接缝部位涂抹一层薄薄的速干型结构胶。图 3.4.19 为衬砌管片支护示意图。

(a) 安装第1块衬砌管片          (b) 安装第2块衬砌管片          (c) 安装第3块衬砌管片

图 3.4.19　衬砌管片支护示意图

重复上述开挖与支护循环，即可实现模型隧洞边开挖、边支护的逐步推进，整个施工过程共有 22 个施工时步。图 3.4.20 为模型隧洞开挖与衬砌支护照片。

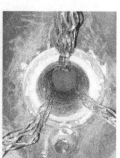

(a) 隧洞开挖          (b) 开挖出渣          (c) 管片安装          (d) 衬砌完毕

图 3.4.20　模型隧洞开挖与衬砌支护照片

在模型开挖与衬砌支护过程中，分别使用位移、应变和应力测试系统监测模型洞周的位移、应变和应力变化状况，并做好实时记录。

### 3.4.3　协同承载物理模拟结果分析

为便于后面将模型试验结果与数值模拟结果进行对比分析，本节已按照相似原理将模型试验测试得到的位移和应力等试验数据换成原型位移和应力。这里规定围岩位移以向洞内变形为 "+"，围岩应力以受压为 "+"，围岩与衬砌接触压力以接触受压为 "+"，锚杆轴力和轴向应变以轴向受拉为 "+"，反之为 "–"。

**1. 围岩位移和应力变化规律**

**1)位移变化规律**

以距离隧洞洞壁最近的监测点进行分析,监测断面 1~3 洞周径向位移随施工时步的变化曲线如图 3.4.21 所示,为方便对比,把两次试验得到的位移变化曲线放在一起。表 3.4.6 为监测断面开挖时刻和支护时刻洞周径向位移变化率,此处的位移变化率是指监测断面开挖时刻和支护时刻洞周径向位移与其最终稳定值的比值。

由图 3.4.21 和表 3.4.6 分析可知:

(1)隧洞开挖后洞周径向位移随施工时步的变化规律基本一致,沿隧洞轴线方向,开挖对围岩变形显著影响的范围为掌子面前、后方 1.5 倍洞径范围。

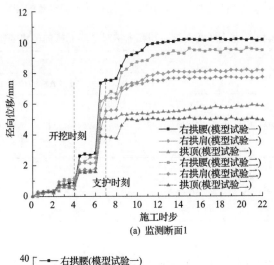

(a) 监测断面1

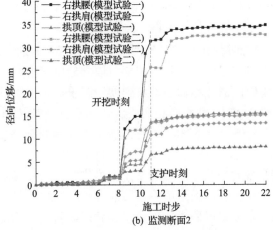

(b) 监测断面2

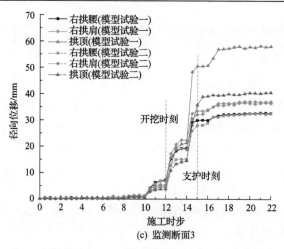

图 3.4.21 监测断面 1～3 洞周径向位移随施工时步的变化曲线

**表 3.4.6 监测断面开挖时刻和支护时刻洞周径向位移变化率**

| 监测断面 | 监测断面所在位置 | 洞周位置 | 开挖时刻/% | | 支护时刻/% | |
|---|---|---|---|---|---|---|
| | | | 模型试验一 | 模型试验二 | 模型试验一 | 模型试验二 |
| 1 | 硬岩洞段 | 右拱腰 | 26.9 | 23.9 | 74.1 | 68.0 |
| | | 右拱肩 | 26.7 | 22.6 | 78.1 | 71.6 |
| | | 拱顶 | 27.9 | 31.0 | 86.1 | 78.3 |
| 2 | 软硬岩相交洞段 | 右拱腰 | 39.2 | 36.2 | 89.9 | 78.6 |
| | | 右拱肩 | 45.1 | 39.3 | 88.2 | 81.1 |
| | | 拱顶 | 28.8 | 35.3 | 88.6 | 79.9 |
| 3 | 软岩洞段 | 右拱腰 | 55.9 | 46.3 | 91.5 | 85.8 |
| | | 右拱肩 | 56.0 | 51.7 | 90.2 | 88.0 |
| | | 拱顶 | 33.5 | 33.0 | 86.9 | 83.3 |

(2)不同洞段,开挖时刻和支护时刻围岩位移释放的快慢程度并不相同。掌子面未到达监测断面时围岩已经发生部分位移,该部分位移占最终总位移的20%～50%,对于不同洞段该比例并不相同,其中硬岩洞段最小,模型试验一和模型试验二分别为27.2%和25.8%,软硬岩相交段次之,分别为37.7%和36.9%,而软岩洞段最大,分别为48.5%和43.7%。可见随着围岩质量变差,掌子面前方围岩受扰动的程度明显变大,位移释放较快,采用锚杆支护后,围岩的位移变化率有所降低,特别是软岩洞段尤为明显。随着掌子面推进,围岩变形继续增加,在衬砌支护时刻,围岩的位移已经达到了最终位移的70%～90%。与开挖时刻位移变化率的规律一致,同样是硬岩段所占比例最小,软岩段所占比例最大。通过计算发现,在开挖后衬砌支护前的这一段时间内,两次试验三个研究洞段围岩的位移变

化率增量依次为 52.2%、51.2%、41% 和 46.8%、43%、42%，即随着围岩质量变差，位移变化率增量逐渐减小，因此得出硬岩洞段围岩的位移释放先慢后快，而软岩洞段为先快后慢。

图 3.4.22 为开挖支护后洞周径向位移随距洞壁距离的变化曲线。

由图 3.4.22 分析可知：

(1)隧洞开挖后，隧洞向洞内收缩，洞壁位移最大，随着距洞壁距离的增加，洞周径向位移呈单调衰减变化，开挖扰动对围岩变形的影响范围约为 1 倍洞径。

(2)锚杆对软岩洞段围岩变形的控制效果更加明显。两次试验硬岩段隧洞的最大变形均为 10mm，位于右拱腰，锚杆对硬岩变形的影响较小；而两次试验软岩段隧洞的最大变形分别约为 60mm 和 40mm，位于拱顶，可见锚杆对软岩围岩力学性质的改善更加明显，围岩变形显著减少。

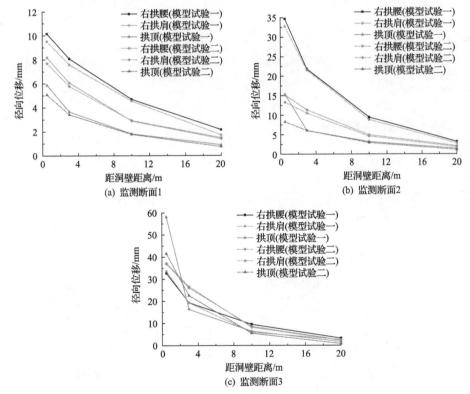

图 3.4.22　开挖支护后洞周径向位移随距洞壁距离的变化曲线

2)围岩应力变化规律

同样以距隧洞洞壁最近的监测点进行分析，试验过程中监测断面 1～3 洞周应力随施工时步的变化曲线如图 3.4.23～图 3.4.25 所示，表 3.4.7 为监测断面开挖时刻和支护时刻围岩应力释放率。此处围岩应力释放率是指监测断面开挖时刻和支护时刻洞周围岩的径向应力释放值与原岩应力的比值，径向应力释放值为初始状态的径向应力减去计算时刻的径向应力。

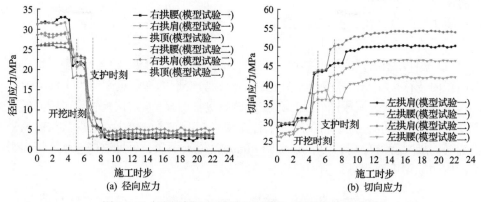

图 3.4.23　监测断面 1 洞周应力随施工时步的变化曲线

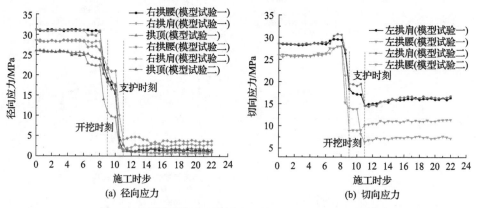

图 3.4.24　监测断面 2 洞周应力随施工时步的变化曲线

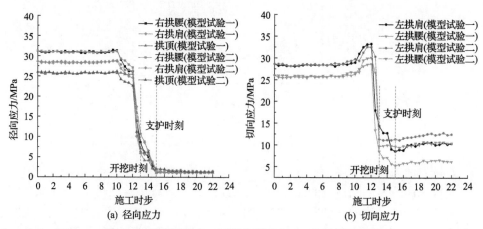

图 3.4.25　监测断面 3 洞周应力随施工时步的变化曲线

**表 3.4.7　监测断面开挖时刻和支护时刻围岩应力释放率**

| 监测断面 | 监测断面所在位置 | 洞周位置 | 开挖时刻/% | | 支护时刻/% | |
|---|---|---|---|---|---|---|
| | | | 模型试验一 | 模型试验二 | 模型试验一 | 模型试验二 |
| 1 | 硬岩洞段 | 右拱腰 | 30.0 | 23.3 | 80.7 | 71.6 |
| | | 右拱肩 | 27.7 | 26.6 | 78.8 | 76.6 |
| | | 拱顶 | 28.7 | 10.5 | 86.6 | 73.9 |
| 2 | 软硬岩相交洞段 | 右拱腰 | 38.9 | 31.7 | 96.1 | 95.1 |
| | | 右拱肩 | 36.6 | 24.0 | 95.8 | 85.9 |
| | | 拱顶 | 58.8 | 29.3 | 95.4 | 89.2 |
| 3 | 软岩洞段 | 右拱腰 | 72.4 | 66.0 | 96.6 | 94.4 |
| | | 右拱肩 | 77.9 | 62.4 | 96.5 | 95.5 |
| | | 拱顶 | 77.1 | 72.2 | 96.1 | 92.0 |

由图 3.4.23～图 3.4.25 和表 3.4.7 分析可知：

(1)隧洞开挖后洞周径向应力随施工时步的变化规律基本一致，整体上呈现逐步减小的趋势。在开挖面附近，围岩径向应力的释放速度最快，变化最剧烈。然而，围岩径向应力并非在整个施工过程中一直发生应力释放，在隧洞开挖前，掌子面前方一定范围内围岩径向应力会出现短暂的应力集中，在硬岩隧洞中尤为明显。这是开挖导致掌子面前方围岩向临空面挤出，相比软岩洞段，硬岩隧洞掌子面约束岩体被挤出的能力较大，硬岩隧洞中这种现象更加明显。

(2)与围岩径向位移释放规律相似，不同洞段围岩应力释放的快慢也不相同。开挖时刻，两次试验三个断面的围岩应力释放率依次为 28.8%、44.8%、75.8%和 20.1%、28.3%、66.9%，即随着岩体质量变差，开挖时刻围岩应力释放得越多，同时采用锚杆支护后，相应的应力释放有所减少，可见硬岩隧洞的稳定性较好，其掌子面对围岩的约束能力更强，导致围岩径向应力释放较少。在衬砌支护时刻，两次试验三个断面的围岩应力释放率依次为 82%、95.8%、96.4%和 74%、90.1%、94%，可见衬砌支护时围岩已经释放了绝大部分应力，剩余一小部分通过围岩-支护结构相互作用分配给围岩和支护结构承担。通过计算发现，隧洞开挖后衬砌支护前的一段时间里，两次试验三个断面的围岩应力释放率增量依次为 53.2%、51%、20.6%和 53.9%、61.8%、27.1%，即从硬岩洞段到软岩洞段，围岩应力释放率的增量逐渐减小，而且此段时间内采用锚杆支护后围岩的应力释放相对更快，因此可以得出隧洞施工过程中硬岩洞段应力的释放率先慢后快，而软岩洞段应力的释放率先快后慢，这与围岩径向位移释放率的研究结论一致。

(3)对于围岩切向应力随施工时步的变化规律，不同研究洞段之间存在明显差异。硬岩洞段，围岩切向应力随施工时步整体呈上升趋势，而软岩洞段和软硬岩相交洞段，围岩切向应力随施工时步先增加后骤降，最后趋于平稳。仔细观察切向应力变化曲线，发现切向应力的增加均发生在开挖前，即掌子面前方，结合径向应力在开挖前出现小幅增加的现象，不难发现这是掌子面前方岩体被挤向临空面导致其切向应力呈现一定程度的增加。而软岩洞段围岩的强度较低，再加上开挖扰动的影响，该部分岩体受损严重，在开挖瞬间失去围岩约束作用，岩体发生了塑性屈服，因此切向应力迅速降低，直至衬砌支护后，支护反力的存在相当于对其施加了围压作用，才导致围岩切向应力逐渐趋于稳定。

图 3.4.26～图 3.4.28 为开挖支护后监测断面 1～3 洞周应力随距洞壁距离的变化曲线。

由图 3.4.26～图 3.4.28 分析可知：

(1) 各监测断面洞周径向应力的分布规律基本一致，距洞壁越近，径向应力越小，随着距洞壁距离的增大，径向应力逐渐恢复至原岩应力。

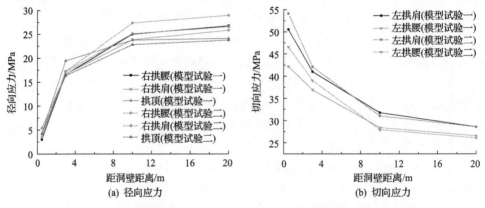

图 3.4.26　开挖支护后监测断面 1 洞周应力随距洞壁距离的变化曲线

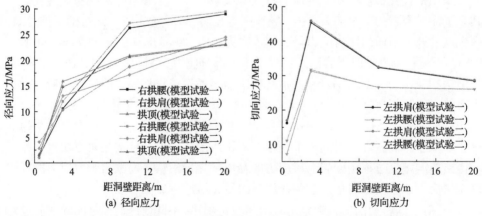

图 3.4.27　开挖支护后监测断面 2 洞周应力随距洞壁距离的变化曲线

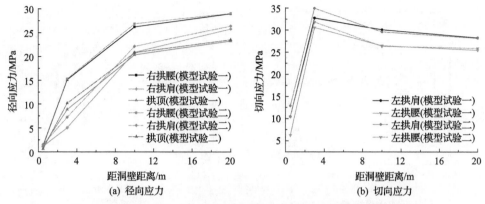

图 3.4.28　开挖支护后监测断面 3 洞周应力随距洞壁距离的变化曲线

（2）各监测断面洞周切向应力的分布规律存在显著差异。监测断面 1（硬岩洞段）切向应力在洞壁发生应力集中，随着距洞壁距离的增大，切向应力逐渐降低至原岩应力。因监测断面 2 和监测断面 3 的切向应力测线均位于软岩洞段，岩体强度较低，开挖后洞周围岩处于峰后软化阶段，切向应力随着距洞壁距离的增大呈现先增加后减小的趋势，在围岩深处形成了压力承载拱，将部分围岩荷载转移至深部围岩承担，这与硬岩洞段切向应力呈逐渐减小的趋势明显不同。

**2. 围岩-衬砌接触压力变化规律**

图 3.4.29～图 3.4.31 为监测断面 1～3 围岩-衬砌接触压力随施工时步的变化曲线。

由图 3.4.29～图 3.4.31 分析可知：围岩-衬砌接触压力随施工时步的变化曲线大致可分为三个阶段：

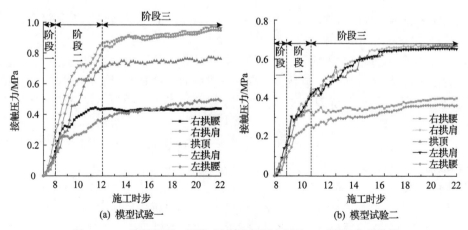

图 3.4.29　监测断面 1 围岩-衬砌接触压力随施工时步的变化曲线

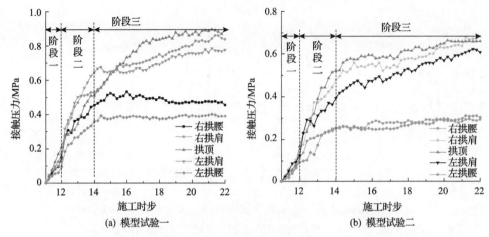

图 3.4.30 监测断面 2 围岩-衬砌接触压力随施工时步的变化曲线

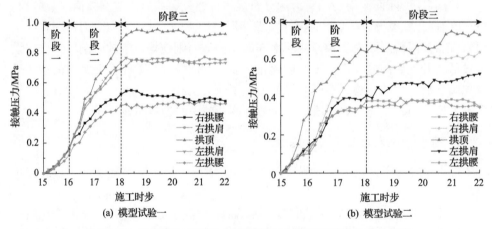

图 3.4.31 监测断面 3 围岩-衬砌接触压力随施工时步的变化曲线

（1）接触压力缓慢增加阶段，持续 1～2 个施工时步，此阶段围岩和衬砌逐渐接触并开始发生相互作用。

（2）接触压力快速增加阶段，持续 2～4 个施工时步，此阶段工作面持续推进，掌子面对围岩的约束作用逐渐减小，围岩向洞内收敛变形与衬砌充分接触，并对衬砌产生压力，衬砌抵抗围岩变形，对围岩提供支护力，围岩与衬砌接触压力稳定增加。

（3）接触压力逐渐稳定阶段，此阶段掌子面对围岩的约束作用逐渐消失，围岩变形缓慢增加，衬砌约束作用逐步增强，接触压力缓慢增加，最终围岩和衬砌达到相对平衡，接触压力趋于稳定。

图 3.4.32 为监测断面 1～3 洞周关键部位围岩-衬砌接触压力分布，图中上面曲线代表模型试验一结果，下面曲线代表模型试验二结果。

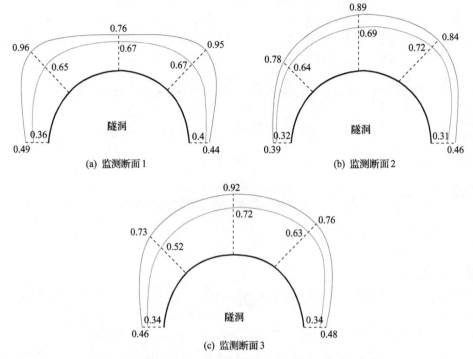

图 3.4.32　洞周关键部位围岩-衬砌接触压力分布(单位: MPa)

由图 3.4.32 分析可知:

(1)洞周围岩-衬砌接触压力大致沿着隧洞竖向中心线呈左右对称分布,拱腰部位接触压力较小,拱顶和拱肩部位接触压力较大,总体而言,沿着拱腰、拱肩到拱顶,围岩-衬砌接触压力呈逐渐增加趋势。

(2)锚杆可以显著提高围岩的承载能力,减小衬砌分担的围岩压力。模型试验二采用锚杆支护后,围岩-衬砌接触压力明显减小,特别是软岩洞段,平均减小25%,这与前面数值计算结果基本一致。

3. 锚杆轴力变化规律

以监测断面 3 拱顶部位锚杆为例,绘出锚杆轴向应变随施工时步的变化曲线,如图 3.4.33 所示,图中 V-1～V-5 为拱顶布设的锚杆应变测点。可以看出,锚杆预先埋设,受开挖扰动的影响,隧洞开挖时刻锚杆杆体已经产生部分轴向应变,该部分应变所占比例较小,这表明开挖前锚杆与围岩相互作用较弱。在隧洞开挖以后,锚杆各监测点轴向应变迅速增加,而且靠近锚杆中间部位的轴向应变明显比靠近两端的轴向应变增加得快。衬砌安装后,锚杆的轴向应变虽稍有增加,但随着施工的进行逐渐趋于平稳。

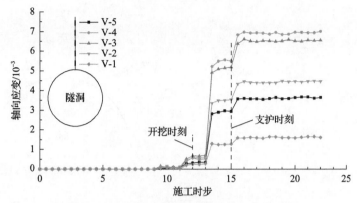

图 3.4.33　锚杆轴向应变随施工时步的变化曲线

假设锚杆的轴向应力和轴向应变满足线弹性本构关系，则锚杆杆体上不同部位的轴力计算公式为

$$F_z = \frac{1}{4} E_b \varepsilon_i \pi d_b^2 \tag{3.4.1}$$

式中，$E_b$ 和 $d_b$ 分别为锚杆的弹性模量和直径；$\varepsilon_i$ 为监测点 $i$ 的轴向应变。

根据测试得到的锚杆轴向应变，由式(3.4.1)可计算得到监测断面 1～3 洞周锚杆轴力分布，如图 3.4.34 所示。

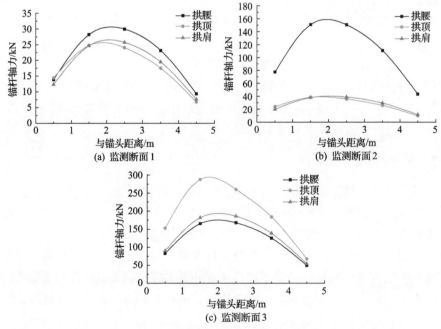

图 3.4.34　监测断面 1～3 洞周锚杆轴力分布

由图 3.4.34 分析可知：

(1)三个监测断面的锚杆轴力均受拉，且沿杆体表现为非均匀分布形式。洞周所有锚杆的轴力分布特征基本类似，沿着杆体轴力先逐渐增加至峰值后又逐渐减小，即呈现"中间大、两头小"的分布特征。锚杆的最大轴力位置位于杆体中间靠近洞壁的部位，大约距离洞壁 2m。

(2)不同洞段的锚杆轴力大小显著不同。硬岩洞段各部位锚杆的轴力大小和分布情况基本一致，差异性较小，最大轴力为 30kN，远小于其拉伸极限承载力340kN。软硬岩相交洞段拱腰部位的锚杆轴力远大于拱顶和拱肩部位的锚杆轴力，最大轴力为 160kN，这是因为该洞段拱腰部位的锚杆位于断层中，拱腰部位较大的围岩变形导致锚杆受到了较大的轴向拉伸作用。对于软岩洞段，拱顶、拱肩和拱腰均位于断层中，因此该断面锚杆的轴力都比较大，特别是拱顶部位的锚杆，其最大轴力为 300kN，与锚杆拉伸极限承载力相近，该处锚杆轴力较大的原因是最大水平主应力垂直于隧洞轴线方向，导致拱顶部位围岩产生了大量塑性变形，锚杆与围岩间产生了较大的相对位移，因此拱顶锚杆受拉严重。

(3)断层对洞周锚杆轴力的影响较大，断层内外的锚杆轴力几乎相差一个数量级。在硬岩洞段设置锚杆造成了一定的浪费，而软岩洞段的局部锚杆又受力过大，使锚杆处于不安全的工作状态。因此，有必要对不同洞段的锚杆布置进行优化，如硬岩洞段应适当减小锚杆的直径或分布密度，而软岩洞段应适当加密或增大锚杆直径。

4. 围岩和支护结构分担荷载比例

表 3.4.8 为围岩和支护结构分担的荷载及其比例。

表 3.4.8　围岩和支护结构分担的荷载及其比例

| 监测断面 | 洞周位置 | 围岩分担荷载/MPa | | 衬砌分担荷载/MPa | | 锚杆分担荷载/MPa | | 分担荷载比例 围岩：衬砌：锚杆 | |
|---|---|---|---|---|---|---|---|---|---|
| | | 模型试验一 | 模型试验二 | 模型试验一 | 模型试验二 | 模型试验一 | 模型试验二 | 模型试验一 | 模型试验二 |
| 1 | 拱腰 | 30.73 | 30.80 | 0.47 | 0.38 | — | 0.02 | 98.5：1.5 | 98.7：1.2：0.1 |
| | 拱肩 | 27.64 | 27.92 | 0.96 | 0.66 | — | 0.02 | 97.4：2.6 | 97.6：2.3：0.1 |
| | 拱顶 | 25.24 | 25.31 | 0.76 | 0.67 | — | 0.02 | 97.1：2.9 | 97.3：2.6：0.1 |
| 2 | 拱腰 | 30.77 | 30.77 | 0.43 | 0.31 | — | 0.12 | 98.6：1.4 | 98.6：1.0：0.4 |
| | 拱肩 | 27.79 | 27.89 | 0.81 | 0.68 | — | 0.03 | 97.2：2.8 | 97.5：2.4：0.1 |
| | 拱顶 | 25.11 | 25.22 | 0.89 | 0.75 | — | 0.03 | 96.6：3.4 | 97.0：2.9：0.1 |
| 3 | 拱腰 | 30.73 | 30.73 | 0.47 | 0.34 | — | 0.13 | 98.5：1.5 | 98.5：1.1：0.4 |
| | 拱肩 | 27.85 | 27.89 | 0.75 | 0.57 | — | 0.14 | 97.4：2.6 | 97.5：2.0：0.5 |
| | 拱顶 | 25.08 | 25.07 | 0.92 | 0.72 | — | 0.21 | 96.5：3.5 | 96.4：2.8：0.8 |

由表 3.4.8 分析可知：

(1) 围岩与支护结构协同承载时，围岩承担了绝大部分的开挖荷载，而支护结构仅分担少量荷载，这与数值计算结果基本一致。

(2) 沿着拱腰、拱肩到拱顶，围岩分担的荷载比例呈逐渐降低趋势，表明围岩承载能力沿拱腰、拱肩到拱顶逐渐减弱。

(3) 作为不同类型的支护结构，衬砌和锚杆对围岩的支护作用明显相同。硬岩洞段、软硬岩相交洞段和软岩洞段锚杆与衬砌承担的平均荷载之比分别为 6%、16%和 30%。由此可见，作为柔性支护结构，锚杆的承载能力有限，其主要作用是增强和加固围岩，体现"护"的作用，而刚性更强的衬砌结构明显比锚杆承载性能更好，体现的是"支"的作用。

**5. 围岩-支护结构协同承载作用机理分析**

根据模型试验分析可以得到隧洞施工过程中围岩-支护结构的协同承载作用模型，如图 3.4.35 所示。分析可知：

(1) 从时间维度上看，围岩-支护结构协同承载作用具有阶段性特征，记掌子面前方围岩开始被扰动时为 $T_0$，掌子面开挖时记为 $T_1$，衬砌开始施作时记为 $T_2$，最后稳定时刻记为 $T_4$。以这四个时间节点，可将隧洞施工过程分为开挖前阶段、开挖后衬砌前阶段和衬砌后阶段。

(2) 对于开挖前阶段，通过前述对隧洞围岩变形和应力的分析，可知开挖只对掌子面前后一定范围的围岩有显著影响。如图 3.4.35(a) 所示，掌子面前方未受开挖扰动的岩体处于原岩应力状态，围岩没有发生应力释放，即 $T_0$ 时刻围岩的应力释放率 $\lambda = 0$。掌子面前方受扰动岩体因应力重分布被挤向临空面，且距离掌子面越近，围岩变形越明显，应力释放也越大。记 $T_1$ 时刻掌子面开挖时围岩变形为 $U_1$，应力释放率为 $\lambda_1$，即此时释放的围岩荷载为 $\lambda_1\sigma_0$，该荷载由围岩自身承担，对应于图 3.4.35(c) 中围岩特征曲线上方的虚线 $\sigma_{R1}$，为保持平衡，$T_1$ 时刻需要掌子面承担的荷载为 $(1-\lambda_1)\sigma_0$，即掌子面提供的虚拟支护力，对应于 $T_1$ 时刻围岩特征曲线下方的虚拟支护力虚线。

(3) 对于开挖后衬砌前阶段，锚杆的存在分担了一部分围岩荷载。随着掌子面的继续推进，围岩变形逐渐增加，围岩应力也逐渐释放，围岩特征曲线和虚拟支护力曲线逐渐下降，而锚杆支护特征曲线逐渐上升。记衬砌施作时刻 $T_2$ 围岩的变形为 $U_2$，应力释放率为 $\lambda_2$，即此时释放的围岩荷载为 $\lambda_2\sigma_0$，该荷载由围岩和锚杆共同承担，对应图 3.4.35(c) 中虚拟支护力曲线上方的虚线，将其减去锚杆承担的荷载 $\sigma_{b2}$（由锚杆支护特征曲线确定），即可确定围岩分担的荷载 $\sigma_{R2}$，对应于 $T_2$ 时刻围岩特征曲线上方的虚线。为保持围岩受力平衡，掌子面提供的荷载为 $(1-\lambda_2)\sigma_0$，对应于 $T_2$ 时刻虚拟支护力曲线下方的虚线。

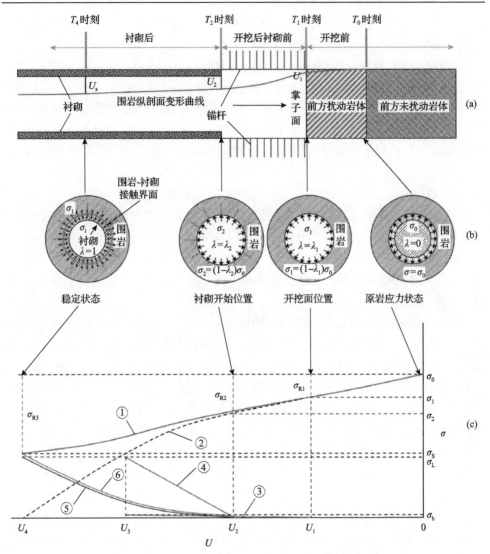

图 3.4.35　隧洞施工过程中围岩-支护结构的协同承载作用模型

①.围岩特征曲线；②.虚拟支护力曲线；③.锚杆支护特征曲线；④.衬砌支护特征曲线；
⑤.考虑接触效应的衬砌支护特征曲线；⑥.考虑接触效应的等效支护特征曲线

（4）对于衬砌后阶段，掌子面持续前进，掌子面对围岩的空间约束作用逐渐减弱，围岩变形继续增加，衬砌与围岩开始接触并发生相互作用。此后围岩应力继续释放，衬砌和锚杆提供的支护抗力逐渐增强，掌子面对围岩的空间约束作用逐渐消失，最终围岩和支护结构达到相对平衡，围岩和支护结构的变形及受力也趋于稳定。记稳定时刻 $T_4$ 围岩的变形为 $U_4$，此时围岩的应力释放完毕，掌子面不再承担荷载，锚杆分担的荷载为 $\sigma_b$，衬砌分担的荷载为 $\sigma_L$，围岩承担的荷载为

$\sigma_{R3}$。如果不考虑围岩的流变效应，围岩和支护结构稳定后二者分担的荷载将一直保持不变。

(5) 由图 3.4.35(c) 可以看出，围岩特征曲线与支护特征曲线并没有相交，与传统的收敛-约束法明显不同，这是围岩-支护结构协同承载过程考虑了围岩与衬砌间的接触效应，围岩变形与衬砌变形并不协调所致。图中曲线⑤为考虑了接触效应的衬砌支护特征曲线，其与围岩间的变形是协调的，综合考虑锚杆支护特征曲线后，得到了考虑接触效应的等效支护特征曲线⑥，其与围岩特征曲线是相交的。

(6) 通过对图 3.4.35 的分析，还可以发现围岩特征曲线上方的部分代表围岩分担的开挖荷载，虚拟支护力下方的部分代表掌子面分担的开挖荷载，而围岩特征曲线与虚拟支护力曲线之间部分代表支护结构分担的荷载。很显然，在支护结构施作前，围岩特征曲线与虚拟支护力曲线是重合的。在支护结构施作后，支护结构分担了一部分围岩荷载，虚拟支护力曲线开始逐渐延伸至围岩特征曲线下方直至与横坐标轴相交。

因此，隧洞施工中围岩-支护结构协同承载作用过程包括两种应力释放机制、三个施工阶段和四种承载状态。围岩-支护结构协同承载作用机制在宏观上表现为应力转移和应力传递。应力转移是指岩体质量较差的围岩(承载能力较弱)将一部分开挖荷载向围岩深部转移，在隧洞周边形成不同范围的压力拱，该部分荷载由围岩自身承担。应力传递是指剩余部分的开挖荷载通过围岩与支护结构的相互作用传递给衬砌和锚杆等支护体系。应力转移贯穿整个隧洞施工过程，而应力传递只存在于支护结构施作以后。三个施工阶段和四种承载状态是指：①开挖前阶段，由围岩单独承载状态向围岩和掌子面共同承载状态转变；②开挖后衬砌前阶段，由围岩和掌子面共同承载状态向围岩、掌子面和支护结构三者共同承载状态转变；③衬砌后阶段，由围岩、掌子面和支护结构三者共同承载状态向围岩和支护结构共同承载状态转变。这三个施工阶段和四种承载状态的转变构成了围岩-支护结构协同承载动态演化的全过程。

### 3.4.4  协同承载物理模拟与数值模拟对比

本节分别采用考虑围岩-衬砌接触效应和不考虑围岩-衬砌接触效应的两种计算方法对模型试验二的施工过程进行了数值模拟，其中在考虑围岩-衬砌接触效应时又分为采用 ABAQUS 默认的接触模型和本章建立的接触模型进行计算。ABAQUS 默认接触模型对围岩-衬砌接触界面采用的是法向硬接触模型和切向无摩擦的光滑模型，本章建立的接触模型采用 3.3 节提出的接触非线性模型。下面对模型试验和数值模拟结果进行对比分析。

1. 围岩位移对比分析

表 3.4.9 为计算得到的洞周径向位移与模型试验对比。

表 3.4.9　计算得到的洞周径向位移与模型试验对比

| 监测断面 | 断面位置 | 洞周位置 | 不考虑接触作用/mm | ABAQUS 默认接触模型/mm | 本章接触非线性模型/mm | 模型试验/mm |
|---|---|---|---|---|---|---|
| 1 | 硬岩洞段 | 右拱腰 | 8.7 | 8.9 | 9.2 | 9.5 |
| | | 右拱肩 | 6.9 | 7.0 | 7.2 | 7.7 |
| | | 拱顶 | 4.1 | 4.3 | 4.6 | 4.9 |
| 3 | 软岩洞段 | 右拱腰 | 28.9 | 29.2 | 29.6 | 32.5 |
| | | 右拱肩 | 29.8 | 30.2 | 30.7 | 36.5 |
| | | 拱顶 | 33.9 | 34.4 | 34.9 | 40.5 |

由表 3.4.9 分析可知：

(1)采用本章接触非线性模型、ABAQUS 默认接触模型和不考虑接触作用计算得到的洞周位移变化规律基本一致，即在硬岩洞段，洞周位移由拱腰至拱顶逐渐减小，在软岩洞段，洞周位移则由拱腰至拱顶逐渐增加。

(2)在硬岩洞段，三种计算方法得到的洞周径向位移与模型试验值的平均误差分别为 5%、9% 和 11%；在软岩洞段，三种计算方法得到的洞周径向位移与模型试验值的平均误差分别为 13%、14% 和 15%。可见相比其他两种方法，采用本章接触非线性模型的位移计算值与模型试验值之间的误差最小，因此在进行围岩稳定性分析和支护结构设计时应充分考虑围岩和衬砌间的非线性接触效应。

2. 围岩应力对比分析

表 3.4.10 和表 3.4.11 分别为计算得到的洞周径向应力与切向应力和模型试验对比。

表 3.4.10　计算得到的洞周径向应力和模型试验对比

| 监测断面 | 断面位置 | 洞周位置 | 不考虑接触作用/MPa | ABAQUS 默认接触模型/MPa | 本章接触非线性模型/MPa | 模型试验/MPa |
|---|---|---|---|---|---|---|
| 1 | 硬岩洞段 | 右拱腰 | 5.4 | 4.9 | 3.9 | 3.5 |
| | | 右拱肩 | 6.1 | 5.7 | 4.4 | 4.1 |
| | | 拱顶 | 6.7 | 6.3 | 5.0 | 4.3 |
| 3 | 软岩洞段 | 右拱腰 | 4.7 | 4.2 | 2.0 | 1.8 |
| | | 右拱肩 | 5.9 | 5.3 | 2.1 | 1.9 |
| | | 拱顶 | 6.6 | 5.9 | 2.2 | 2.0 |

**表 3.4.11　计算得到的洞周切向应力和模型试验对比**

| 监测断面 | 断面位置 | 洞周位置 | 不考虑接触作用/MPa | ABAQUS 默认接触模型/MPa | 本章接触非线性模型/MPa | 模型试验/MPa |
|---|---|---|---|---|---|---|
| 1 | 硬岩洞段 | 左拱肩 | 62.6 | 60.2 | 57.1 | 54.1 |
| | | 左拱腰 | 54.5 | 52.4 | 49.2 | 46.5 |
| 3 | 软岩洞段 | 左拱肩 | 20.4 | 18.2 | 14.6 | 12.5 |
| | | 左拱腰 | 17.3 | 15.2 | 11.9 | 10.5 |

由表 3.4.10 和表 3.4.11 分析可知:

(1)三种方法计算得到的洞周应力变化规律基本一致,即围岩径向应力沿着拱腰、拱肩至拱顶均呈逐渐增加趋势,而围岩切向应力沿着拱肩至拱腰逐渐减小。

(2)采用本章接触非线性模型计算的围岩应力与模型试验值的误差远小于不考虑接触作用和 ABAQUS 默认接触模型计算的误差,采用本章接触非线性模型计算得到的围岩应力与模型试验值更接近。

**3. 接触压力对比分析**

表 3.4.12 为计算得到的围岩-衬砌接触压力与模型试验对比。

**表 3.4.12　计算得到的围岩-衬砌接触压力与模型试验对比**

| 监测断面 | 断面位置 | 洞周位置 | 不考虑接触作用/MPa | ABAQUS 默认接触模型/MPa | 本章接触非线性模型/MPa | 模型试验/MPa |
|---|---|---|---|---|---|---|
| 1 | 硬岩洞段 | 拱腰 | 2.2 | 2.9 | 0.47 | 0.38 |
| | | 拱肩 | 3.4 | 4.2 | 0.73 | 0.66 |
| | | 拱顶 | 3.7 | 4.5 | 0.74 | 0.67 |
| 3 | 软岩洞段 | 拱腰 | 2.9 | 3.7 | 0.51 | 0.34 |
| | | 拱肩 | 4.2 | 4.9 | 0.76 | 0.58 |
| | | 拱顶 | 4.8 | 5.4 | 0.81 | 0.72 |

由表 3.4.12 分析可知:

(1)三种计算方法得到的围岩-衬砌接触压力沿洞周的分布规律基本一致,均沿着拱腰、拱肩到拱顶呈依次增大趋势。

(2)采用本章接触非线性模型计算得到的围岩-衬砌接触压力与模型试验值更接近。而采用 ABAQUS 默认接触模型计算的围岩-衬砌接触压力与模型试验值几乎相差一个数量级。这是因为 ABAQUS 软件默认的法向硬接触模型没有考虑接触变形的微观物理机制,忽略了围岩-衬砌接触界面的接触变形,其假设一旦接触体发生接触，接触压力将升至很大，因此导致计算结果严重失真。而不考虑接触作用的计算结果虽然比 ABAQUS 默认接触模型的计算结果要小，但仍与模型试验值相差较大。事实上，不考虑围岩与衬砌间的接触效应时，围岩-衬砌接触压力并不能提取得到，只能通过对衬砌单元径向应力进行外插得到衬砌外表面的径向压力，这样得到的围岩-衬砌接触压力并不真实，因此与模型试验结果相差较大。

4. 锚杆轴力对比分析

表 3.4.13 为计算得到的洞周锚杆最大轴力与模型试验对比。

**表 3.4.13　计算得到的洞周锚杆最大轴力与模型试验对比**

| 监测断面 | 断面位置 | 洞周位置 | 不考虑接触作用/kN | ABAQUS 默认接触模型/kN | 本章接触非线性模型/kN | 模型试验/kN |
|---|---|---|---|---|---|---|
| 1 | 硬岩洞段 | 拱腰 | 13.8 | 24.4 | 27.3 | 30.0 |
| | | 拱肩 | 12.1 | 22.8 | 25.0 | 25.8 |
| | | 拱顶 | 11.2 | 20.7 | 22.4 | 24.8 |
| 3 | 软岩洞段 | 拱腰 | 120.6 | 192.3 | 180.5 | 167.5 |
| | | 拱肩 | 129.4 | 204.5 | 195.4 | 185.5 |
| | | 拱顶 | 133.7 | 311.7 | 289.2 | 287.5 |

由表 3.4.13 分析可知，不考虑接触作用时计算得到的锚杆最大轴力远小于模型试验值，而采用本章接触非线性模型和 ABAQUS 默认接触模型计算的锚杆最大轴力与模型试验值的平均误差分别为 7%和 16%（硬岩洞段）、4%和 11%（软岩洞段），由此可见，采用本章接触非线性模型计算的锚杆最大轴力与模型试验值更接近。

综合上述四个方面的对比分析，可以发现，采用本章建立的围岩-衬砌接触非线性模型和相应的协同承载数值模拟方法得到的计算结果与模型试验结果吻合度较高，能够更真实地反映围岩与支护体系之间的协同承载作用，这也有效验证了本章建立的围岩-支护结构协同承载力学模型和数值计算方法的合理性和可靠性。

# 3.5　本　章　小　结

本章提出了考虑材料非线性和接触非线性的深部隧洞围岩-支护结构协同承载力学模型，建立了围岩-支护结构协同承载的数值分析方法，并开发了相应的计算程序，通过数值模拟和物理模拟揭示了滇中引水香炉山大埋深隧洞施工开挖围岩-支护结构的协同承载作用机理。

（1）通过深部岩石物理力学试验，得到了不同应力条件下深部软岩和硬岩的非线性变形特征、破坏模式和力学参数变化规律，基于 Hoek-Brown 强度准则提出了考虑岩石峰后软化特性的深部围岩非线性强度模型。

（2）提出了基于分形维数的围岩-衬砌界面接触非线性模型，建立了考虑材料非线性和接触非线性的深部隧洞围岩-支护结构协同承载力学模型。

（3）提出了基于弹塑性接触迭代的深部围岩-支护结构协同承载数值分析方法，基于 ABAQUS 平台开发了相应的计算程序，计算得到支护时机、界面粗糙度、隧洞埋深等多种因素对围岩-支护结构协同承载的影响规律。

（4）通过大埋深隧洞施工支护真三维物理模拟，全景再现复杂地质条件下深部隧洞动态施工与支护过程，得到了隧洞施工过程中围岩应力和变形、围岩-衬砌接触压力以及锚杆受力的变化规律，揭示了深部隧洞施工开挖围岩-支护结构协同承载作用机理。有效验证了本章建立的围岩-支护结构协同承载力学模型和相应数值分析方法的可靠性，为深部隧洞施工和支护设计优化提供了科学指导。

## 参 考 文 献

[1] Zhang Q Y, Ren M Y, Duan K, et al. Geo-mechanical model test on the collaborative bearing effect of rock-support system for deep tunnel in complicated rock strata. Tunnelling and Underground Space Technology, 2019, 91: 103001.

[2] 高春玉, 徐进, 何鹏, 等. 大理岩加卸载力学特性的研究. 岩石力学与工程学报, 2005, 24(3): 456-460.

[3] Alejano L R, Alonso E. Considerations of the dilatancy angle in rocks and rock masses. International Journal of Rock Mechanics and Mining Sciences, 2005, 42(4): 481-507.

[4] 赵星光, 蔡明, 蔡美峰. 岩石剪胀角模型与验证. 岩石力学与工程学报, 2010, 29(5): 970-981.

[5] Walton G, Hedayat A, Kim E, et al. Post-yield strength and dilatancy evolution across the brittle-ductile transition in indiana limestone. Rock Mechanics and Rock Engineering, 2017, 50(7): 1691-1710.

[6] Hoek E, Brown E T. Empirical strength criterion for rock masses. Journal of the Geotechnical Engineering Division, 1980, 106: 1013-1035.

[7] 韩建新, 李术才, 汪雷, 等. 基于广义 Hoek-Brown 强度准则的岩体应变软化行为模型. 中南大学学报(自然科学版), 2013, 44(11): 4702-4706.

[8] 孙闯, 张向东, 刘家顺. 基于 Hoek-Brown 强度准则的应变软化模型在隧道工程中的应用. 岩土力学, 2013, 34(10): 2954-2960.

[9] 彭俊, 荣冠, 周创兵, 等. 一种基于 GSI 弱化的应变软化模型. 岩土工程学报, 2014, 36(3): 499-507.

[10] 朱勇, 周辉, 张传庆, 等. Hoek-Brown 强度准则的脆性不等式及其对 GSI 取值的限制. 岩石力学与工程学报, 2019, 38(S2): 3412-3419.

[11] 金俊超, 佘成学, 尚朋阳. 基于 Hoek-Brown 强度准则的岩石应变软化模型研究. 岩土力学, 2020, 41(3): 939-951.

[12] 毛坚强. 一种解岩土工程变形体-刚体接触问题的有限元法. 岩土力学, 2004, 25(10): 1592-1598.

[13] 周爱兆, 卢廷浩, 刘尧. 土与结构接触面力学特性研究现状与展望. 河海大学学报(自然科学版), 2007, 35(5): 524-528.

[14] Park K H, Tantayopin K, Tontavanich B, et al. Analytical solution for seismic-induced ovaling of circular tunnel lining under no-slip interface conditions: A revisit. Tunnelling and Underground Space Technology, 2009, 24(2): 231-235.

[15] Zhao W S, Chen W Z, Yang D S. Effect of an imperfect interface on seismic response of a composite lining tunnel subjected to SH-waves. International Journal of Geomechanics, 2018, 18(12): 8171-8177.

[16] Ren M Y, Zhang Q Y, Zhang Z J, et al. Study on mechanism of segmental lining-bolt combined support for deep-buried tunnel. Geotechnical and Geological Engineering, 2019, 37: 3649-3671.

[17] 胡海浪, 方涛, 李孝平, 等. 分形理论在岩土工程中的应用. 采矿技术, 2006, 6(4): 71-73.

[18] 陈晓娟, 王单卉. 基于 BEMD 和分形维数的人脸识别方法. 计算机工程与应用, 2017, 53(10): 177-180.

[19] 刘军, 刘京龙. 基于分形维数和数学形态学的图像边缘抗噪检测算法研究. 沈阳理工大学学报, 2017, 36(5): 14-17.

[20] 贾娜, 郭佳欣, 温潍齐, 等. 应用改进差分盒维数法对木材表面粗糙度的三维表征. 东北林业大学学报, 2019, 47(9): 76-80.

[21] Sarkar N, Chaudhuri B B. An efficient differential box-counting approach to compute fractal dimension of image. IEEE Transactions on Systems, Man and Cybernetics, 1994, 24(1): 115-120.

[22] Bae G J, Chang S H, Lee S W, et al. Evaluation of interfacial properties between rock mass and shotcrete. International Journal of Rock Mechanics and Mining Sciences, 2004, 41(3): 106-112.

[23] Osgoui R R, Oreste P. Elasto-plastic analytical model for the design of grouted bolts in a Hoek-Brown medium. International Journal for Numerical and Analytical Methods in Geomechanics, 2010, 34(16): 1651-1686.

[24] Zou J, Xia Z, Dan H. Theoretical solutions for displacement and stress of a circular opening reinforced by grouted rock bolt. Geomechanics and Engineering, 2016, 11(3): 439-455.

[25] 长江勘测规划设计研究有限责任公司. 滇中引水工程香炉山隧洞专题设计报告. 长江勘测规划设计研究有限责任公司, 2015.

[26] 赵永虎, 刘高, 毛举, 等. 基于灰色关联度的黄土边坡稳定性因素敏感性分析. 长江科学院院报, 2015, 32(7): 94-98.

[27] 任明洋, 张强勇, 陈尚远, 等. 复杂地质条件下大埋深隧洞衬砌与围岩协同作用物理模型试验研究. 土木工程学报, 2019, 52(8): 98-109.

# 第4章　深部引水隧洞施工开挖
# 与支护流固耦合物理模拟

随着地下工程开挖深度的显著增加，高地应力和高渗透水压常常引起深埋隧洞出现突水突泥、塌方冒顶等灾害事故，导致巨大的经济损失和人员伤亡[1~11]。为了弄清高地应力与高渗透水压耦合作用下深部隧洞变形破坏机理，本章在相关研究的基础上[12~22]，重点考虑深部高地应力和高渗透水压的影响，研制了模拟深部岩体流固耦合作用的模型相似材料，发明了深部隧洞多场耦合真三维物理模型试验系统，通过滇中引水大埋深隧洞流固耦合真三维物理模拟，揭示了隧洞施工与支护过程中洞周位移、应力和渗透压力的变化规律，为工程设计与施工提供指导。

## 4.1　流固耦合相似准则

如果原型和模型为两个相似系统，则它们的几何特征和各物理量之间必然互相保持一定的相似比例关系，这样就可以由模型系统的物理量推测原型系统的物理量，这种模型与原型的几何特征和物理量之间的相似比例关系就是物理模型试验的相似准则。

原型(prototype，缩写 p)和模型(model，缩写 m)之间具有相同量纲的物理量之比称为相似比尺，其表达式为

$$C_i = \frac{i_\mathrm{p}}{i_\mathrm{m}} \tag{4.1.1}$$

式中，$i$ 代表长度、应力、应变、位移、弹性模量、泊松比、容重、黏聚力、内摩擦角、时间、渗透系数、渗流量、渗流流速等物理量；下标 p 和 m 分别代表原型和模型。

基于量纲分析，考虑原型和模型的平衡方程、几何方程、物理方程、渗流方程和边界条件，可得到物理模型试验相似准则[23,24]。

1)应力相似准则

$$C_\sigma = C_l C_\gamma \tag{4.1.2}$$

式中，$C_\sigma$ 为应力相似比尺；$C_l$ 为几何相似比尺；$C_\gamma$ 为容重相似比尺。

2) 位移相似准则

$$C_\delta = C_\varepsilon C_l \tag{4.1.3}$$

式中，$C_\delta$ 为位移相似比尺；$C_\varepsilon$ 为应变相似比尺。

3) 弹性模量相似准则

$$C_E = C_l C_\gamma \tag{4.1.4}$$

式中，$C_E$ 为弹性模量相似比尺。

4) 渗流流速相似准则

$$C_v = \sqrt{C_l} \tag{4.1.5}$$

式中，$C_v$ 为渗流流速相似比尺。

5) 渗透系数相似准则

$$C_{k_f} = C_{\sigma'}^{-a} C_\gamma^{-1} C_l^{\frac{1}{2}} \tag{4.1.6}$$

式中，$C_{k_f}$ 为高地应力条件下岩体渗透系数相似比尺；$a$ 为岩体裂隙分布密度的分维数；$\sigma'$ 为有效应力。

6) 渗透压力相似准则

$$C_P = C_\gamma C_l \tag{4.1.7}$$

式中，$C_P$ 为渗透压力相似比尺。

7) 渗流量相似准则

$$C_Q = C_{\sigma'}^{-a} C_\gamma^{-1} C_l^{\frac{5}{2}} \tag{4.1.8}$$

式中，$C_Q$ 为高地应力条件下岩体渗流量相似比尺。

8) 无量纲物理量的相似比尺等于 1

$$C_\varepsilon = C_\mu = C_\varphi = 1 \tag{4.1.9}$$

式中，$C_\mu$ 为泊松比相似比尺；$C_\varphi$ 为内摩擦角相似比尺。

9）相同量纲物理量的相似比尺相等

$$C_\sigma = C_c = C_E = C_{\sigma_c} = C_{\sigma_t} \tag{4.1.10}$$

式中，$C_c$ 为黏聚力相似比尺；$C_{\sigma_c}$ 为抗压强度相似比尺；$C_{\sigma_t}$ 为抗拉强度相似比尺。

# 4.2 新型流固耦合相似材料研制

## 4.2.1 原材料选取

### 1. 主骨料的选取

选择精铁粉、石英砂和重晶石粉作为模型材料的主骨料，如图 4.2.1 所示。

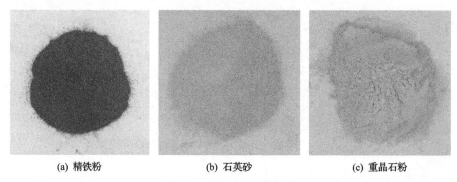

(a) 精铁粉          (b) 石英砂          (c) 重晶石粉

图 4.2.1　模型材料的骨料

1）精铁粉

选择不易生锈的精铁粉作为骨料，主要是考虑到铁粉的比重较大、质地坚硬，并且铁粉的占比对材料试件的强度、弹性模量也有一定的影响。

2）石英砂

选取石英砂主要是考虑它对材料的黏聚力和内摩擦角影响较大，能够有效调节模型材料的黏聚力和内摩擦角。

3）重晶石粉

重晶石粉是一种非金属矿物质，灰白色，主要由硫酸钡组成，安全无毒无害。选取重晶石粉主要是考虑它的粒径较小，具有较高的可压实性，能够有效调节材料的容重。

2. 胶结材料的选取

胶结材料是指能够将其他材料紧密黏结成为一体，具有一定强度的材料，如水泥、石膏、石蜡、松香、环氧树脂等。综合考虑国内外模型试验采用的各种胶结材料的优缺点后，选用白水泥作为胶结材料，主要基于这样的考虑：一是白水泥的胶结强度介于石膏这样的弱胶结材料和水泥这样的强胶结材料之间，能够较好地调节相似材料的强度；二是白水泥性能稳定，受温度影响比较小。

3. 调节材料的选取

在研制模型相似材料的过程中，为使模型材料制作方便，往往会使用调节材料，如按调节剂的作用可以分为增密剂、缓凝剂、速凝剂以及一些针对特定目标而添加的调节材料，而在流固耦合相似材料的研制中，调节剂的作用主要是调节模型材料的渗透系数。通过分析比较，选取硅油作为调节剂。

## 4.2.2 正交试验设计与力学参数测试

1. 正交试验基本原理

在进行试验研究时，如果涉及的因素众多，各因素之间存在相互影响，则进行各个因素与各个层次的相互匹配将面临巨大的工作量，为解决这一问题，正交试验提供了一种有效的解决方法。正交试验是从综合试验中选出一个具有代表性的试验，继而将试验的水平组合列成表格，即正交试验表。如果一项试验有 3 个影响因素，且每个因素的水平数为 4，则综合试验的测试次数为 $4^3=64$ 次，而开展正交试验次数仅为 16 次。表 4.2.1 为 3 因素 4 水平正交试验表。

**表 4.2.1　3 因素 4 水平正交试验表**

| 试验编号 | 列号 | | |
| --- | --- | --- | --- |
| | 1 | 2 | 3 |
| 1 | 1 | 1 | 1 |
| 2 | 1 | 2 | 2 |
| 3 | 1 | 3 | 3 |
| 4 | 1 | 4 | 4 |
| 5 | 2 | 1 | 2 |
| 6 | 2 | 2 | 1 |

| 试验编号 | 列号 | | |
| --- | --- | --- | --- |
| | 1 | 2 | 3 |
| 7 | 2 | 3 | 3 |
| 8 | 2 | 4 | 4 |
| 9 | 3 | 1 | 3 |
| 10 | 3 | 2 | 1 |
| 11 | 3 | 3 | 2 |
| 12 | 3 | 4 | 4 |
| 13 | 4 | 1 | 4 |
| 14 | 4 | 2 | 1 |
| 15 | 4 | 3 | 2 |
| 16 | 4 | 4 | 3 |

2. 正交试验设计与材料成分配置

选择精铁粉:石英砂:重晶石粉的重量之比作为因素 $A$,白水泥占材料总重的百分比作为因素 $B$,硅油占材料总重的百分比作为因素 $C$,其中,因素 $A$ 设置 1:1:1、2:1:1、4:1:1、1:2:1、1:4:1、1:1:2、1:1:4 7 个水平(分别为水平 1、2、3、4、5、6、7);因素 $B$ 设置 0.1%、0.5%、1%、5% 4 个水平(分别为水平 1、2、3、4);因素 $C$ 设置 1%、2%、5%、7% 4 个水平(分别为水平 1、2、3、4)。基于因素 $A$、$B$ 和 $C$,设计模型材料的正交试验表,如表 4.2.2 所示。

表 4.2.2　模型材料正交试验表

| 试验编号 | 因素 | | | 试验方案 |
| --- | --- | --- | --- | --- |
| | $A$ | $B$ | $C$ | |
| 1 | 1 | 1 | 1 | $A_1B_1C_1$ |
| 2 | 1 | 1 | 4 | $A_1B_1C_4$ |
| 3 | 1 | 2 | 2 | $A_1B_2C_2$ |
| 4 | 1 | 2 | 3 | $A_1B_2C_3$ |
| 5 | 1 | 3 | 2 | $A_1B_3C_2$ |
| 6 | 1 | 3 | 3 | $A_1B_3C_3$ |
| 7 | 1 | 4 | 4 | $A_1B_4C_4$ |

续表

| 试验编号 | 因素 | | | 试验方案 |
| --- | --- | --- | --- | --- |
| | $A$ | $B$ | $C$ | |
| 8 | 1 | 4 | 1 | $A_1B_4C_1$ |
| 9 | 2 | 1 | 3 | $A_2B_1C_3$ |
| 10 | 2 | 2 | 4 | $A_2B_2C_4$ |
| 11 | 2 | 3 | 1 | $A_2B_3C_1$ |
| 12 | 2 | 4 | 2 | $A_2B_4C_2$ |
| 13 | 3 | 1 | 1 | $A_3B_1C_1$ |
| 14 | 3 | 2 | 2 | $A_3B_2C_2$ |
| 15 | 3 | 3 | 3 | $A_3B_3C_3$ |
| 16 | 3 | 4 | 4 | $A_3B_4C_4$ |
| 17 | 4 | 1 | 3 | $A_4B_1C_3$ |
| 18 | 4 | 2 | 4 | $A_4B_2C_4$ |
| 19 | 4 | 3 | 1 | $A_4B_3C_1$ |
| 20 | 4 | 4 | 2 | $A_4B_4C_2$ |
| 21 | 5 | 1 | 2 | $A_5B_1C_2$ |
| 22 | 5 | 2 | 1 | $A_5B_2C_1$ |
| 23 | 5 | 3 | 4 | $A_5B_3C_4$ |
| 24 | 5 | 4 | 3 | $A_5B_4C_3$ |
| 25 | 6 | 1 | 4 | $A_6B_1C_4$ |
| 26 | 6 | 2 | 3 | $A_6B_2C_3$ |
| 27 | 6 | 3 | 2 | $A_6B_3C_2$ |
| 28 | 6 | 4 | 1 | $A_6B_4C_1$ |
| 29 | 7 | 1 | 2 | $A_7B_1C_2$ |
| 30 | 7 | 2 | 1 | $A_7B_2C_1$ |
| 31 | 7 | 3 | 4 | $A_7B_3C_4$ |
| 32 | 7 | 4 | 3 | $A_7B_4C_3$ |

　　基于正交试验表 4.2.2，可以确定模型材料的配比试验方案，并据此得到模型材料配制成分表，如表 4.2.3 所示。

**表 4.2.3　模型材料配制成分表**

| 试验编号 | 试验方案 | 骨料配比 | | | 白水泥/g | 硅油/g | 拌和水/g | 总重量/g |
|---|---|---|---|---|---|---|---|---|
| | | 精铁粉/g | 石英砂/g | 重晶石粉/g | | | | |
| 1 | $A_1B_1C_1$ | 1130.5 | 1130.5 | 1130.5 | 3.5 | 35 | 105 | 3535 |
| 2 | $A_1B_1C_4$ | 1013.8 | 1013.8 | 1013.8 | 3.5 | 245 | 105 | 3394.9 |
| 3 | $A_1B_2C_2$ | 1102.5 | 1102.5 | 1102.5 | 17.5 | 70 | 105 | 3500.0 |
| 4 | $A_1B_2C_3$ | 1067.5 | 1067.5 | 1067.5 | 17.5 | 175 | 105 | 3500.0 |
| 5 | $A_1B_3C_2$ | 1096.7 | 1096.7 | 1096.7 | 35.0 | 70 | 105 | 3500.1 |
| 6 | $A_1B_3C_3$ | 1061.7 | 1061.7 | 1061.7 | 35.0 | 175 | 105 | 3500.1 |
| 7 | $A_1B_4C_4$ | 956.7 | 956.7 | 956.7 | 175.0 | 245 | 105 | 3395.1 |
| 8 | $A_1B_4C_1$ | 1073.3 | 1073.3 | 1073.3 | 175.0 | 35 | 105 | 3534.9 |
| 9 | $A_2B_1C_3$ | 1608.3 | 804.1 | 804.1 | 3.5 | 175 | 105 | 3500.0 |
| 10 | $A_2B_2C_4$ | 1513.8 | 756.8 | 756.8 | 17.5 | 245 | 105 | 3394.9 |
| 11 | $A_2B_3C_1$ | 1680.0 | 840.0 | 840.0 | 35.0 | 35 | 105 | 3535.0 |
| 12 | $A_2B_4C_2$ | 1575.0 | 787.5 | 787.5 | 175.0 | 70 | 105 | 3500.0 |
| 13 | $A_3B_1C_1$ | 2261.0 | 565.3 | 565.3 | 3.5 | 35 | 105 | 3535.1 |
| 14 | $A_3B_2C_2$ | 2205.0 | 551.3 | 551.3 | 17.5 | 70 | 105 | 3500.1 |
| 15 | $A_3B_3C_3$ | 2123.3 | 530.8 | 530.8 | 35.0 | 175 | 105 | 3499.9 |
| 16 | $A_3B_4C_4$ | 1913.3 | 478.3 | 478.3 | 175.0 | 245 | 105 | 3394.9 |
| 17 | $A_4B_1C_3$ | 804.1 | 1608.3 | 804.1 | 3.5 | 175 | 105 | 3500.0 |
| 18 | $A_4B_2C_4$ | 756.8 | 1513.8 | 756.8 | 17.5 | 245 | 105 | 3394.9 |
| 19 | $A_4B_3C_1$ | 840.0 | 1680.0 | 840.0 | 35.0 | 35 | 105 | 3535.0 |
| 20 | $A_4B_4C_2$ | 787.5 | 1575.0 | 787.5 | 175.0 | 70 | 105 | 3500.0 |
| 21 | $A_5B_1C_2$ | 553.6 | 2214.3 | 553.6 | 3.5 | 70 | 105 | 3500.0 |
| 22 | $A_5B_2C_1$ | 562.9 | 2251.7 | 562.9 | 17.5 | 35 | 105 | 3535.0 |
| 23 | $A_5B_3C_4$ | 501.7 | 2006.7 | 501.7 | 35.0 | 245 | 105 | 3395.1 |
| 24 | $A_5B_4C_3$ | 507.5 | 2030.0 | 507.5 | 175.0 | 175 | 105 | 3500.0 |
| 25 | $A_6B_1C_4$ | 760.4 | 760.4 | 1520.8 | 3.5 | 245 | 105 | 3395.1 |
| 26 | $A_6B_2C_3$ | 800.6 | 800.6 | 1601.3 | 17.5 | 175 | 105 | 3500.0 |
| 27 | $A_6B_3C_2$ | 822.5 | 822.5 | 1645.0 | 35.0 | 70 | 105 | 3500.0 |
| 28 | $A_6B_4C_1$ | 805.0 | 805.0 | 1610.0 | 175 | 35 | 105 | 3535.0 |
| 29 | $A_7B_1C_2$ | 553.6 | 553.6 | 2214.3 | 3.5 | 70 | 105 | 3500.0 |
| 30 | $A_7B_2C_1$ | 562.9 | 562.9 | 2251.7 | 17.5 | 35 | 105 | 3535.0 |
| 31 | $A_7B_3C_4$ | 501.7 | 501.7 | 2006.7 | 35.0 | 245 | 105 | 3395.1 |
| 32 | $A_7B_4C_3$ | 507.5 | 507.5 | 2030.0 | 175.0 | 175 | 105 | 3500.0 |

## 3. 模型材料物理力学参数测试

### 1) 试件制作

根据表 4.2.3 所示的模型材料配制成分制作了开展单轴压缩试验、巴西试验、直剪试验和渗流试验的模型材料试件，如图 4.2.2 所示。

(a) 单轴压缩试验试件

(b) 巴西试验试件

(c) 直剪试验试件

(d) 渗流试验试件

图 4.2.2　模型材料试件

### 2) 力学试验

为测试模型材料的物理力学参数，分别开展了单轴压缩试验、巴西试验、直剪试验和渗流试验[25]，图 4.2.3 为模型材料试件的主要物理力学试验。

通过物理力学试验，得到饱和状态下各配比试验方案的模型材料密度、抗压强度、抗拉强度、弹性模量、黏聚力、内摩擦角和渗透系数等物理力学参数，如表 4.2.4 所示。

(a) 单轴压缩试验

(b) 巴西试验

(c) 直剪试验

(d) 渗流试验

图 4.2.3 模型材料试件的主要物理力学试验

**表 4.2.4 测试得到的模型材料物理力学参数**

| 试验编号 | 密度 /(g/cm³) | 抗压强度 /MPa | 抗拉强度 /kPa | 弹性模量 /MPa | 渗透系数 /(m/s) | 黏聚力 /kPa | 内摩擦角 /(°) |
|---|---|---|---|---|---|---|---|
| 1 | 2.46 | 0.48 | 79.81 | 74.33 | $8.88\times10^{-8}$ | 27.13 | 26.71 |
| 2 | 2.69 | 0.7 | 38.43 | 98.28 | $4.03\times10^{-8}$ | 21.491 | 32.29 |
| 3 | 2.63 | 0.54 | 46.17 | 62.79 | $2.69\times10^{-8}$ | 37.92 | 38.9 |
| 4 | 2.73 | 0.61 | 36.71 | 44.95 | $2.40\times10^{-8}$ | 24.189 | 41.94 |
| 5 | 2.7 | 0.83 | 75.99 | 134.23 | $4.34\times10^{-8}$ | 44.94 | 24.23 |
| 6 | 2.74 | 0.56 | 56.4 | 84.61 | $8.81\times10^{-6}$ | 29.221 | 34.74 |
| 7 | 2.62 | 0.77 | 32.41 | 91.11 | $4.10\times10^{-6}$ | 29.46 | 36.22 |
| 8 | 2.62 | 1.08 | 162.21 | 164.72 | $4.17\times10^{-6}$ | 58.26 | 43.55 |
| 9 | 2.87 | 0.61 | 33.17 | 48.15 | $8.95\times10^{-9}$ | 44.38 | 29.6 |
| 10 | 2.75 | 0.17 | 30.57 | 10.62 | $1.25\times10^{-9}$ | 35.17 | 22.16 |
| 11 | 2.76 | 0.85 | 43.4 | 129.13 | $4.91\times10^{-7}$ | 53.68 | 37.59 |
| 12 | 2.76 | 1.39 | 124.55 | 182.03 | $1.93\times10^{-8}$ | 76.9 | 45.13 |
| 13 | 2.85 | 0.53 | 53.53 | 89.65 | $6.21\times10^{-7}$ | 47.75 | 26.34 |
| 14 | 2.87 | 0.8 | 36.13 | 103.62 | $1.85\times10^{-7}$ | 58.84 | 30.18 |
| 15 | 2.92 | 0.43 | 46.26 | 62.26 | $1.69\times10^{-8}$ | 13.59 | 35.61 |
| 16 | 2.93 | 0.83 | 97.12 | 154.98 | $1.11\times10^{-9}$ | 28.05 | 47.85 |
| 17 | 2.65 | 0.33 | 26.76 | 24.37 | $2.72\times10^{-8}$ | 22.27 | 32.54 |
| 18 | 2.65 | 0.21 | 33.65 | 15 | $1.01\times10^{-9}$ | 13.2 | 27.97 |
| 19 | 2.48 | 0.18 | 38.04 | 16.95 | $5.14\times10^{-7}$ | 31.88 | 35.11 |
| 20 | 2.53 | 0.5 | 88.8 | 23.94 | $3.96\times10^{-8}$ | 28.59 | 32.62 |
| 21 | 2.41 | 0.18 | 14.05 | 10.49 | $2.98\times10^{-6}$ | 18.05 | 37.85 |
| 22 | 2.42 | 0.1 | 30.57 | 37.67 | $2.92\times10^{-6}$ | 24.36 | 40.71 |
| 23 | 2.5 | 0.2 | 26 | 16.78 | $2.17\times10^{-8}$ | 8.752 | 42.97 |
| 24 | 2.49 | 0.61 | 119.58 | 44.9 | $2.16\times10^{-6}$ | 44.78 | 49.74 |
| 25 | 2.57 | 0.28 | 14.36 | 16.77 | $1.02\times10^{-10}$ | 16.8 | 31.49 |
| 26 | 2.68 | 0.3 | 24.37 | 17.95 | $2.20\times10^{-6}$ | 25 | 31.77 |

续表

| 试验编号 | 密度<br>/(g/cm³) | 抗压强度<br>/MPa | 抗拉强度<br>/kPa | 弹性模量<br>/MPa | 渗透系数<br>/(m/s) | 黏聚力<br>/kPa | 内摩擦角<br>/(°) |
|---|---|---|---|---|---|---|---|
| 27 | 2.58 | 0.28 | 28.1 | 23.77 | $9.90 \times 10^{-9}$ | 45.17 | 41.39 |
| 28 | 2.64 | 0.34 | 74.75 | 32.06 | $3.36 \times 10^{-8}$ | 49.36 | 47.55 |
| 29 | 2.36 | 0.37 | 15.49 | 17.26 | $3.44 \times 10^{-8}$ | 16.095 | 33.42 |
| 30 | 2.41 | 0.39 | 33.37 | 26.07 | $4.02 \times 10^{-8}$ | 28.74 | 36.51 |
| 31 | 2.47 | 0.32 | 21.68 | 21.85 | $1.02 \times 10^{-10}$ | 23.49 | 36.15 |
| 32 | 2.41 | 0.64 | 77.81 | 47.96 | $1.39 \times 10^{-7}$ | 36.7 | 43.36 |

### 4.2.3  模型材料力学参数统计回归分析

#### 1. 力学参数敏感性分析[24]

根据测试得到的物理力学参数，得到模型材料主要物理力学参数随材料配比的变化曲线，如图 4.2.4～图 4.2.10 所示。

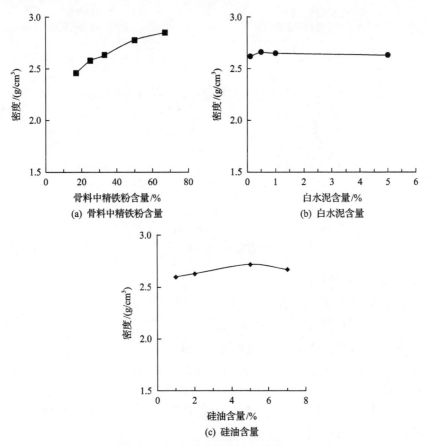

(a) 骨料中精铁粉含量

(b) 白水泥含量

(c) 硅油含量

图 4.2.4  材料密度随材料配比的变化曲线

由图 4.2.4 分析可知：

(1)随着骨料中精铁粉含量的增加，材料密度显著增大，材料密度受精铁粉含量影响显著。

(2)随着白水泥含量的增加，材料密度变化不明显。

(3)随着硅油含量的增加，材料密度有所增大。

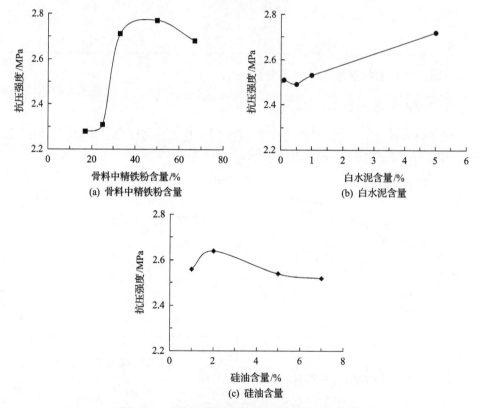

图 4.2.5　材料抗压强度随材料配比的变化曲线

由图 4.2.5 分析可知：

(1)随着骨料中精铁粉含量的增加，材料抗压强度逐渐增大，当精铁粉含量达到 50%时，材料抗压强度达到最大值，之后开始下降。

(2)随着白水泥含量的增加，材料抗压强度逐渐增大。

(3)随着硅油含量的增加，材料抗压强度总体逐渐降低。

由图 4.2.6 分析可知：

(1)随着骨料中精铁粉含量的增加，材料弹性模量明显增大，当精铁粉含量达到 67%时，材料弹性模量达到峰值。

（2）随白水泥含量的增加，材料弹性模量总体逐渐增大，当白水泥含量达到 5%时，材料弹性模量达到峰值。

（3）随着硅油含量增加，材料弹性模量总体呈现轻微降低趋势，当硅油含量达到 2%时，材料弹性模量达到峰值。

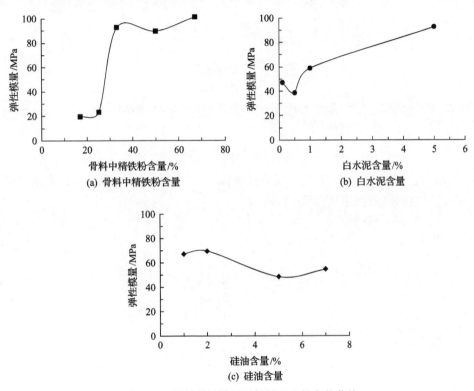

图 4.2.6　材料弹性模量随材料配比的变化曲线

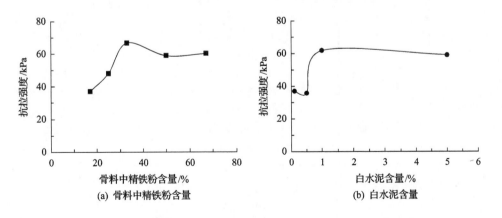

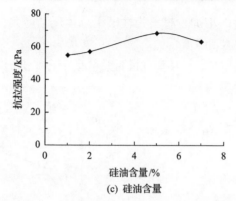

(c) 硅油含量

图 4.2.7　材料抗拉强度随材料配比的变化曲线

由图 4.2.7 分析可知：

(1)随着骨料中精铁粉含量的增加，材料抗拉强度总体有所增加。

(2)随着白水泥含量的增加，材料抗拉强度总体缓慢增大，当白水泥含量达到1%时，材料抗拉强度达到峰值。

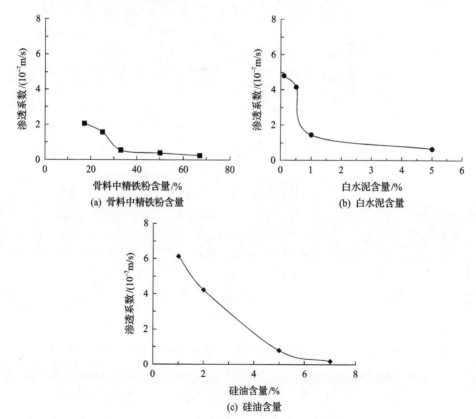

图 4.2.8　材料渗透系数随材料配比的变化曲线

(3)随硅油含量增加，材料抗拉强度缓慢增大，当硅油含量达到 5%时，材料抗拉强度达到峰值。

由图 4.2.8 分析可知：

(1)随着骨料中精铁粉含量的增加，材料渗透系数逐渐减小。

(2)随着白水泥和硅油含量的增加，材料渗透系数显著降低。

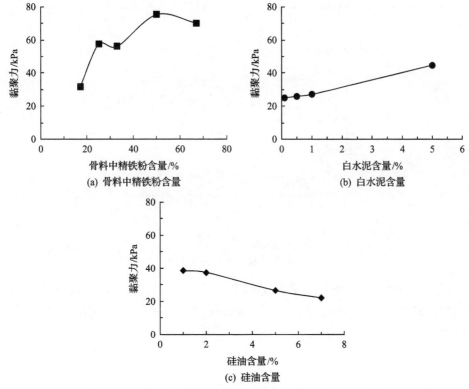

图 4.2.9　材料黏聚力随材料配比的变化曲线

由图 4.2.9 分析可知：

(1)随着骨料中精铁粉含量的增加，材料黏聚力呈现先增大后减小的变化。

(2)随着白水泥含量的增加，材料黏聚力逐渐增加。

(3)随着硅油含量的增加，材料黏聚力逐渐降低。

由图 4.2.10 分析可知：

(1)随着骨料中精铁粉含量的增加，材料内摩擦角有所波动。

(2)随着白水泥含量的增加，材料内摩擦角逐渐增大。

(3)随着硅油含量的增加，材料内摩擦角先缓慢变大后逐渐减小。

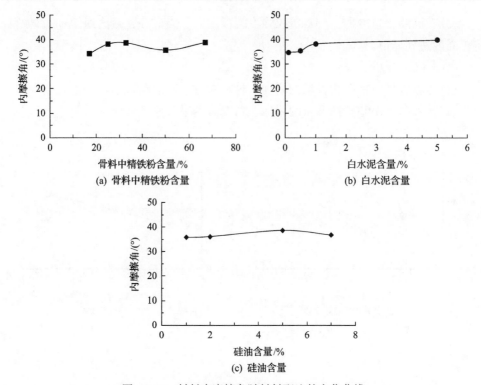

图 4.2.10　材料内摩擦角随材料配比的变化曲线

　　根据前面模型材料物理力学参数的测试结果，通过多元线性回归分析，分别得到材料密度、渗透系数、抗压强度、弹性模量、黏聚力、内摩擦角等随材料配比的统计经验公式[24]。

　　2. 材料密度的统计经验公式

　　通过多元线性回归分析，得到材料密度随材料配比的统计经验公式，即

$$\rho = 2.338 + 0.09X_1 - 0.02X_3 + 0.016X_4 \tag{4.2.1}$$

式中，$X_1$ 为精铁粉用量与材料总重的百分比；$X_3$ 为重晶石粉用量与材料总重的百分比；$X_4$ 为白水泥用量与材料总重的百分比。

　　3. 材料渗透系数的统计经验公式

　　材料渗透系数随材料配比的统计经验公式为

$$K_f = -1.137 \times 10^{-7} + 2.167 \times 10^{-8} X_2 - 9.136 \times 10^{-8} X_5 \tag{4.2.2}$$

式中，$X_2$ 为石英砂用量与材料总重的百分比；$X_5$ 为硅油用量与材料总重的百分比。

4. 材料抗压强度的统计经验公式

材料抗压强度随材料配比的统计经验公式为

$$\sigma_c = -0.137 + 0.011X_1 + 0.006X_3 + 0.082X_4 \qquad (4.2.3)$$

式中，$X_1$、$X_3$、$X_4$ 含义同前。

5. 材料弹性模量的统计经验公式

材料弹性模量随材料配比的统计经验公式为

$$E = 5.925 + 1.773X_1 + 15.735X_4 \qquad (4.2.4)$$

式中，$X_1$、$X_4$ 含义同前。

6. 材料黏聚力的统计经验公式

材料黏聚力随材料配比的统计经验公式为

$$c = 26.14 + 0.410X_1 + 3.404X_4 - 3.049X_5 \qquad (4.2.5)$$

式中，$X_1$、$X_4$、$X_5$ 含义同前。

7. 材料内摩擦角的统计经验公式

材料内摩擦角随材料配比的统计经验公式为

$$\varphi = 32.831 + 0.102X_2 + 2.258X_5 \qquad (4.2.6)$$

式中，$X_2$、$X_5$ 含义同前。

## 4.3　深部隧洞流固耦合真三维物理模型试验系统研制

为研究深部隧洞在高地应力与高渗透水压作用下的流固耦合作用机理，本章研制发明了深部隧洞流固耦合真三维物理模型试验系统[26]，该系统能够进行高地应力和高渗透水压的耦合加载，保证了高压水体的有效密封，实现了高地应力场与高渗流场耦合作用下深部隧洞开挖与支护的真实物理模拟。

深部隧洞流固耦合真三维物理模型试验系统主要由高压水密封模型试验舱、液压加载伺服控制系统、高水压加载系统、倾斜地质构造制作系统和高精度测试系统组成，如图 4.3.1 和图 4.3.2 所示。其中高压水密封模型试验舱用于容纳试验模型体和高压水体；液压加载伺服控制系统用于试验模型初始高地应力加载；

高水压加载系统用于施加地下水渗透压力；倾斜地质构造制作系统用于制作倾斜地质构造；高精度测试系统用于实时动态采集模型体内部的位移、应力和渗透压力。

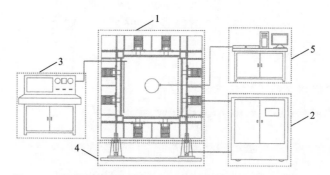

图 4.3.1　深部隧洞流固耦合真三维物理模型试验系统设计图

1.高压水密封模型试验舱；2.液压加载伺服控制系统；3.高水压加载系统；
4.倾斜地质构造制作系统；5.高精度测试系统

图 4.3.2　深部隧洞流固耦合真三维物理模型试验系统照片

1.高压水密封模型试验舱；2.液压加载伺服控制系统；3.高水压加载系统；
4.倾斜地质构造制作系统；5.高精度测试系统

### 1. 高压水密封模型试验舱

高压水密封模型试验舱既是容纳模型试验体和高压水体的密封空间，也是模型加载的反力装置，如图 4.3.3 所示，它由六块钢制反力墙构件组成，钢制反力墙构件采用厚度 30mm 的高强度钢板制作，其中前、后、左、右四块钢制反力墙构件焊接成环形立方体结构，上、下两块钢板反力墙构件通过高强度螺栓和密封槽与环形立方体结构连接，在环形立方体结构的上、下面分别设有两个密封槽，密封槽内放置有橡胶密封圈，从而有效保证装置结构内的高压水体不渗漏。高压水密封模型试验舱能够容纳的模型净尺寸为 1000mm×1000mm×1000mm。

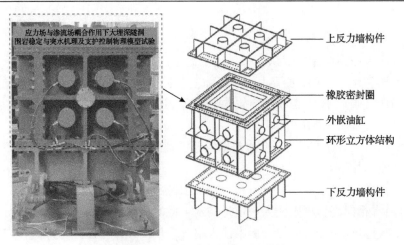

图 4.3.3　高压水密封模型试验舱

## 2. 液压加载伺服控制系统

液压加载伺服控制系统由大吨位液压油缸、推力器钢板和伺服控制器中心组成，如图 4.3.4 所示。大吨位液压油缸外嵌于高压水密封模型试验舱的反力墙上，每个反力墙上外嵌四个油缸，共布设 24 个油缸，每个油缸的设计加载吨位为 450kN，直径为 150mm，最大行程约为 350mm。系统分为六路进行独立真三维梯度加载。推力器钢板安装在油缸活塞杆前端，借此将荷载传递到模型体上。油缸与高压水密封模型试验舱的反力墙通过法兰盘连接，在法兰盘和反力墙舱之间设置有橡胶密封垫，用于防止试验舱中的高压水从油缸与反力墙之间的接触部位渗出。油缸、法兰盘和推力器钢板用高强度螺栓固定在一起。伺服控制器中心用于伺服控制液压油缸加载。

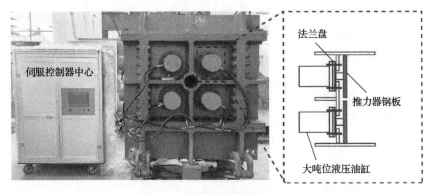

图 4.3.4　液压加载伺服控制系统

**3. 高水压加载系统**

高水压加载系统用于提供试验所需的高渗透水压，并控制和测试记录试验过程中的水压变化，该系统主要由空气压缩机、水箱、高压罐、控制阀(包括单向阀、排水阀和泄气阀)、压力表和控制软件组成，按照模型试验相似条件，可施加的模型最大水压达到1~3MPa。

高水压加载系统采用气压驱水技术实现模型内部高水压加载，如图4.3.5所示，具体工作流程如下：

(1)将水箱注满水，在试验过程中保证水源的持续供给。

(2)由水箱向高压罐中注入一定量的水，此时储气罐压力为常压。

(3)通过空气压缩机向储气罐中注入空气，使高压罐中压强增加到预定压力，打开单向阀，高压注水管将高压水体注入模型试验体内，实现对模型体的高水压加载。

(4)高压罐的泄气阀在需要卸载水压时打开，释放气体后，压强降低，水体压力也同步降低。

(5)通过高水压加载系统控制水压稳定，监测水压变化，并动态实时显示水压变化曲线。

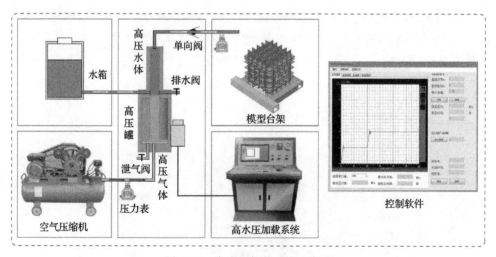

图 4.3.5　高水压加载系统示意图

**4. 倾斜地质构造制作系统**

倾斜地质构造制作系统包括可旋转双节油缸、铰支架和底板，如图 4.3.6 所示。铰支架将下反力墙构件后端固定在底板上，下反力墙构件前端与可旋转双节油缸通过连接件连接，通过可旋转双节油缸的伸长与回缩调节模型试验装置的倾斜角度以制备各种倾斜地质构造。根据所要制备的倾斜地质构造，首先通过可旋转双节油缸将模型试验装置旋转提升一定高度，然后在装置内进行模型材料分层填筑直至完成整个试验模型体的制作，最后将可旋转双节油缸回缩，使模型反力装置回到水平状态，从而完成内含倾斜地质构造的模型体制作，具体过程如图 4.3.7 所示。

图 4.3.6　倾斜地质构造制作系统
1. 铰支架；2. 可旋转双节油缸；3. 底板

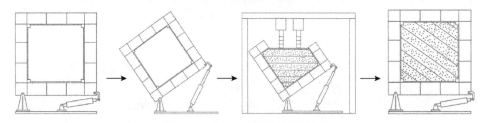

图 4.3.7　倾斜地质构造制造过程

**5. 高精度测试系统**

高精度测试系统主要由防水光纤位移传感器、防水应力传感器、防水压力传感器、流量监测器和数据处理软件系统组成。防水光纤位移传感器用于监测模型体内部任意部位的位移，防水应力传感器用于监测模型体内部任意部位的应力，防水压力传感器用于监测模型体内部任意部位的水压，流量监测器用于监测模型开挖后的渗水量，数据处理软件系统用于将测试数据进行实时处理、存储和显示并自动生成相关时程变化曲线。

流固耦合模型试验系统功能如下：

(1)将液压油缸外嵌于模型反力墙装置上，大大节省了反力装置的尺寸，且方便试验装置的安装、拆卸与维修，更有利于保证模型试验舱的防水密封性。

(2)可以精细模拟高地应力场和高渗流场耦合作用，实现了复杂地质赋存环境的真实物理模拟。

(3)可以实施高地应力和高水压加载，攻克了千米以深高地应力和千米以上高水头加载技术难题。

(4)可以制备具有任意倾角、厚度的倾斜地质构造，实现了复杂地质构造的真实物理模拟。

# 4.4　大埋深引水隧洞流固耦合真三维物理模拟

本节以滇中引水香炉山大埋深隧洞为研究背景工程，利用研制的流固耦合模型相似材料和模型试验系统，开展高地应力与高水压耦合作用下大埋深隧洞施工开挖与支护流固耦合物理模型试验[26]，揭示复杂地质赋存环境条件下大埋深隧洞施工过程中围岩位移场、应力场和渗流场的变化规律，为工程设计和施工提供指导。

### 4.4.1　流固耦合物理模拟方案

为研究隧洞施工过程中隧洞穿越断层破碎带可能诱发的突水灾害问题以及隧洞开挖支护过程中的变形破坏规律，选取滇中引水香炉山隧洞具有代表性的大埋深洞段 DL36+450～DL36+550 开展流固耦合模型试验(见图 4.4.1)。洞段平均埋深 1000m，最大地下水头 1000m，隧洞断面为圆形，毛洞直径 10m，洞段内包含一条宽 15m 的倾斜软弱断层带，倾角 45°，隧洞轴线与软弱断层带走向近似正交，断层带内主要为粉砂质泥岩，断层带前后两侧为灰岩。

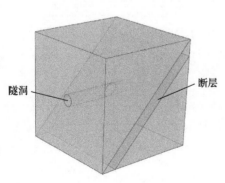

图 4.4.1　模型试验空间效果图

根据流固耦合模型试验装置的规模，选定模型几何相似比尺为 $L_m/L_p = 1:100$，原型模拟范围为 100m×100m×100m，模型尺寸为 1.0m×1.0m×1.0m。图 4.4.1 为模型试验空间效果图。图 4.4.2 为模型试验尺寸。

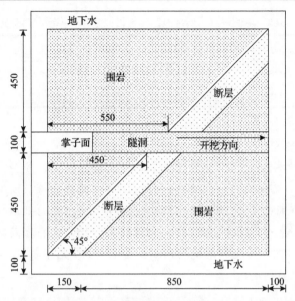

图 4.4.2 模型试验尺寸(单位:mm)

## 4.4.2 流固耦合模型试验开挖与支护

1. 流固耦合模型相似材料

1)围岩相似材料

表 4.4.1 为饱和条件下原岩物理力学参数。

表 4.4.1 饱和条件下原岩物理力学参数

| 原岩类别 | 岩性 | 容重/(kN/m³) | 变形模量/GPa | 抗压强度/MPa | 抗拉强度/MPa | 黏聚力/MPa | 内摩擦角/(°) | 泊松比 | 渗透系数/(cm/s) |
|---|---|---|---|---|---|---|---|---|---|
| 围岩 | 灰岩 | 26.8 | 14.01 | 39.30 | 3.1 | 6.95 | 44 | 0.26 | $10^{-5} \sim 10^{-4}$ |
| 断层 | 粉砂质泥岩 | 25.1 | 1.36 | 5.56 | 0.72 | 3.29 | 42 | 0.26 | $10^{-4} \sim 10^{-3}$ |

采用研制的新型流固耦合模型相似材料,测试得到满足流固耦合相似条件的模型材料的物理力学参数和模型材料配比,如表 4.4.2 和表 4.4.3 所示。

表 4.4.2 测试得到的满足流固耦合相似条件的模型材料物理力学参数

| 原岩类别 | 容重/(kN/m³) | 变形模量/MPa | 抗压强度/kPa | 抗拉强度/kPa | 黏聚力/kPa | 内摩擦角/(°) | 泊松比 | 渗透系数/(cm/s) |
|---|---|---|---|---|---|---|---|---|
| 围岩 | 26.0~26.8 | 138.1~146.7 | 388~411 | 30.5~32.1 | 69.1~70.8 | 42.3~44.5 | 0.25~0.27 | $10^{-6} \sim 10^{-5}$ |
| 断层 | 24.3~25.1 | 13.3~14.1 | 54.3~56.5 | 6.6~8.3 | 29.7~37.5 | 41.2~43.3 | 0.25~0.27 | $10^{-5} \sim 10^{-4}$ |

表 4.4.3 测试得到的满足流固耦合相似条件的模型材料配比

| 类别 | 材料配比 I:B:S | 白水泥含量/% | 硅油含量/% | 拌和水含量/% |
|---|---|---|---|---|
| 围岩 | 2:1:1 | 0.5 | 1.5 | 4 |
| 断层 | 1:2:2 | 0.2 | 0 | 4 |

注: I 为精铁粉含量, B 为重晶石粉含量, S 为石英砂含量。

2)衬砌相似材料

采用特种石膏粉通过调节水膏配比制作衬砌模型材料, 模型衬砌管片通过管片模具预制而成, 衬砌管片模具采用高强树脂玻璃制作而成, 模型衬砌管片制作过程如图 4.4.3 所示。模型衬砌管片的具体制作方法是: 将特种石膏粉与水按照水膏重量比 1:1.8 充分搅拌均匀后, 用注射器将混合均匀的石膏液注入衬砌管片预制模具内, 并充分振荡使石膏液均匀密实, 放入养护室常温养护 24h 后即可脱模, 在脱模后的管片测点位置安装监测元件。

(a) 拌和石膏材料　　　　　(b) 注入衬砌管片模具　　　　　(c) 脱模风干

(d) 成型的管片　　　　　(e) 安装测试元件

图 4.4.3 模型衬砌管片制作过程

2. 地质模型体制作

1)计算分层材料用量

模型采用分层压实方法制作, 模型总共分 12 次进行填料, 1~6 层进行倾斜分层压实, 7~12 层将模型装置调制水平后再进行分层压实, 如图 4.4.4 所示。根据相似材料配比, 确定每次分层填料材料用量。

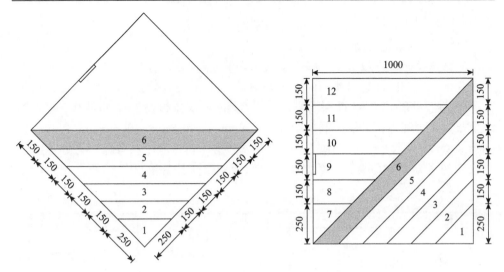

图 4.4.4　模型体分层压实示意图(单位: mm)

2)摊铺材料

按照配比均匀拌和材料，称重后分层均匀摊铺在模型试验反力装置内。称重的材料重量为 $W=\gamma V$（$V$ 为模型体分层体积；$\gamma$ 为模型体容重）。

3)分层压实

用分层拆卸压实试验装置将均匀摊铺的模型材料按照压实应力进行分层压实，如图 4.4.5 所示。

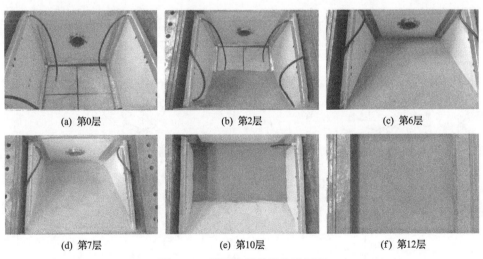

| (a) 第0层 | (b) 第2层 | (c) 第6层 |
| (d) 第7层 | (e) 第10层 | (f) 第12层 |

图 4.4.5　模型体材料的分层压实

4)分层风干

对于采用白水泥做胶结剂的模型体材料，为保证压实后模型体内的材料迅速凝固，需采用热吹风器对分层压实的模型体进行风干。

5）切槽埋设测试传感器

为监测隧洞施工过程中围岩、衬砌结构的应力和变形，在模型体典型洞段布设了 3 个主监测断面，监测断面 1 位于围岩洞段，监测断面 2 位于围岩与断层相交洞段，监测断面 3 位于断层洞段，在各监测断面部位布设 4～5 条测线，每条测线上布置 4 个测点，分别距洞壁 20mm、50mm、100mm 和 200mm，即各测点分别距洞壁 0.4R、1R、2R、4R，并在模型体分层压实过程中在各监测点处预埋了防水型的微型多点位移计、微型压力盒和微型渗压计等测试传感器，如图 4.4.6 和图 4.4.7 所示。

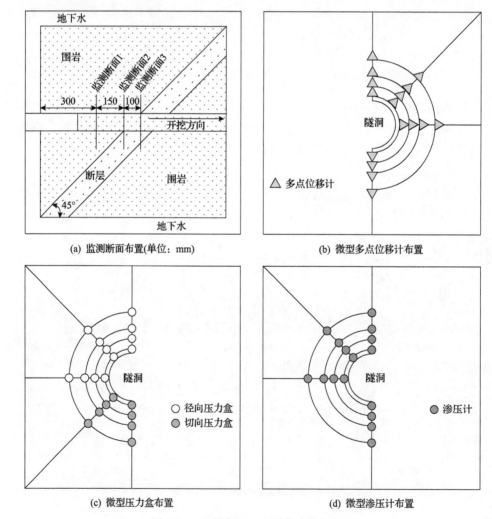

(a) 监测断面布置(单位：mm)　　　　(b) 微型多点位移计布置

(c) 微型压力盒布置　　　　(d) 微型渗压计布置

图 4.4.6　监测断面和监测传感器的布置

图 4.4.7　模型监测传感器的埋设

　　重复第 2)～5)步，直至完成整个模型体的制作。在制作模型过程中，每层压实材料都按照试件成型压力压制三个标准试件，用以验证模型材料的力学参数。为避免在模型中形成层面，在下一层材料填筑之前必须将上一层材料的表面凿毛进行粗糙化处理，以消除各材料层之间形成的界面。

　　3. 模型初始地应力加载

　　原岩容重 $\gamma$ =26.4kN/m³，洞室埋深 $H$=1000m，自重应力为 $\sigma_z = \gamma H = 26.4\text{MPa}$，隧洞洞区的水平主应力通过式(4.4.1)计算得到

$$\begin{cases} \sigma_H = 1.2\gamma H \\ \sigma_h = 0.74\gamma H \end{cases} \tag{4.4.1}$$

根据式(4.4.1)，可计算得到垂直于洞轴向的最大水平主应力为 $\sigma_H$ =31.7MPa，平行于洞轴向的最小水平主应力为 $\sigma_h$ =19.5MPa。

按照应力相似准则，采用自行研制的流固耦合真三维物理模型试验系统对模型体分 3 路独立进行初始地应力加载，其中，自重应力使用第 1 油路通道加载，最大水平主应力使用第 2 油路通道加载，最小水平主应力使用第 3 油路通道加载。表 4.4.4 为模型试验初始地应力加载值。

表 4.4.4  模型试验初始地应力加载值

| 油路通道 | 位置 | 原型初始地应力/MPa | 应力相似比尺 | 模型初始地应力/MPa |
| --- | --- | --- | --- | --- |
| 1 | 上下 | 26.4 | 100 | 0.264 |
| 2 | 前后 | 19.5 | 100 | 0.195 |
| 3 | 左右 | 31.7 | 100 | 0.317 |

4. 模型试验水压加载

模型水压加载前，首先检查模型试验台架装置的密封性，排查漏水点。在保证装置密封性好的条件下，向模型试验台架装置内注水，使模型试验体饱和。模型试验体顶部水压按 $\sigma_{W_顶} = \gamma h_顶$ 进行加载，底部水压按 $\sigma_{W_底} = \gamma(h_顶 + \Delta h)$ 进行加载，其中，$h_顶$ 为按几何相似比尺换算的模型体顶部水位深度，$\gamma$ 为水体容重，$\Delta h$ 为模型试验体高度。本次试验模拟的原型地下水头为 1000m、模型水压为 0.1MPa。

5. 隧洞开挖与支护

为模拟原型隧洞施工全过程，模型试验施工过程分为三个阶段。

1)加载阶段

根据"先加载、后挖洞"方式，首先采用流固耦合真三维物理模型试验系统对模型体进行初始地应力和水压加载，初始地应力在模型边界分 10 级加载，每级加载后稳压至少 20min，再进行下一级加载。水压分 5 级加载，每级加载后至少稳压 20min，加载过程中随时注意观察装置的水封性。

2)开挖阶段

模型加载完成后，可进行隧洞的开挖和支护。模型试验采用人工开挖方式进行模型隧洞的逐段开挖，每段开挖长度为 50mm。待毛洞轮廓初步成型后，采用管片安装工具将模型管片放入刚开挖的洞室中，并使其与洞壁紧密贴合。

3）衬砌支护阶段

采用"分片安装、逐段拼接"的方法进行模型衬砌支护。首先将要安装的管片与管片安装工具黏结固定，用毛刷沾水轻轻润湿衬砌管片外表面，同时在外表面涂抹石膏液使其与测试传感器表面齐平，用于模拟衬砌背后回填层。然后使用管片安装工具将管片安装在开挖洞室的左下侧部位，待管片与围岩黏结牢固后取出管片安装工具。按照上述方法，依次安装右下侧部位管片，最后安装顶部管片，此时该段衬砌支护施工完毕。为使管片结合为一体，在相邻管片间的纵、环向接触缝部位涂抹 2mm 厚的速干石膏浆液。因管片宽度为 50mm，每次支护长度为 50mm。

前一洞段开挖支护完成后，再进行下一洞段开挖支护，依次循环 15 次，从而完成整个模型隧洞的开挖支护，如图 4.4.8 所示。规定隧洞开挖和衬砌支护为两个不同的施工步，整个施工过程一共有 30 个施工步。在模型分步开挖与支护过程中，采用高速静态电阻应变仪测量系统、光栅多点位移测量系统实时动态监测模型洞周围岩应力、渗透压力和位移的变化规律。

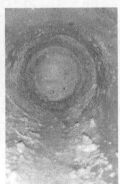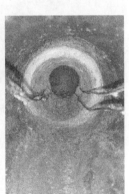

　　(a) 隧洞开挖　　　　　(b) 隧洞成型　　　　(c) 隧洞衬砌支护　　　(d) 隧洞衬砌支护完成

图 4.4.8　模型隧洞开挖与支护过程

### 4.4.3　流固耦合物理模拟结果分析

为方便分析，本节已根据相似准则将模型试验得到的模型位移和应力值换算成原型位移和应力值，本节围岩位移方向以朝向洞内为"+"；围岩应力、渗透压力和接触压力以受压为"+"，反之为"−"。

1. 隧洞开挖支护过程中的渗水现象

按照"边开挖、边支护"方式模拟隧洞施工过程，通过模型试验实时揭露隧洞施工过程中的渗水现象，如图 4.4.9 所示。

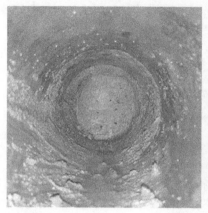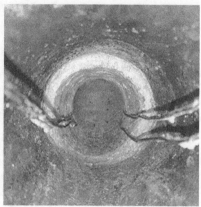

(a) 距洞口30cm（断层前）

(b) 距洞口45cm（断层与围岩交界面）

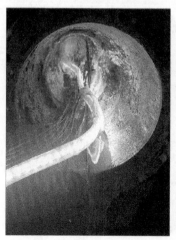

(c) 距洞口55cm（断层内）

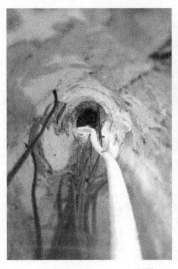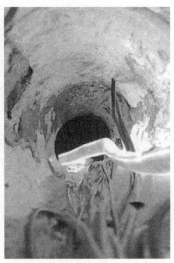

(d) 距洞口75cm（施工完成）

图 4.4.9　隧洞开挖到不同部位的渗水情况

由图 4.4.9 分析可知：

(1)在隧洞开挖距洞口 30cm 时，开挖掌子面距离断层较远，支护前，在隧洞洞壁有少量渗水出现，支护后，洞壁不再出现渗水。

(2)当隧洞开挖到断层与围岩交界部位时（距洞口 45cm 处），因为断层的渗透系数远大于围岩的渗透系数，断层部位的渗透能力较强，导致此处掌子面和洞壁渗水量大增，洞底有大量的水流出洞口。

(3)当开挖掌子面完全处于断层内时（距洞口 55cm 处），渗水量进一步增大，在完成支护后，洞壁的渗水量消失，但是开挖掌子面的渗水量略有增大，总渗水量比支护前有所降低。

(4)施工完成后隧洞成型，支护完成后隧洞内不再渗水，说明开挖与支护方案可行。

2. 洞周径向位移变化规律

图 4.4.10 为洞周径向位移随施工时步的变化曲线。图 4.4.11 为施工完成后洞周径向位移变化曲线。

由图 4.4.10 和图 4.4.11 分析可知：

(1)随着隧洞的开挖和支护，洞周围岩的径向位移逐渐增加，并且位移增加速率先增大后减小至零。位于掌子面附近位移的变化速率最快，从隧洞开挖到衬砌支护完成，围岩产生的径向位移占总位移的 50%左右。沿着隧洞轴线方向，掌子面前方 1.5 倍洞径范围内围岩受开挖扰动影响显著。

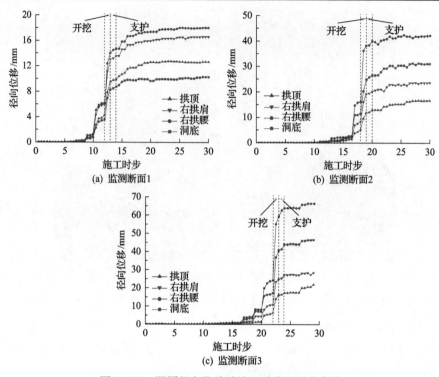

图 4.4.10　洞周径向位移随施工时步的变化曲线

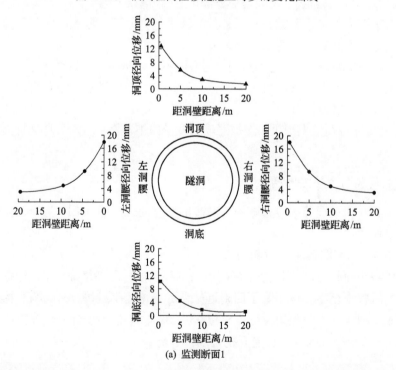

(a) 监测断面1

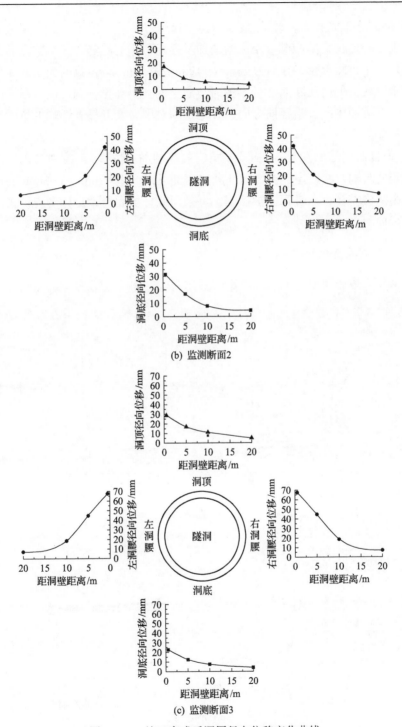

图 4.4.11　施工完成后洞周径向位移变化曲线

（2）隧洞施工完成后，洞周围岩均向洞内收缩，洞壁位移最大。沿着隧洞径向方向，围岩径向位移随距洞壁距离的增加呈逐渐减小的趋势。三个监测断面的最大位移均位于拱腰部位，分别为 18mm、42mm 和 68mm。监测断面 1 和 3 的最小位移位于洞底，但监测断面 2 处于围岩与断层的交界部位，洞底位于断层内，位移较大。在隧洞横断面沿径向方向，开挖扰动对围岩变形显著影响的范围约为洞周 1.5 倍洞径。

（3）通过监测结果发现，衬砌支护可有效控制围岩位移，断层对隧洞稳定有着非常不利的影响，在断层的交界面和断层内部可以产生 42mm 和 68mm 的位移，因此两个部位需要重点进行支护控制，可采用锚杆加固与管片衬砌支护相结合的方式进行控制。

3. 洞周应力变化规律

图 4.4.12 为洞周应力随施工时步的变化曲线。图 4.4.13 为施工完成后洞周应力变化曲线。

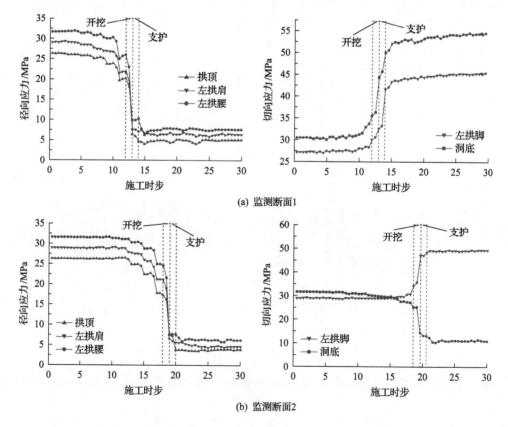

(a) 监测断面1

(b) 监测断面2

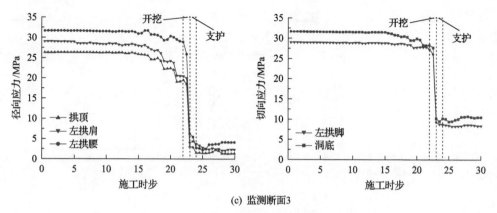

(c) 监测断面3

图 4.4.12　洞周应力随施工时步的变化曲线

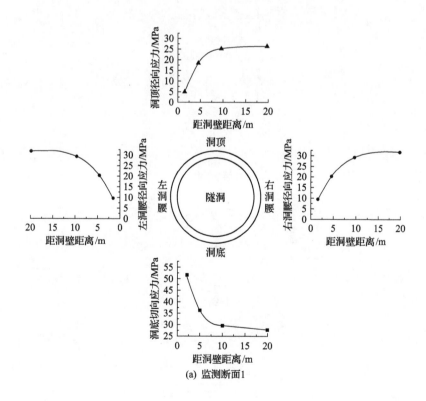

(a) 监测断面1

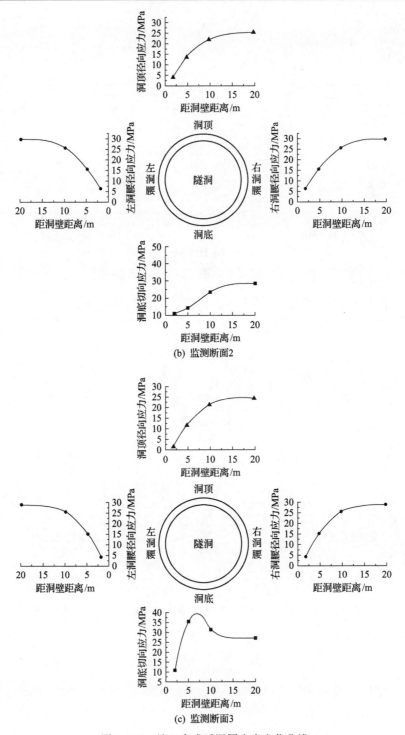

(b) 监测断面2

(c) 监测断面3

图 4.4.13  施工完成后洞周应力变化曲线

由图 4.4.12 和图 4.4.13 分析可知：

(1)沿隧洞轴线方向，开挖对围岩应力显著影响的范围约为掌子面前方 2 倍洞径和掌子面后方 1 倍洞径；沿隧洞径向，开挖对围岩应力显著影响的范围为洞周 1.5 倍洞径。

(2)隧洞开挖后，围岩径向应力发生释放，距洞壁越近，径向应力越小。随着距洞壁距离变大，径向应力逐渐恢复至原岩应力。监测断面 1 位于硬岩内，切向应力在洞壁发生应力集中，随着距洞壁距离变大，切向应力逐渐降低至原岩应力。监测断面 2 的洞底和监测断面 3 位于断层部位，岩体强度较低，开挖后洞周围岩处于峰后阶段，切向应力随着距洞壁距离由近及远呈先增加后减小的趋势，在围岩深处形成了压力拱，围岩应力向深部围岩转移。

(3)围岩径向应力在掌子面前、后方 0.5 倍洞径范围内急剧释放，在掌子面前方 0.5 倍洞径范围内软岩(断层部位)的径向应力释放速率较快，硬岩的径向应力释放速率较慢，而在掌子面后方 0.5 倍洞径范围内硬岩的径向应力释放速率较快，软岩(断层部位)的径向应力释放速率较慢，两者呈相反的规律。

**4. 洞周渗透压力变化规律**

图 4.4.14 为洞周渗透压力随施工时步的变化曲线。图 4.4.15 为施工完成后洞周渗透压力变化曲线。

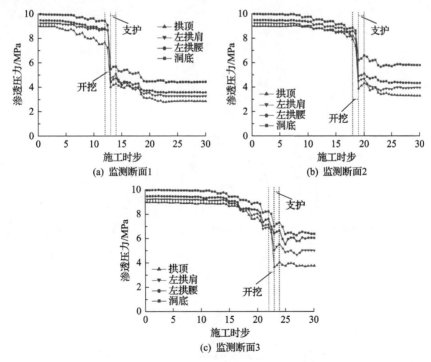

图 4.4.14 洞周渗透压力随施工时步的变化曲线

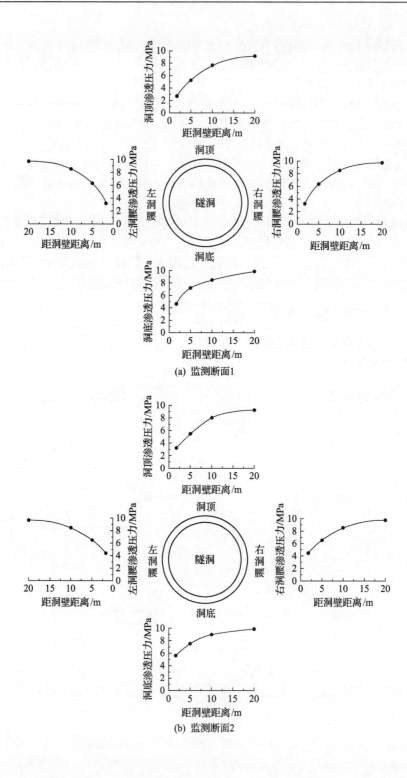

(a) 监测断面1

(b) 监测断面2

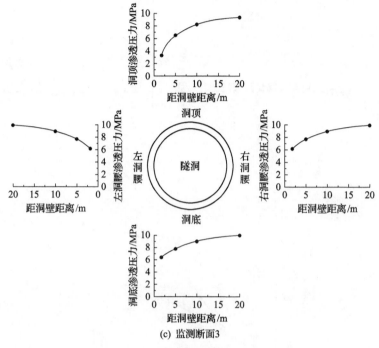

图 4.4.15　施工完成后洞周渗透压力变化曲线

由图 4.4.14 和图 4.4.15 分析可知：

(1)沿隧洞轴线方向，开挖对洞周渗透压力的影响范围约为掌子面前方 3 倍洞径和掌子面后方 2 倍洞径，相较于对位移和应力的影响，开挖对洞周渗透压力的影响范围要大得多；沿隧洞径向，开挖对洞周渗透压力的影响范围为洞周 1.5 倍洞径。

(2)开挖支护完成后，洞周渗透压力大小排序为：拱顶＜拱肩＜拱腰＜洞底，拱顶处渗透压力最小，洞底处渗透压力最大。

(3)断层对洞周渗透压力的分布影响比较明显：监测断面 1 和 2 的拱顶、拱肩和拱腰都位于硬岩内，三处的渗透压力远小于洞底；而监测断面 3 的拱腰和洞底都位于断层内，其渗透压力都比较大。

(4)径向距洞壁越近，渗透压力波动越大；径向距洞壁越远，渗透压力越接近于原始值。

**5. 围岩-衬砌接触压力变化规律**

图 4.4.16 为围岩-衬砌接触压力随施工时步的变化曲线，图 4.4.17 为施工完成后围岩-衬砌接触压力分布。

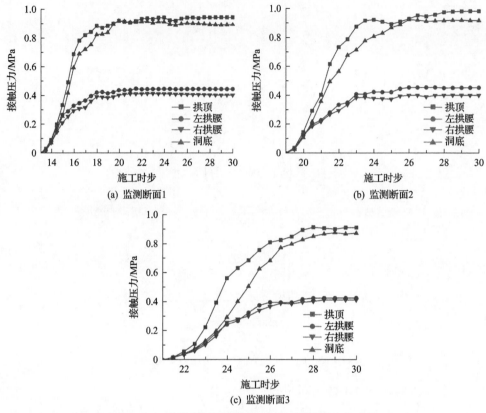

图 4.4.16　围岩-衬砌接触压力随施工时步的变化曲线

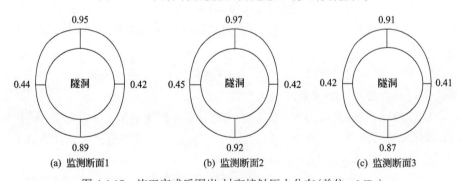

图 4.4.17　施工完成后围岩-衬砌接触压力分布(单位：MPa)

由图 4.4.16 和图 4.4.17 分析可知：

(1)拱顶和洞底部位的接触压力普遍大于拱腰部位，不同地质条件下隧洞围岩-衬砌接触压力的分布形式基本相同，大致呈对称分布。

(2)围岩-衬砌接触压力随施工时步的变化曲线大致可分为如下四个阶段：

①初始缓慢增长阶段。此阶段大约持续 1 个施工时步，围岩和衬砌逐渐接触并开始发生相互作用，接触压力处于开始出现并增长的初始阶段。

②快速增长阶段。此阶段大约持续 3 个施工时步，随着施工持续推进，掌子面对围岩的约束作用逐渐减小，围岩向洞内收敛变形与衬砌充分接触，并对衬砌产生压力，衬砌抵抗围岩变形，对围岩提供支护力，围岩-衬砌接触压力稳定增长。

③缓慢增长阶段。此阶段掌子面对围岩的约束作用逐渐减弱，围岩变形缓慢增加，衬砌约束作用逐步增强，接触压力缓慢增加。

④最终稳定阶段。围岩和衬砌达到相对平衡，接触压力趋于稳定。

6. 衬砌渗透压力变化规律

图 4.4.18 为衬砌渗透压力随施工时步的变化曲线，图 4.4.19 为施工完成后衬砌渗透压力分布。

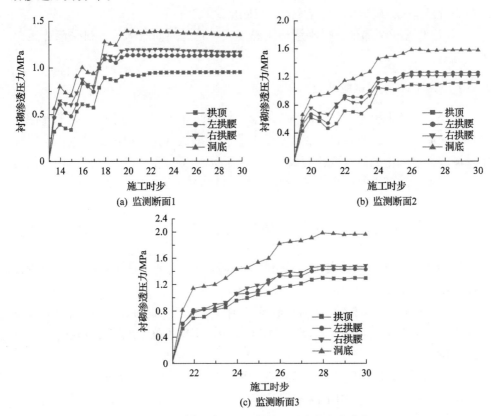

图 4.4.18　衬砌渗透压力随施工时步的变化曲线

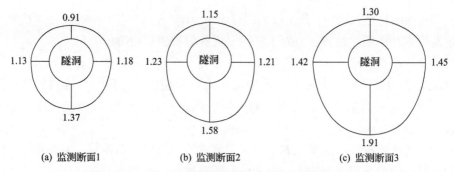

(a) 监测断面1　　　　　　(b) 监测断面2　　　　　　(c) 监测断面3

图 4.4.19　施工完成后衬砌渗透压力分布(单位：MPa)

由图 4.4.18 和图 4.4.19 分析可知：

(1)在衬砌支护后的 7 个施工时步左右，衬砌渗透压力趋于稳定。

(2)开挖导致洞周渗透压力降低，支护导致衬砌渗透压力升高，这个现象在硬岩内比较明显。

(3)衬砌渗透压力的大小排序为：洞底＞拱腰＞拱顶。

(4)越靠近断层部位，衬砌渗透压力越大；越远离断层部位，衬砌渗透压力越小。

### 7. 流固耦合模型试验结论

依托云南滇中引水香炉山隧洞工程，首次开展了大埋深引水隧洞施工开挖与支护流固耦合真三维物理模型试验，真实模拟了隧洞开挖与衬砌支护过程，再现了隧洞施工过程中的渗水变化现象，得到了隧洞施工过程中围岩径向位移、径向应力、洞周渗透压力、围岩-衬砌接触压力和衬砌渗透压力的变化规律。

## 4.5　本 章 小 结

(1)根据流固耦合相似准则，研制了考虑高应力与高渗透水压耦合作用的岩体流固耦合模型相似材料。

(2)研制发明了深部隧洞流固耦合真三维物理模型试验系统，攻克千米以深高地应力和千米以上高水头耦合加载技术难题，实现了复杂地质赋存环境的真实物理模拟。

(3)首次开展了大埋深引水隧洞施工开挖与衬砌支护流固耦合真三维物理模拟，得到了隧洞施工过程中围岩位移、应力分布特征以及围岩-衬砌接触压力和渗透压力的变化规律。

## 参 考 文 献

[1] 胡群芳, 秦家宝. 2003—2011 年地铁隧道施工事故统计分析. 地下空间与工程学报, 2013, 9(3): 705-710.

[2] 袁敬强, 陈卫忠, 黄世武, 等. 全强风化花岗岩隧道突水灾害机制与协同治理技术研究. 岩石力学与工程学报, 2016, 35(S2): 4164-4171.

[3] 郑艾辰, 黄锋, 林志, 等. 2008 年至 2016 年我国隧道工程施工安全事故统计与分析. 施工技术, 2017, 46(S1): 833-836.

[4] 李术才, 李晓昭, 靖洪文, 等. 深长隧道突水突泥重大灾害致灾机理及预测预警与控制理论研究进展. 中国基础科学, 2017, 19(3): 27-43.

[5] Li X Z, Zhang P X, He Z C, et al. Identification of geological structure which induced heavy water and mud inrush in tunnel excavation: A case study on Lingjiao tunnel. Tunnelling and Underground Space Technology, 2017, 69: 203-208.

[6] 李术才, 潘东东, 许振浩, 等. 隧道突水突泥致灾构造分类、地质判识、孕灾模式与典型案例分析. 岩石力学与工程学报, 2018, 37(5): 1041-1069.

[7] 李兴庆, 李桂林. 高原山区公路隧道塌方诱因及预防措施分析. 公路交通科技(应用技术版), 2018, 14(6): 226-229.

[8] 申艳军, 杨阳, 邹晓龙, 等. 国内公路隧道运营期交通事故统计及伤亡状况评价. 隧道建设, 2018, 38(4): 564-574.

[9] 刘宁, 张春生, 单治钢, 等. 岩爆风险下深埋长大隧洞支护设计与工程实践. 岩石力学与工程学报, 2019, 38(S1): 2934-2943.

[10] 朱捷, 曾国伟, 胡国忠, 等. 基于事故统计分析的隧道坍塌施工安全风险评估. 公路交通科技(应用技术版), 2019, 15(9): 237-240.

[11] 安亚雄, 郑君长, 张翾. 软岩隧道塌方事故致灾因素耦合分析. 中国安全生产科学技术, 2021, 17(1): 122-128.

[12] 蔚立元, 靖洪文, 徐帮树, 等. 海底隧道流固耦合相似模拟试验. 中南大学学报(自然科学版), 2015, 46(3): 983-990.

[13] 史小萌, 刘保国, 亓轶. 水泥石膏胶结相似材料在固-流耦合试验中的适用性. 岩土力学, 2015, 36(9): 2624-2630.

[14] 陈军涛, 尹立明, 孙文斌, 等. 深部新型固流耦合相似材料的研制与应用. 岩石力学与工程学报, 2015, 34(S2): 3956-3964.

[15] 王凯, 李术才, 张庆松, 等. 流-固耦合模型试验用的新型相似材料研制及应用. 岩土力学, 2016, 37(9): 2521-2533.

[16] Liang D X, Jiang Z Q, Zhu S Y, et al. Experimental research on water inrush in tunnel construction. Natural Hazards, 2016, 81(1): 467-480.

[17] Sun W B, Zhang S C, Guo W J, et al. Physical simulation of high-pressure water inrush through the floor of a deep mine. Mine Water and the Environment, 2017, 36(4): 542-549.

[18] Li S C, Gao C L, Zhou Z Q, et al. Analysis on the precursor information of water inrush in karst tunnels: A true triaxial model test study. Rock Mechanics and Rock Engineering, 2018, 52(2): 373-384.

[19] Liu S L, Wei T. Experimental development process of a new fluid-solid coupling similar-material based on the orthogonal test. Processes, 2018, 6(11): 211-221.

[20] 李术才, 潘东东, 许振浩, 等. 承压型隐伏溶洞突水灾变演化过程模型试验. 岩土力学, 2018, 39(9): 3164-3173.

[21] 黄震, 李晓昭, 李仕杰, 等. 隧洞突水模型试验流固耦合相似材料的研制及应用. 中南大学学报(自然科学版), 2018, 49(12): 135-145.

[22] Li L P, Sun S Q, Wang J, et al. Experimental study of the precursor information of the water inrush in shield tunnels due to the proximity of a water-filled cave. International Journal of Rock Mechanics and Mining Sciences, 2020, 130: 104320.

[23] 胡耀青, 赵阳升, 杨栋. 三维固流耦合相似模拟理论与方法. 辽宁工程技术大学学报, 2007, (2): 204-206.

[24] 张振杰, 张强勇, 向文, 等. 复杂环境下新型流固耦合相似材料的研制及应用. 中南大学学报(自然科学版), 2021, 52(11): 4168-4180.

[25] Zhang Z J, Zhang Q Y, Kang D K, et al. Experimental study on the mechanical and permeability behaviors of limestone under hydro-mechanical-coupled conditions. Bulletin of Engineering Geology and the Environment, 2021, 80: 2859-2873.

[26] Zhang Z J, Zhang Q Y, Xiang W, et al. Development and application of a three-dimensional Geo-Mechanical model test system under hydro-mechanical coupling. Geotechnical and Geological Engineering, 2021, 39: 3147-3160.

# 第5章　深部高边墙洞室劈裂破坏
## 物理模拟与数值模拟

随着国民经济的快速发展，我国对资源和能源的需求急剧增加，大力发展水电资源是减少煤炭消耗和温室气体排放、积极应对全球气候变化的有效措施，也是我国经济社会可持续发展的必然选择。我国的水能资源主要分布在西部地区，西部地区可开发的水能资源占全国水能资源的 82.5%，但开发利用率较低，因此大力开发西部水电，实施"西电东送"是"西部大开发"战略的重要组成部分，符合我国开发清洁再生能源的可持续发展国策。随着西部大开发进程的发展，我国西部地区涌现出一批大型或超大型的水电站工程，如白鹤滩水电站、溪洛渡水电站、大岗山水电站、锦屏一级水电站、锦屏二级水电站、瀑布沟水电站等。因强烈地壳构造运动，西部地区的水电站地下厂房面临高地应力的强烈影响，高地应力引起地下厂房在开挖卸荷过程中，其高边墙洞壁常常出现大量的劈裂裂缝，形成垂直向分布的平行大裂缝组[1~4]。例如，二滩水电站地下主厂房在施工期间由于水平高地应力释放和重分布，主厂房高边墙部位产生系列垂直向的平行劈裂裂缝(见图 5.0.1)，裂缝区深度达 20m，高边墙部位变形值比正常值高出了 1～2 倍，达到 10cm 以上，为保障安全，后来补加了几十根预应力长锚索，但因围岩变形过大，仍然有几根锚索被拉断。

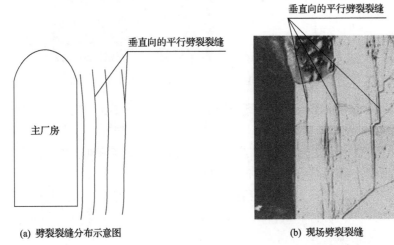

(a) 劈裂裂缝分布示意图　　　　　　　　　(b) 现场劈裂裂缝

图 5.0.1　二滩水电站地下主厂房高边墙洞壁的劈裂破坏现象

黄河上游拉西瓦水电站地下主厂房洞壁开挖支护完成后产生了垂直向劈裂裂缝，最大裂缝宽度达 15mm，如图 5.0.2 所示。

图 5.0.2　拉西瓦水电站地下主厂房和母线洞壁的垂直向劈裂裂缝

瀑布沟水电站地下主厂房开挖支护期间，在主厂房高边墙部位出现了多条近似垂直向的平行劈裂裂缝，最大裂缝宽度达 20mm，如图 5.0.3 所示。

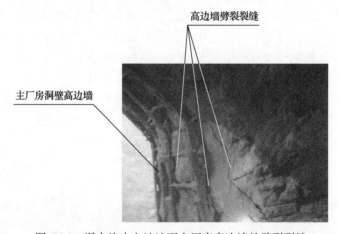

图 5.0.3　瀑布沟水电站地下主厂房高边墙的劈裂裂缝

锦屏一级水电站地下主厂房高边墙洞室在开挖期间也出现了类似劈裂破坏现象，如图 5.0.4 所示。

锦屏二级水电站引水隧洞施工期间，洞壁围岩劈裂破坏现象严重（见图 5.0.5），给隧洞施工与支护工作带来许多不利影响。

Hibino[5]和 Yoshida 等[6]采用钻孔电视、多点位移计等多种量测方法对日本电力系统的 16 个高边墙洞室进行了现场观测，发现地下厂房高边墙部位存在裂隙张开的劈裂破坏现象。

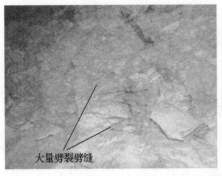

图 5.0.4　锦屏一级水电站地下主厂房高边墙的劈裂裂缝

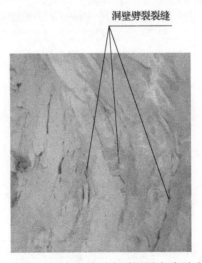

图 5.0.5　锦屏二级水电站引水隧洞围岩劈裂破坏现象

由此可见，高边墙洞室的劈裂破坏是硬脆性岩体在真三维高地应力条件下，因洞室开挖卸荷形成的一种特殊的工程破坏现象，该现象已成为影响地下洞室施工开挖安全和长期运行稳定的重要因素，并引起研究者的普遍关注[7~11]，成为地下工程领域研究的热点和难点科学问题。目前对高边墙洞室劈裂破坏的形成机理尚没有认识清楚，对如何控制洞室的劈裂破坏还没有有效的解决办法。只有彻底弄清真三维高地应力条件下高边墙洞室开挖卸荷诱发的劈裂破坏机理，才能针对性地制定科学的支护控制措施来保证地下厂房的施工开挖与运行安全。因此，本章以瀑布沟水电站地下厂房高边墙洞室为研究背景工程，通过真三维物理模拟首次成功模拟出高边墙洞室施工开挖产生的分层劈裂破坏现象，通过锚固模型试验揭示针对劈裂破坏的锚固作用机理；建立基于应变梯度的弹塑性损伤本构模型和劈裂破坏能量损伤准则，据此开发编制劈裂破坏计算程序，通过数值模拟和模型试验有效揭示了高边墙洞室的劈裂破坏机制。

# 5.1 劈裂破坏真三维物理模拟

## 5.1.1 劈裂破坏物理模拟概况

瀑布沟水电站位于长江流域岷江水系的大渡河中游，地处四川省西部汉源和甘洛两县境内，地下主厂房埋深 360m，厂区地层岩性主要为微风化-新鲜中粗粒花岗岩，主厂房尺寸为 208.6m(长)×26.8m(宽)×70.1m(高)。实测厂区初始最大主应力 $\sigma_1$ 为 27.30MPa(平行于洞轴向)，最小主应力 $\sigma_3$ 为 15.25MPa(垂直于洞轴向)、中间主应力 $\sigma_2$ 为 16.16MPa(垂直方向)，主厂房原型模拟范围为 210m(长)×210m(宽)×210m(高)(见图 5.1.1)。根据模型试验装置的规模和边界条件要求，选取模型试验几何相似比尺为 300，则模型尺寸为 700mm×700mm×700mm。

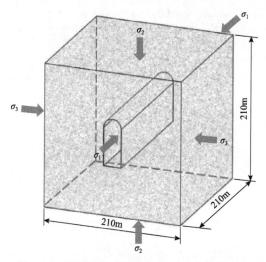

图 5.1.1 原型模拟范围与初始地应力加载示意

## 5.1.2 劈裂破坏试验模型制作与开挖测试

### 1. 模型相似材料

采用精铁粉、重晶石粉、石英砂为骨料，松香酒精溶液为胶结剂，通过大量材料配比和相关力学试验(见图 5.1.2)，测试得到满足相似准则的模型材料的物理力学参数和材料配比，如表 5.1.1 和表 5.1.2 所示。

表 5.1.1 原岩和模型相似材料的物理力学参数

| 材料类型 | 容重/(kN/m³) | 变形模量/MPa | 抗压强度/MPa | 抗拉强度/MPa | 黏聚力/MPa | 内摩擦角/(°) | 泊松比 |
|---|---|---|---|---|---|---|---|
| 原岩 | 26.6 | 41500 | 128.8 | 8.0 | 22.5 | 54.5 | 0.27 |
| 模型材料 | 26.2~26.8 | 135.1~142.9 | 0.419~0.457 | 0.022~0.030 | 0.072~0.077 | 51.6~56.1 | 0.26~0.28 |

表 5.1.2　模型相似材料配比

| 材料配比 I : B : S | 胶结剂浓度/% | 胶结剂占骨料总重百分比/% |
| --- | --- | --- |
| 1 : 1 : 0.5 | 6 | 5.5 |

注：1)I 为精铁粉含量；B 为重晶石粉含量；S 为石英砂含量，均采用质量单位。

　　2)胶结剂浓度为松香溶解于高浓度医用酒精后的溶液浓度。

　　3)骨料成分为精铁粉、重晶石粉和石英砂。

(a) 单轴压缩试验

(b) 常规三轴压缩试验

(c) 直剪试验

(d) 巴西试验

图 5.1.2　模型材料力学试验

## 2. 模型制作与测试传感器埋设

按照分层压实、逐层风干工艺制作地质模型[12]，共分 10 层制作模型体，如图 5.1.3 所示。为避免在模型分层压实过程中形成层面，在下一层模型材料填筑之前需将上一层已压实的模型材料表面凿毛并用酒精润湿，以保证材料层之间不会形成天然层面，以免影响材料力学特性。

为有效观测洞室开挖变形与应力变化规律，在模型洞周共布设 3 个监测断面，断面一、断面三为应力监测断面，布设微型压力盒用于监测洞周径向应力和切向应力；断面二为位移和应变监测断面，布设微型多点位移计和应变片用于监测洞周径向位移和应变。图 5.1.4 为模型监测断面和监测点布置，图 5.1.5 为模型试验测试传感器的埋设。

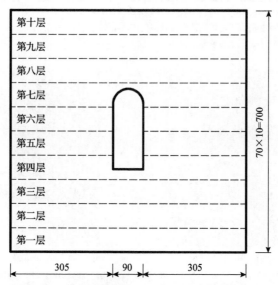

图 5.1.3 地质模型压实分层示意图(单位：mm)

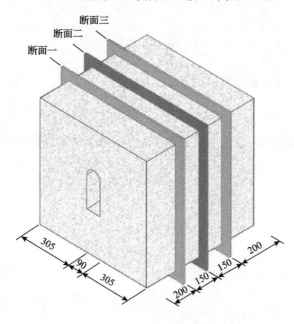

(a) 模型监测断面

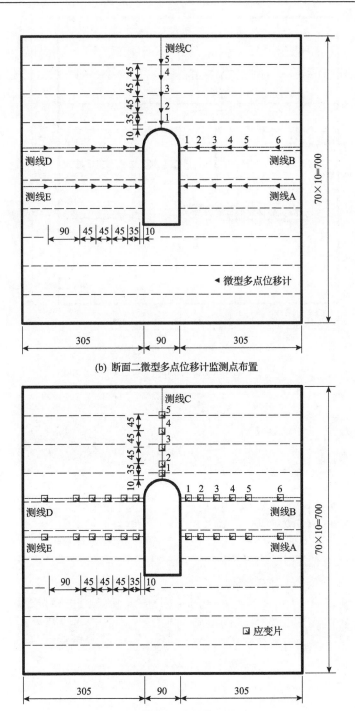

(b) 断面二微型多点位移计监测点布置

(c) 断面二应变片监测点布置

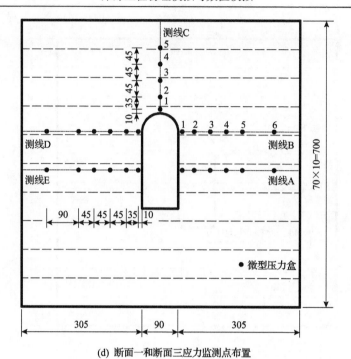

(d) 断面一和断面三应力监测点布置

图 5.1.4 模型监测断面和监测点布置(单位: mm)

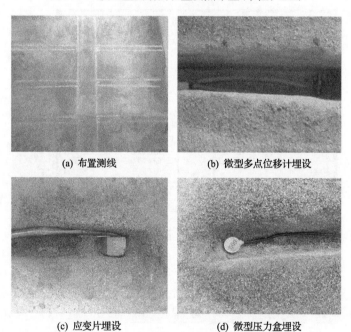

(a) 布置测线      (b) 微型多点位移计埋设

(c) 应变片埋设      (d) 微型压力盒埋设

图 5.1.5 模型试验测试传感器的埋设

### 3. 模型开挖与测试记录

采用"先加载、后挖洞"方式进行模型试验，即模型体制作完毕，采用自行研制的高地应力真三维加载模型试验系统对模型边界进行分级真三维加载，以使模型体内部形成与工程洞区相似的初始地应力场，加载完成后保持边界荷载不变，并稳压至少24h方可进行模型洞室分步开挖。

对试验模型采用人工钻凿方式进行开挖，将地下厂房从上往下分为 3 个开挖层，当上一层完全开挖完毕后再进行下一层开挖。每层分 17 步开挖，每步开挖进尺为 40mm（相当于原型 12m），每当一个进尺开挖完成后就开始测试记录，测试完毕再进行下一个进尺的开挖，直至洞室全部开挖测试完毕。图 5.1.6 为模型试验开挖过程，图 5.1.7 为模型试验加载测试。

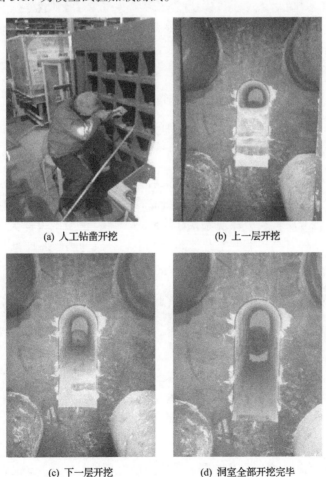

(a) 人工钻凿开挖　　　　　　　　(b) 上一层开挖

(c) 下一层开挖　　　　　　　　(d) 洞室全部开挖完毕

图 5.1.6　模型试验开挖过程

图 5.1.7　模型试验加载测试

### 5.1.3　劈裂破坏物理模拟结果分析

为便于分析，本节已将模型试验得到的模型位移和应力根据相似准则换算成原型位移和应力。

#### 1. 再现高边墙洞室的劈裂破坏现象

当模型洞室全部开挖完成并测试结束后，卸压并拆开模型台架，然后沿洞室轴线方向距洞口 10cm、20cm 和 30cm 处将模型剖开，可以清晰发现模型高边墙洞壁产生了平行分层劈裂破坏现象，如图 5.1.8 所示。模型试验首次成功模拟出真三维高地应力条件下高边墙洞室开挖卸荷产生的分层劈裂破坏现象[13]。

(a) 距洞口10cm　　　　　(b) 距洞口20cm　　　　　(c) 距洞口30cm

图 5.1.8　模型高边墙洞壁的分层劈裂破坏现象

由图 5.1.8 分析可知：

(1)随着开挖进深推进，高边墙洞室劈裂破坏现象越发明显，高边墙洞壁出现了多条平行劈裂裂缝，但劈裂破坏裂缝并没有形成环形闭合的分区破坏现象。

（2）平行分层劈裂裂缝间隔排列，其中最靠近洞壁部位为传统的围岩破坏区，最外层劈裂裂缝距洞壁的距离换算成原型大约为 20.4m，劈裂破坏层数和破坏范围与瀑布沟水电站地下主厂房现场实测结果基本一致，表明模型试验结果是合理可靠的。

2. 高边墙洞室劈裂破坏位移变化规律

表 5.1.3 为开挖完成后高边墙洞室监测断面二洞周监测点的径向位移。图 5.1.9 为高边墙洞室洞周径向位移变化曲线。

**表 5.1.3　开挖完成后高边墙洞室监测断面二洞周监测点的径向位移**

| 测线 | 径向位移/mm | | | | | |
| --- | --- | --- | --- | --- | --- | --- |
| | 监测点 1 | 监测点 2 | 监测点 3 | 监测点 4 | 监测点 5 | 监测点 6 |
| A | 63.0 | 27.0 | 36.0 | 9.0 | 18.0 | 3.0 |
| B | 57.0 | 24.0 | 30.0 | 7.5 | 15.0 | 3.0 |
| C | 42.0 | 30.0 | 24.0 | 15.0 | 9.0 | — |
| D | 57.0 | 18.0 | 33.0 | 7.5 | 15.0 | 1.5 |
| E | 64.5 | 21.0 | 34.5 | 6.0 | 16.5 | 1.5 |

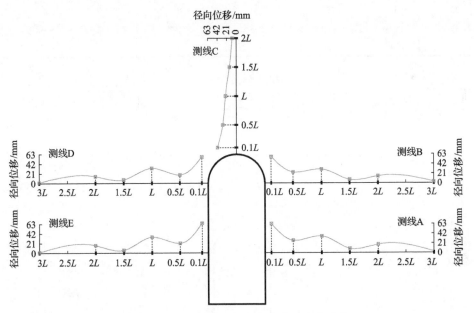

图 5.1.9　高边墙洞室洞周径向位移变化曲线

$L$ 为洞跨，下同

由表 5.1.3 和图 5.1.9 分析可知：

（1）开挖完成后，洞室高边墙部位的径向位移呈现波峰与波谷间隔交替分布的振荡衰减变化，这种变化规律与浅埋洞室洞周位移随距洞壁距离的增大而单调递减的规律完全不同，说明高边墙洞壁出现了分层劈裂破坏。但洞顶部位的位移仍呈现单调衰减的变化规律，洞顶部位仍然是传统的塑性松动破坏。

(2)靠近洞壁的位移相对较大，表明靠近洞壁区域为破坏最严重的区域，这与试验观察结果基本一致。

(3)距离洞壁3倍洞跨位置的位移基本消失，说明洞室劈裂破坏的位移影响范围为3倍洞跨。

3. 高边墙洞室劈裂破坏应变变化规律

表5.1.4为开挖完成后高边墙洞室监测断面二洞周监测点的径向应变。图5.1.10为高边墙洞室洞周径向应变变化曲线，规定"+"表示受拉，"-"表示受压。

表 5.1.4　开挖完成后高边墙洞室监测断面二洞周监测点的径向应变

| 测线 | 径向应变/$10^{-6}$ | | | | | |
| --- | --- | --- | --- | --- | --- | --- |
| | 监测点 1 | 监测点 2 | 监测点 3 | 监测点 4 | 监测点 5 | 监测点 6 |
| A | 1281.8 | 682.5 | 849.3 | 410.8 | 498.5 | 0.5 |
| B | 1109.3 | 590.6 | 735.0 | 385.1 | 359.1 | -0.1 |
| C | 891.8 | 757.5 | 568.1 | 365.0 | 237.0 | — |
| D | 1081.9 | 688.7 | 865.5 | 381.7 | 402.2 | 64.3 |
| E | 1110.3 | 751.1 | 893.8 | 524.9 | 555.1 | 90.8 |

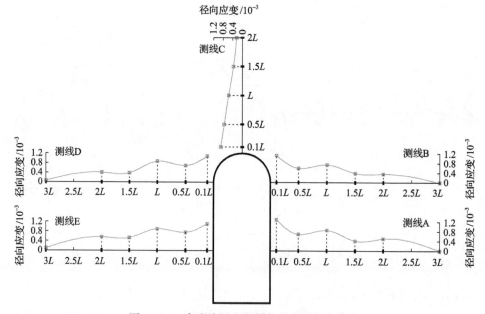

图 5.1.10　高边墙洞室洞周径向应变变化曲线

由表 5.1.4 和图 5.1.10 分析可知：

(1)开挖完成后，高边墙洞壁的径向应变与径向位移一样，也呈现出波峰与波谷间隔交替的振荡衰减变化，这种变化规律与浅埋洞室洞周应变随距洞壁距离的增大而单调减小的规律完全不同。应变分布也表明高边墙洞壁出现了分层劈裂破坏现象。

(2)开挖完成后，洞顶部位的径向应变与径向位移一样，呈现出单调衰减变化，表明高边墙洞顶部位仍然是传统的塑性松动破坏。

4. 高边墙洞室劈裂破坏应力变化规律

表 5.1.5 和表 5.1.6 分别为开挖完成后高边墙洞室监测断面一、三洞周监测点的径向应力和切向应力。图 5.1.11 和图 5.1.12 分别为高边墙洞室洞周径向应力和切向应力变化曲线。这里规定压应力为 "−"，拉应力为 "+"。

由表 5.1.5、表 5.1.6 和图 5.1.11、图 5.1.12 分析可知：

(1)开挖完成后，高边墙部位的径向应力和切向应力均呈现波峰与波谷间隔交替变化，靠近洞壁的径向应力和切向应力因洞壁开挖卸荷而释放减小。

**表 5.1.5  开挖完成后高边墙洞室监测断面一洞周监测点的径向应力**

| 测线 | 径向应力/MPa | | | | | |
| --- | --- | --- | --- | --- | --- | --- |
| | 监测点 1 | 监测点 2 | 监测点 3 | 监测点 4 | 监测点 5 | 监测点 6 |
| A | −1.32 | −6.20 | −4.90 | −8.61 | −7.96 | −11.77 |
| B | −1.22 | −7.24 | −4.79 | −9.59 | −8.89 | −12.57 |
| C | −2.08 | −6.94 | −8.21 | −10.39 | −12.63 | −12.26 |
| D | −1.38 | −7.57 | −4.90 | −9.12 | −8.21 | −11.93 |
| E | −1.82 | −6.60 | −4.88 | −8.17 | −7.98 | −11.85 |

**表 5.1.6  开挖完成后高边墙洞室监测断面三洞周监测点的切向应力**

| 测线 | 切向应力/MPa | | | | | |
| --- | --- | --- | --- | --- | --- | --- |
| | 监测点 1 | 监测点 2 | 监测点 3 | 监测点 4 | 监测点 5 | 监测点 6 |
| A | −3.83 | −6.94 | −20.36 | −17.48 | −19.38 | −16.08 |
| B | −2.09 | −8.39 | −19.91 | −16.99 | −18.68 | −16.39 |
| C | −23.39 | −19.83 | −16.4 | −15.88 | −15.12 | −16.20 |
| D | −2.92 | −9.24 | −19.35 | −17.72 | −19.55 | −16.18 |
| E | −2.07 | −8.58 | −18.71 | −17.95 | −19.29 | −16.97 |

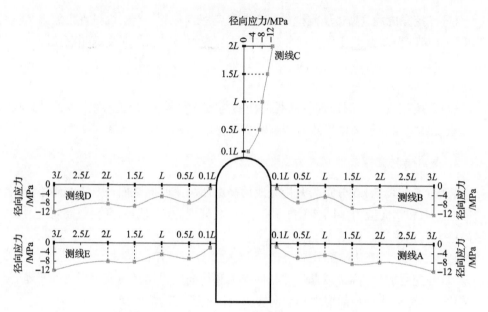

图 5.1.11  高边墙洞室洞周径向应力变化曲线

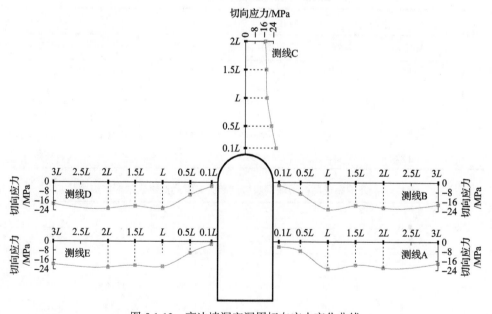

图 5.1.12  高边墙洞室洞周切向应力变化曲线

(2)靠近洞室顶部洞壁，洞顶径向应力减小，切向应力增大，随距洞壁距离的增大，洞顶径向应力和切向应力逐渐趋近于原始地应力。

(3)洞周应力分析表明,高边墙洞壁出现了分层劈裂破坏,而洞顶仍是传统的塑性松动破坏。

### 5.1.4　劈裂破坏向分区破裂转化

#### 1. 超载试验再现分区破裂现象

为了进一步研究高边墙洞室劈裂破坏向分区破裂的转化,本节对劈裂破坏模型体进行超载试验,具体过程是:当高边墙洞室正常开挖完毕并记录测试数据后,对模型边界的竖向应力和水平应力按照 0.1 倍初始地应力逐渐增大进行真三维超载试验,每级超载施加完成后,保持模型边界压力不变并稳压至少 30min,然后测试记录真三维超载过程中围岩位移、应力变化,同时通过洞内放置的高清摄像头同步观察洞周变形破坏发展状况。当模型超载至 2.2 倍初始地应力时,发现高边墙洞室发生明显垮塌破坏,随即停止超载试验。图 5.1.13 为超载试验再现地下厂房高边墙洞室分区破裂现象。

图 5.1.13　超载试验再现地下厂房高边墙洞室分区破裂现象

由图 5.1.13 分析可知:

(1)当模型初始地应力加大到2.2倍(相当于把地下厂房埋深由原来的360m增加到 792m)后,地下厂房的高边墙和洞顶部位围岩出现了像煤矿深部巷道围岩一样的破裂区与非破裂区间隔交替的分区破裂现象[14]。

(2)靠近主厂房洞壁的围岩破坏最严重,属于传统意义上的围岩松动破裂区,洞室围岩出现破裂区与非破裂区间隔排列、环环相套,且破裂形态近似为圆形的典型分区破裂现象。

**2. 洞周位移变化规律**

本节已将模型位移和应力根据相似准则换算成原型位移和应力。图 5.1.14 为开挖与超载阶段洞周径向位移变化曲线。

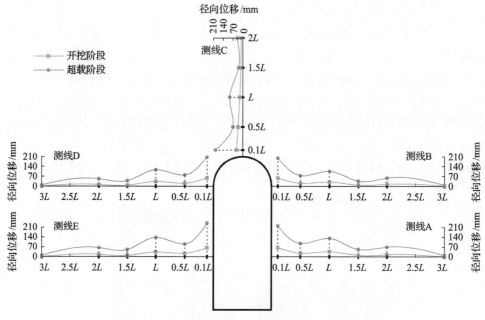

图 5.1.14　开挖与超载阶段洞周径向位移变化曲线

从图 5.1.14 可以看出：

(1) 在开挖阶段，主厂房高边墙部位的围岩位移出现了波峰与波谷间隔分布的振荡衰减变化，而洞顶围岩位移仍是传统的单调变化，表明开挖阶段只有洞室高边墙部位出现了劈裂破坏现象。

(2) 在超载阶段，主厂房高边墙和洞顶部位的围岩位移皆出现了波峰与波谷间隔分布的振荡衰减变化，表明当地下厂房埋深增大到一定深度且平行洞轴向的地应力达到一定量值时，洞室围岩就会出现分区破裂现象。也就是说，劈裂破坏是分区破裂的前兆，随着地下工程埋深的逐渐增大，高边墙洞室的破坏模式将逐渐由劈裂破坏向分区破裂转化。

**3. 洞周应力变化规律**

图 5.1.15 和图 5.1.16 分别为开挖与超载阶段洞周径向应力和切向应力变化曲线，这里压应力为"-"，拉应力为"+"。

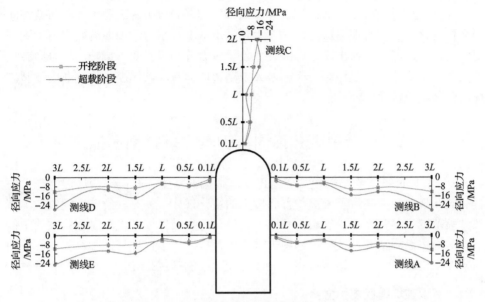

图 5.1.15　开挖与超载阶段洞周径向应力变化曲线

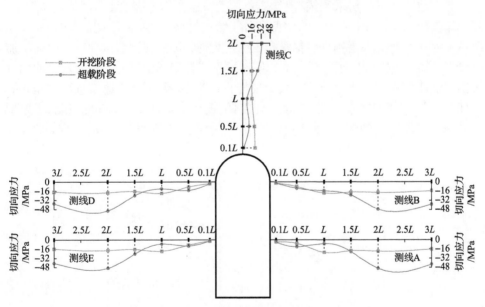

图 5.1.16　开挖与超载阶段洞周切向应力变化曲线

由图 5.1.15 和图 5.1.16 分析可知：

(1)在开挖阶段，主厂房高边墙部位的围岩应力出现了波峰与波谷间隔交替变化，而洞顶部位的围岩应力仍为传统的单调变化，表明开挖阶段只有洞室高边墙部位出现了劈裂破坏现象。

（2）在超载阶段，主厂房高边墙和洞顶部位的围岩应力皆出现了波峰与波谷间隔交替变化，表明当地下厂房埋深增大到一定深度且平行洞轴向的地应力达到一定值时，洞室围岩就会出现分区破裂现象。应力分布也说明劈裂破坏是分区破裂的前兆，随着地下工程埋深的逐渐增大，高边墙洞室的破坏模式将逐渐由劈裂破坏向分区破裂转化。

## 5.2　劈裂破坏锚固支护真三维物理模拟

5.1 节通过真三维物理模拟成功再现高边墙洞室施工开挖卸荷过程中产生的劈裂破坏现象，并揭示了洞周位移和应力的变化规律。针对劈裂破坏现象，本节在试验范围、洞室尺寸、加载与开挖方式等与劈裂破坏模型试验完全一致的条件下，对高边墙洞室开挖及支护锚固进行物理模拟，揭示锚杆与锚索对劈裂破坏的锚固作用机理[15]，为高边墙洞室劈裂破坏安全控制提供指导。

### 5.2.1　劈裂破坏锚固支护方案

对高边墙地下厂房采用锚杆+锚索的联合支护形式，锚杆和锚索均选用强度高、韧性好、易于加工成型的热塑型高分子结构材料（又称 ABS 树脂材料），其弹性模量为 0.2GPa。考虑锚杆、锚索布置的密集性，无法在模型试验过程中逐一加以模拟，需要根据轴向刚度相似的原则对原型锚杆和锚索进行等效处理，即用 1 根模型锚杆等效 24 根原型锚杆，模型锚杆直径为 1mm（相当于原型直径 32mm 的锚杆）；用 1 根模型锚索等效 17 根原型锚索，模型锚索直径为 1.5mm（相当于原型 13×7$\phi$5 的锚索），如图 5.2.1 所示。表 5.2.1 为原型与模型锚杆、锚索的支护设计参数，图 5.2.2 为模型支护设计。

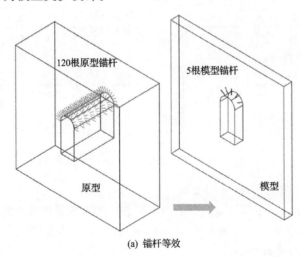

（a）锚杆等效

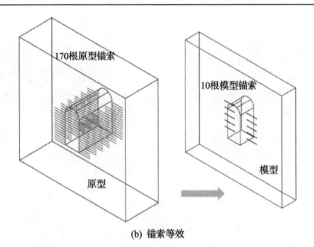

(b) 锚索等效

图 5.2.1　模型锚固等效过程示意图(单位：mm)

表 5.2.1　原型与模型锚杆、锚索的支护设计参数

| 项目 | 弹性模量/MPa | 直径/mm | 长度/mm | 轴向间距/mm |
|---|---|---|---|---|
| 原型锚杆 | 210000 | 32 | 9000 | 1500 |
| 原型锚索 | 195000 | 15.24 | 21000 | 4000 |
| 模型锚杆 | 200 | 1 | 30 | 40 |
| 模型锚索 | 200 | 1.5 | 70 | 80 |

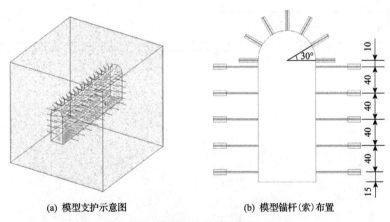

(a) 模型支护示意图　　　　　　　(b) 模型锚杆(索)布置

图 5.2.2　模型支护设计(单位：mm)

为观测锚杆、锚索受力分布状况，在模型体内布设 3 个锚杆监测断面(断面四、断面五、断面六)和 3 个锚索监测断面(断面七、断面八、断面九)，每个监测断面的锚杆和锚索上面均粘贴应变片，如图 5.2.3～图 5.2.5 所示。

模型试验锚杆和锚索采用预埋方法，图 5.2.6 为模型锚索安装过程，图 5.2.7 为高边墙洞室开挖支护模型试验。

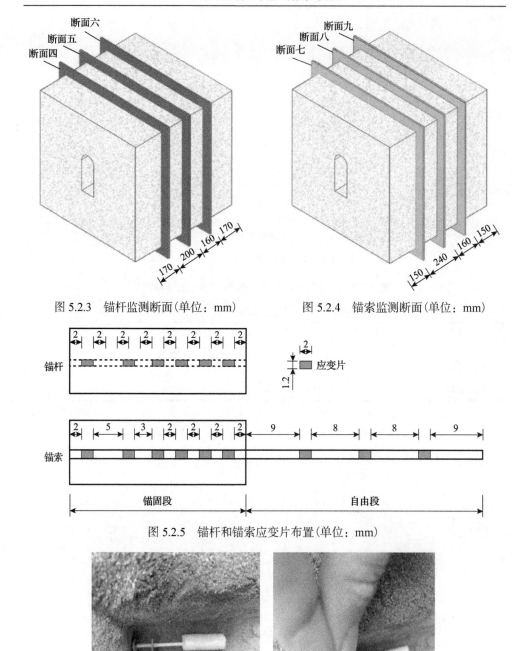

图 5.2.3　锚杆监测断面(单位：mm)　　　　　图 5.2.4　锚索监测断面(单位：mm)

图 5.2.5　锚杆和锚索应变片布置(单位：mm)

图 5.2.6　模型锚索安装过程

(a) 第一层开挖支护

(b) 第二层开挖支护

(c) 第三层开挖支护

(d) 模型试验测试

图 5.2.7　高边墙洞室开挖支护模型试验

### 5.2.2　劈裂破坏锚固物理模拟结果分析

1. 洞室支护与未支护开挖破坏现象对比

图 5.2.8 为高边墙洞室支护与未支护开挖破坏现象对比。其中图 5.2.8 (a) 为模型开挖支护完成后将模型台架拆开并对试验模型进行剖视后的照片，从图中可以看到，采用锚杆和锚索支护后，洞室形状完好，洞周没有出现任何劈裂破坏现象；而图 5.2.8 (b) 是模型没有进行锚固支护高边墙洞壁出现劈裂破坏的对比照片。

2. 支护后洞周位移变化规律

表 5.2.2 为支护后洞周监测点的径向位移。图 5.2.9 为洞周径向位移变化曲线，考虑模型及加载条件的对称性，只取模型洞室右侧数据进行对比分析。图表中的

模型位移已按照相似准则换算成了原型位移，位移方向以向洞内收缩为"+"。

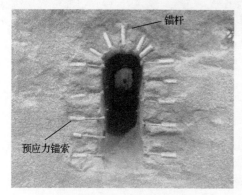 

(a) 支护模型洞周没有出现劈裂破坏现象　　　　(b) 未支护模型洞壁出现劈裂破坏现象

图 5.2.8　高边墙洞室支护与未支护开挖破坏现象对比

**表 5.2.2　支护后洞周监测点的径向位移**

| 测线 | 径向位移/mm | | | | | |
| --- | --- | --- | --- | --- | --- | --- |
| | 监测点 1 | 监测点 2 | 监测点 3 | 监测点 4 | 监测点 5 | 监测点 6 |
| A | 22.50 | 16.50 | 13.50 | 10.50 | 6.00 | 3.00 |
| B | 16.50 | 13.50 | 10.50 | 9.00 | 6.00 | 3.00 |
| C | 10.5 | 4.50 | 4.50 | 3.00 | 1.50 | — |
| D | 15.00 | 12.00 | 10.50 | 7.50 | 6.00 | 1.50 |
| E | 21.00 | 16.50 | 13.50 | 10.50 | 6.00 | 3.00 |

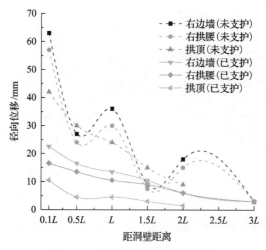

图 5.2.9　洞周径向位移变化曲线

由表 5.2.2 和图 5.2.9 分析可知：

（1）支护后，无论洞室拱顶、拱腰还是高边墙部位，洞周变形随距洞壁距离的增加呈现单调衰减的变化规律，这与未支护情况下洞室高边墙部位位移呈现波峰与波谷间隔交替的振荡衰减变化规律迥然不同，说明进行锚固支护后高边墙洞室没有出现劈裂破坏现象。

（2）从支护后洞周位移变化量值来看，高边墙部位位移最大，其次为拱腰，拱顶位移相对较小，高边墙部位的位移是拱顶位移的 2 倍左右。支护后洞室开挖位移的影响范围为 2～3 倍洞跨，3 倍洞跨外位移量值甚微，几乎可以忽略不计。

（3）与未支护位移相比，支护后洞周位移大幅降低，并且开挖位移扰动影响范围明显减小，洞周位移变化趋于平稳，表明锚固支护有效降低了围岩位移，显著提高了锚固围岩的整体稳定性。

### 3. 支护后洞周应力变化规律

表 5.2.3 和表 5.2.4 分别为支护后洞周监测点径向应力和切向应力。图 5.2.10 为洞周径向应力和切向应力变化曲线，同样考虑模型及加载条件的对称性，只取洞室右侧数据进行对比分析。图表中的模型应力值已按照相似准则换算成了原型应力值，这里压应力为"+"，拉应力为"−"。

**表 5.2.3　支护后洞周监测点径向应力**

| 测线 | 径向应力/MPa | | | | | |
| --- | --- | --- | --- | --- | --- | --- |
| | 监测点 1 | 监测点 2 | 监测点 3 | 监测点 4 | 监测点 5 | 监测点 6 |
| A | 1.32 | 6.22 | 7.50 | 8.63 | 9.00 | 13.01 |
| B | 3.56 | 7.44 | 8.76 | 9.85 | 10.42 | 13.08 |
| C | 6.30 | 12.93 | 13.94 | 14.06 | 14.06 | 13.07 |
| D | 3.67 | 7.57 | 8.69 | 10.09 | 10.53 | 13.17 |
| E | 1.82 | 6.27 | 7.54 | 8.58 | 8.89 | 13.06 |

**表 5.2.4　支护后洞周监测点切向应力**

| 测线 | 切向应力/MPa | | | | | |
| --- | --- | --- | --- | --- | --- | --- |
| | 监测点 1 | 监测点 2 | 监测点 3 | 监测点 4 | 监测点 5 | 监测点 6 |
| A | 10.41 | 13.95 | 18.92 | 15.89 | 15.60 | 15.17 |
| B | 23.30 | 19.90 | 17.31 | 15.06 | 15.02 | 15.00 |
| C | 31.96 | 22.94 | 16.40 | 15.30 | 15.00 | 15.00 |
| D | 22.89 | 19.03 | 17.50 | 15.07 | 15.01 | 15.00 |
| E | 10.01 | 13.87 | 18.80 | 15.91 | 15.57 | 15.09 |

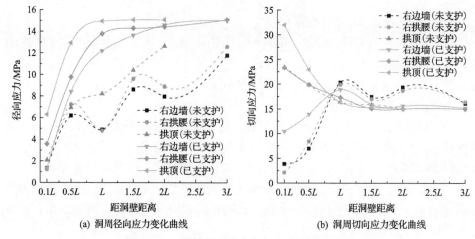

(a) 洞周径向应力变化曲线　　　　　　(b) 洞周切向应力变化曲线

图 5.2.10　洞周径向应力和切向应力变化曲线

由表 5.2.3、表 5.2.4 和图 5.2.10 分析可知：

(1) 支护后，洞周靠近洞壁附近径向应力释放，靠近洞壁附近切向应力增加，随距洞壁距离的增加逐渐趋近于原始地应力，这与未支护模型中洞室高边墙部位的径向应力和切向应力出现波峰与波谷间隔交替变化规律明显不同。

(2) 支护后，洞周应力变化曲线较平顺，围岩应力分布更均匀，表明锚固支护改善了围岩的力学状态，提高了围岩的整体稳定性。

(3) 支护后，右边墙距洞壁 1 倍洞跨范围内的切向应力释放，表明该范围的围岩产生了塑性变形而未产生破裂，锚固支护有效抑制了劈裂裂缝的产生。

4. 锚杆(索)内力分布规律

图 5.2.11～图 5.2.14 分别为锚杆(索)的轴力和抗拔剪应力的变化曲线。这里规定锚杆轴力受拉为"+"，抗拔剪应力方向朝向洞外为"+"、朝向洞内为"–"。

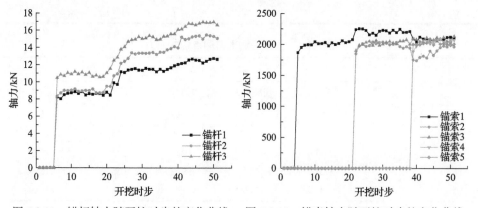

图 5.2.11　锚杆轴力随开挖时步的变化曲线　　图 5.2.12　锚索轴力随开挖时步的变化曲线

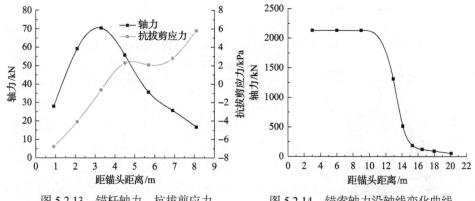

图 5.2.13　锚杆轴力、抗拔剪应力　　　　　图 5.2.14　锚索轴力沿轴线变化曲线
　　　　　沿轴线变化曲线

由图 5.2.11～图 5.2.14 分析可知：

(1)对应洞室的三次分层开挖，开挖过程中锚杆轴力均为拉力，并出现三次幅度逐渐减小的增长，在开挖的最后阶段锚杆轴力逐渐趋于稳定。

(2)开挖到监测断面时，锚索预应力得以施加，随着开挖的进行，锚索轴力出现小幅度的波动并逐渐趋于稳定。在第二层开挖阶段，锚索 1 的轴力出现 13%的增加，在第三层开挖阶段，大部分锚索预应力均已加上，整体支护体系逐渐形成，锚索 1 和锚索 2 的轴力出现小幅度降低。在开挖的最后阶段，洞室围岩继续变形，导致锚索轴力逐渐增加。

(3)沿锚杆轴线方向，锚杆轴力呈现"两头小、中间大"的分布规律，即随着距锚头距离的增加，轴力先增大后减小；锚固体与围岩界面的抗拔剪应力则呈现"两端大、中间小"的分布规律，在轴力最大的位置剪应力为 0，这个特殊的位置即为中性点，在中性点两端剪应力方向相反。从中性点开始指向洞室开挖临空面的锚杆部分为拉拔段，从中性点开始指向围岩深处的锚杆部分为锚固段，本次试验中，锚杆拉拔段长 2m，锚固段长 5m。

(4)预应力锚索自由端轴力分布基本一致，在锚索锚固端，沿锚索轴线的轴力分布呈现单调下降趋势，其分布形式类似指数形分布，锚索的轴力主要集中在锚固端的前 5m，表明锚固端的前 5m 起到主要锚固作用。

## 5.3　高边墙洞室劈裂破坏数值模拟

本节建立劈裂破坏弹塑性损伤本构模型，并根据该模型开发编制劈裂破坏计算程序；应用编制的计算程序开展高边墙洞室劈裂破坏数值模拟分析，并将数值模拟结果与模型试验结果进行对比分析，通过数值模拟和物理模拟阐明高边墙洞室的劈裂破坏机理。

### 5.3.1　劈裂破坏弹塑性损伤本构模型

岩石作为一种较为复杂的地质材料，在经历了漫长的地质演化后，其内部存

在着各种微缺陷，力学性质常常呈现出非线性和各向异性的特点，因此可将岩石视为一种含初始损伤的材料。当岩石所受到的应力接近或超过其峰值强度时，岩石承载能力下降，岩石由原来相对均匀的变形模式变成一种局限在狭窄带状区域内的急剧不连续的变形模式，这就是岩石的应变局部化现象[16~18]，如图 5.3.1 所示。

　　深部洞室的劈裂破坏现象也是一种有规律性的应变局部化现象，研究劈裂破坏现象应从岩石峰后段的应变局部化和应变软化现象开始，在劈裂破坏研究中应该考虑应变梯度的影响。

图 5.3.1　岩石压缩应变局部化现象

　　考虑到岩石在弹性段没有损伤，进入塑性段开始出现损伤，损伤变量 $D$ 的演化方程为[19]

$$D = 1 - \frac{d'}{\kappa}\Big[ (1-\alpha) + \alpha \mathrm{e}^{-\beta(\kappa-d')} \Big] \tag{5.3.1}$$

式中，$d'$ 为损伤阈值；$\kappa$ 为软硬化模量；$\alpha$ 和 $\beta$ 为材料参数，可由试验测试得到。

　　当材料中存在损伤时，可根据热力学定律将塑性耗散能引入，并与 Helmholtz 自由能共同组成新的应变能函数，即

$$
\begin{aligned}
\Psi = {} & \frac{1}{2}(\boldsymbol{\varepsilon}_{ij} - \boldsymbol{\varepsilon}_{ij}^{\mathrm{p}}) C_{ijkq}^{\mathrm{e}}(\boldsymbol{\varepsilon}_{kq} - \boldsymbol{\varepsilon}_{kq}^{\mathrm{p}}) + \frac{1}{2}\boldsymbol{\eta}_{ijk}^{\mathrm{e}} \boldsymbol{\Lambda}_{ijkqmn} \boldsymbol{\eta}_{qmn}^{\mathrm{e}} + \frac{1}{2}\boldsymbol{\varepsilon}_{ij}^{\mathrm{p}} C_{ijkq}^{\mathrm{pd}} \boldsymbol{\varepsilon}_{kq}^{\mathrm{p}} + \frac{1}{2}(1-D)Gl^{2}\boldsymbol{\eta}_{ijk}^{\mathrm{p}} \boldsymbol{\eta}_{ijk}^{\mathrm{p}} \\
& - \sqrt{\frac{2}{3}\boldsymbol{q}_{ij}^{\mathrm{D}}\boldsymbol{q}_{ij}^{\mathrm{D}} + \frac{\boldsymbol{\tau}_{ijk}^{\mathrm{D}}\boldsymbol{\tau}_{ijk}^{\mathrm{D}}}{l^{2}}}\sqrt{\frac{2}{3}\boldsymbol{\varepsilon}_{ij}^{\mathrm{p}}\boldsymbol{\varepsilon}_{ij}^{\mathrm{p}} + l^{2}\boldsymbol{\eta}_{ijk}^{\mathrm{p}}\boldsymbol{\eta}_{ijk}^{\mathrm{p}}}
\end{aligned}
$$

$$\tag{5.3.2}$$

式中，$C_{ijkq}^{\mathrm{e}}$ 为四阶弹性张量；$\Lambda_{ijkqmn}$ 为考虑应变梯度的六阶弹性张量；$C_{ijkq}^{\mathrm{pd}}$ 为四阶塑性损伤张量；$G$ 为剪切模量；$l$ 为材料的内部长度参数，与材料内部的微裂纹和微缺陷密切相关；$q_{ij}^{\mathrm{D}}$ 为塑性耗散微应力张量；$\eta_{ijk}^{\mathrm{p}}$ 为高阶塑性应变梯度张量；$\tau_{ijk}^{\mathrm{D}}$ 为塑性耗散高阶应力张量。

　　根据热力学第二定律，将应变能函数 $\Psi$ 分别对应变张量 $\boldsymbol{\varepsilon}_{ij}$ 和应变梯度张量 $\boldsymbol{\eta}_{ijk}$ 求导，从而得到基于应变梯度的劈裂破坏弹塑性损伤本构模型[20]：

$$\begin{cases}
\sigma_{ij} = \dfrac{\partial \Psi}{\partial \boldsymbol{\varepsilon}_{ij}} = \begin{cases}
\boldsymbol{C}^{\mathrm{e}}_{ijkq}\boldsymbol{\varepsilon}^{\mathrm{e}}_{kq}, & \text{不考虑损伤} \\[2mm]
(\boldsymbol{C}^{\mathrm{e}}_{ijkq} - \boldsymbol{C}^{\mathrm{pd}}_{ijkq})\boldsymbol{\varepsilon}^{\mathrm{p}}_{kq} - \dfrac{2}{3}\dfrac{\tilde{\boldsymbol{\sigma}}_{ij}}{\tilde{\boldsymbol{\varepsilon}}^{\mathrm{p}}_{kq}}\boldsymbol{\varepsilon}^{\mathrm{p}}_{kq}, & \text{考虑损伤}
\end{cases} \\[8mm]
\tau_{ijk} = \dfrac{\partial \Psi}{\partial \boldsymbol{\eta}_{ijk}} = \begin{cases}
l^2 \boldsymbol{C}^{\mathrm{e}}_{ijkq}\boldsymbol{\delta}_{mn}\boldsymbol{\eta}^{\mathrm{e}}_{qmn}, & \text{不考虑损伤} \\[2mm]
\dfrac{\boldsymbol{C}^{\mathrm{pd}}_{ijkq}}{2(1+\mu)}\boldsymbol{\delta}_{mn}l^2\boldsymbol{\eta}^{\mathrm{p}}_{qmn} - \dfrac{\tilde{\boldsymbol{\sigma}}_{ij}}{\tilde{\boldsymbol{\varepsilon}}^{\mathrm{p}}_{kq}}\boldsymbol{\delta}_{mn}l^2\boldsymbol{\eta}^{\mathrm{p}}_{qmn}, & \text{考虑损伤}
\end{cases}
\end{cases} \tag{5.3.3}$$

式中，$\tau_{ijk}$ 为应力梯度张量；$\tilde{\sigma}_{ij}$ 为等效应力张量；$\tilde{\varepsilon}^{\mathrm{p}}_{kq}$ 为等效塑性应变张量；$\delta_{mn}$ 为克罗内克尔张量；$\mu$ 为岩石泊松比。

### 5.3.2　劈裂破坏能量损伤准则

1. 最大拉应变准则

围岩发生张拉破坏一般是垂直于洞壁方向上的应变发展所致，最大拉应变准则为

$$f = \varepsilon_{\mathrm{tmax}} - \varepsilon_{\mathrm{tu}} = 0 \tag{5.3.4}$$

式中，$\varepsilon_{\mathrm{tmax}}$ 为围岩的最大拉应变；$\varepsilon_{\mathrm{tu}}$ 为极限拉应变。

当 $f=0$ 时，洞室围岩发生张拉破坏，为保证数值模拟计算的鲁棒性和连续性，将一个很小的残余变形模量 $E_{\mathrm{c}}(E_{\mathrm{c}}=0.05E)$ 赋予发生张拉破坏的岩体单元。

2. 基于应变梯度的劈裂破坏能量损伤准则[21]

根据应变能密度理论，在等温条件下，岩体单元的应变能密度 $U$ 为

$$U = \frac{\mathrm{d}W}{\mathrm{d}V} = \int_0^{\varepsilon_{ij}} \boldsymbol{\sigma}_{ij}\mathrm{d}\boldsymbol{\varepsilon}_{ij} = U_{\mathrm{e}} + U_{\mathrm{pd}} \tag{5.3.5}$$

引入应变梯度项和高阶应力项之后，岩体的弹性应变能密度 $U_{\mathrm{e}}$ 为

$$U_{\mathrm{e}} = \frac{1}{2}\lambda\boldsymbol{\varepsilon}^{\mathrm{e}}_{ii}\boldsymbol{\varepsilon}^{\mathrm{e}}_{jj} + G\boldsymbol{\varepsilon}^{\mathrm{e}}_{ij}\boldsymbol{\varepsilon}^{\mathrm{e}}_{ij} + \xi_1 l^2\boldsymbol{\eta}^{\mathrm{e}}_{ijj}\boldsymbol{\eta}^{\mathrm{e}}_{ikk} + 2\xi_2 l^2\boldsymbol{\eta}^{\mathrm{e}}_{iik}\boldsymbol{\eta}^{\mathrm{e}}_{kjj}$$
$$+ \frac{1}{2}\xi_3 l^2\boldsymbol{\eta}^{\mathrm{e}}_{iik}\boldsymbol{\eta}^{\mathrm{e}}_{jjk} + \frac{1}{2}\xi_4 l^2\boldsymbol{\eta}^{\mathrm{e}}_{ijk}\boldsymbol{\eta}^{\mathrm{e}}_{ijk} + \xi_5 l^2\boldsymbol{\eta}^{\mathrm{e}}_{ijk}\boldsymbol{\eta}^{\mathrm{e}}_{kji} \tag{5.3.6}$$

岩体的塑性损伤应变能密度 $U_{\mathrm{pd}}$ 为

$$U_{\mathrm{pd}} = \frac{1}{2}\lambda\boldsymbol{\varepsilon}^{\mathrm{p}}_{ii}\boldsymbol{\varepsilon}^{\mathrm{p}}_{jj} + G\boldsymbol{\varepsilon}^{\mathrm{p}}_{ij}\boldsymbol{\varepsilon}^{\mathrm{p}}_{ij} + \xi_1 l^2\boldsymbol{\eta}^{\mathrm{p}}_{ijj}\boldsymbol{\eta}^{\mathrm{p}}_{ikk} + 2\xi_2 l^2\boldsymbol{\eta}^{\mathrm{p}}_{iik}\boldsymbol{\eta}^{\mathrm{p}}_{kjj} + \frac{1}{2}\xi_3 l^2\boldsymbol{\eta}^{\mathrm{p}}_{iik}\boldsymbol{\eta}^{\mathrm{p}}_{jjk}$$
$$+ \frac{1}{2}\xi_4 l^2\boldsymbol{\eta}^{\mathrm{p}}_{ijk}\boldsymbol{\eta}^{\mathrm{p}}_{ijk} + \xi_5 l^2\boldsymbol{\eta}^{\mathrm{p}}_{ijk}\boldsymbol{\eta}^{\mathrm{p}}_{kji} - q^{\mathrm{D}}_{ij}\boldsymbol{\varepsilon}^{\mathrm{p}}_{ij} - \tau^{\mathrm{D}}_{ijk}\boldsymbol{\eta}^{\mathrm{p}}_{ijk} \tag{5.3.7}$$

定义 $U_{ud}$ 为岩体极限应变能密度，劈裂破坏能量损伤判断标准如下：

(1)当 $U<U_e$ 时，岩体处于弹性阶段，不产生损伤。

(2)当 $U_e \leq U<U_{ud}$ 时，岩体进入塑性阶段，开始出现塑性损伤。

(3)当 $U \geq U_{ud}$ 时，岩体发生劈裂破坏。

根据提出的弹塑性损伤本构模型和劈裂破坏能量损伤准则，以 ABAQUS 为开发平台，编制高边墙洞室劈裂破坏计算分析程序，图 5.3.2 为劈裂破坏程序的计算流程框图。

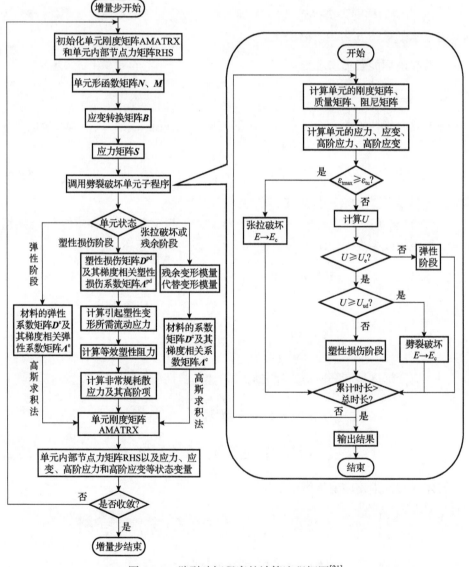

图 5.3.2  劈裂破坏程序的计算流程框图[21]

由图 5.3.2 可以看出，劈裂破坏程序的主要计算步骤如下：

(1)增量步开始，读取单元中的应力和应变。

(2)计算单元的最大拉应变 $\varepsilon_{\text{tmax}}$，若 $\varepsilon_{\text{tmax}} \geqslant \varepsilon_{\text{tu}}$（$\varepsilon_{\text{tu}}$ 为岩体极限拉应变），则岩体单元发生张拉破坏，此时用残余变形模量 $E_{\text{c}}$（$E_{\text{c}} = 0.05E$）代替变形模量，转到步骤(7)。

(3)如果 $\varepsilon_{\text{tmax}} < \varepsilon_{\text{tu}}$，则单元未发生张拉破坏，提取单元的应变和高阶应变，计算单元的应变能密度 $U$。

(4)如果单元应变能密度 $U < U_{\text{e}}$，则单元处于弹性状态，不发生损伤，变形模量未发生改变，转到步骤(7)。

(5)如果 $U_{\text{e}} \leqslant U < U_{\text{ud}}$，单元产生塑性损伤，但未产生劈裂破坏，由单元的应变和高阶应变计算损伤变量、等效塑性耗散应力及塑性耗散高阶应力，转到步骤(7)。

(6)如果 $U \geqslant U_{\text{ud}}$，则单元发生劈裂破坏，此时用残余变形模量 $E_{\text{c}}$ 代替变形模量，转到步骤(7)。

(7)计算相应系数矩阵 $\boldsymbol{D}^{\text{e}}$ 或 $\boldsymbol{D}^{\text{pd}}$、梯度相关系数矩阵 $\boldsymbol{\Lambda}^{\text{e}}$ 或 $\boldsymbol{\Lambda}^{\text{pd}}$ 及单元刚度矩阵 $\boldsymbol{K}$，增量步结束。

### 5.3.3　劈裂破坏数值模拟结果分析

利用编制的劈裂破坏计算程序，结合 5.1 节的真三维物理模拟，本节开展瀑布沟水电站地下厂房施工开挖数值计算分析，得到地下厂房高边墙洞室劈裂破坏围岩位移和应力变化规律。

数值模拟范围沿 $X$、$Y$ 和 $Z$ 方向的尺寸均为 210m，三维模型共剖分了 60000 个单元和 67769 个节点，如图 5.3.3 所示。表 5.3.1 为计算参数。围岩初始地应力、

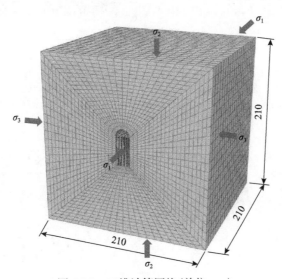

图 5.3.3　三维计算网格(单位：m)

表 5.3.1　　计算参数

| 初始变形模量/GPa | 容重/(kN/m³) | 单轴抗压强度/MPa | 抗拉强度/MPa | 峰值应变/10⁻³ | 极限应变/10⁻³ | 泊松比 | 梯度弹性参数/GPa |
|---|---|---|---|---|---|---|---|
| 41.50 | 26.60 | 128.80 | 8.00 | 9.38 | 16.68 | 0.27 | 16.34 |

计算边界约束条件和洞室开挖方式与模型试验模拟的原型完全一致。

图 5.3.4 为开挖完成后高边墙洞室围岩径向位移和应力分布云图；表 5.3.2 和图 5.3.5 为洞室围岩径向位移数值模拟与模型试验的对比；表 5.3.3 和图 5.3.6 为洞室围岩应力数值模拟与模型试验的对比；图 5.3.7 为洞室围岩劈裂破坏区分布图。这里规定图中围岩位移方向朝向洞外为 "+"、朝向洞内为 "−"；围岩拉应力为 "+"、压应力为 "−"。

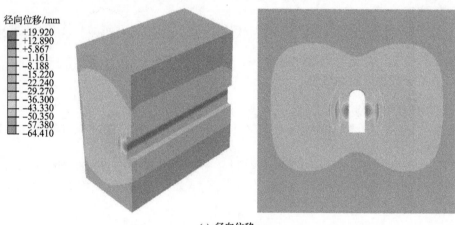

(a) 径向位移

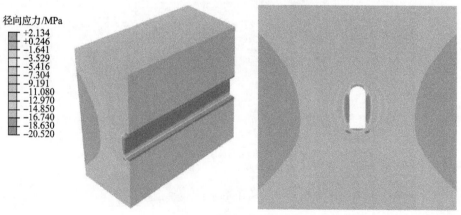

(b) 径向应力

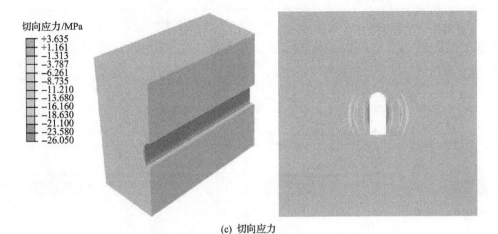

(c) 切向应力

图 5.3.4　开挖完成后高边墙洞室围岩径向位移和应力分布云图

**表 5.3.2　洞室围岩径向位移数值模拟与模型试验的对比**

| 数值类别 | 径向位移/mm | | | | | |
| --- | --- | --- | --- | --- | --- | --- |
| | 0.1$L$ | 0.5$L$ | $L$ | 1.5$L$ | 2$L$ | 3$L$ |
| 模型试验 | 64.5 | 25.5 | 36.0 | 10.5 | 15.0 | 1.5 |
| 数值模拟 | 64.4 | 29.6 | 42.3 | 15.2 | 18.2 | 8.1 |

注：表中径向位移方向朝向洞内，模型试验数据已根据相似条件换算成原型值。

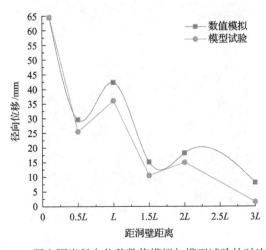

图 5.3.5　洞室围岩径向位移数值模拟与模型试验的对比曲线

**表 5.3.3　洞室围岩应力数值模拟与模型试验的对比**

| 应力类型 | 数值类别 | 应力/MPa | | | | | |
| --- | --- | --- | --- | --- | --- | --- | --- |
| | | 0.1L | 0.5L | L | 1.5L | 2L | 3L |
| 径向应力 | 模型试验 | −1.32 | −6.2 | −4.9 | −8.61 | −7.96 | −11.77 |
| | 数值模拟 | 0.93 | −7.84 | −4.90 | −10.93 | −9.31 | −14.07 |
| 切向应力 | 模型试验 | −3.83 | −6.94 | −20.36 | −17.48 | −19.38 | −16.08 |
| | 数值模拟 | −2.13 | −8.01 | −18.14 | −18.94 | −20.62 | −16.44 |

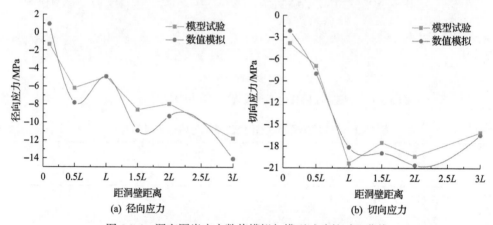

图 5.3.6　洞室围岩应力数值模拟与模型试验的对比曲线

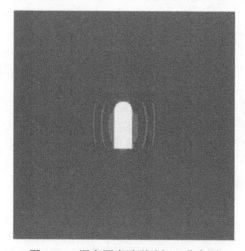

图 5.3.7　洞室围岩劈裂破坏区分布图

由表 5.3.2、表 5.3.3 和图 5.3.4～图 5.3.7 分析可知：

(1)数值计算得到的高边墙洞壁围岩的径向位移和应力呈现波峰与波谷间隔

交替的振荡变化，说明地下厂房高边墙洞壁部位出现了分层劈裂破坏现象，而洞室顶部的径向位移和应力并没有出现振荡变化，仍为传统的塑性变形。

(2)数值模拟得到的洞室洞壁劈裂破坏区深度为19.3m，与模型试验实测得到的破坏区深度(20.4m)基本吻合，数值模拟得到了三个间隔分布的劈裂破坏区，而模型试验获得四个间隔分布的劈裂破坏区，可见数值模拟与物理模拟结果基本一致，这有效验证了本章建立的劈裂破坏力学模型和编制的劈裂破坏计算程序是合理可靠的。

## 5.4　本　章　小　结

本章通过模型试验、理论分析和数值模拟有效揭示了高边墙洞室的劈裂破坏与锚固支护作用机理，具体研究成果如下：

(1)通过真三维地质力学模型试验首次成功再现出高地应力条件下高边墙洞室开挖卸荷出现的平行分层劈裂破坏现象，试验发现：

①在高地应力条件下，高边墙洞壁出现了平行的分层劈裂破坏区，但平行劈裂裂缝并没有形成环形闭合的分区破坏。

②洞周应力呈现波峰与波谷间隔交替变化是高边墙洞室产生劈裂破坏的力学诱因。

③当高边墙洞室埋深达到一定深度且平行洞轴向的地应力达到一定值时，高边墙洞室的破坏模式将会由劈裂破坏向分区破裂转化。

④得到锚固支护后高边墙洞室围岩的变形特征和支护受力演化规律，揭示了锚杆和锚索对劈裂破坏的支护锚固作用机理。

(2)建立了基于应变梯度的弹塑性损伤本构模型和劈裂破坏能量损伤准则，开发编制了劈裂破坏计算程序，通过工程应用验证了劈裂破坏模型和劈裂破坏程序的可靠性。

### 参　考　文　献

[1] 李宁, 孙宏超, 姚显春, 等. 地下厂房母线洞环向裂缝成因分析及处理措施. 岩石力学与工程学报, 2008, 27(3): 439-446.

[2] 吴世勇, 龚秋明, 王鸽, 等. 锦屏Ⅱ级水电站深部大理岩板裂化破坏试验研究及其对 TBM 开挖的影响. 岩石力学与工程学报, 2010, 29(6): 1089-1095.

[3] 周辉. 深埋隧洞围岩破裂结构特征及其与岩爆的关系//新观点新学说学术沙龙文集, 北京, 2010: 115-123.

[4] Gong F Q, Luo Y, Li X B, et al. Experimental simulation investigation on rockburst induced by spalling failure in deep circular tunnels. Tunnelling and Underground Space Technology, 2018, 81: 413-427.

[5] Hibino S. Rock mass behavior of large-scale cavern during excavation and trend of underground space use. Journal of the Mining and Materials, 2001, 117(3): 167-175.

[6] Yoshida T, Ohnishi Y, Nishiyama S, et al. Behavior of discontinuities during excavation of two large underground caverns. International Journal of Rock Mechanics and Mining Sciences, 2004, 41(3): 534-535.

[7] 孙广忠, 黄运飞. 高边墙地下洞室洞壁围岩板裂化实例及其力学分析. 岩石力学与工程学报, 1988, 7(1): 15-24.

[8] 张传庆, 冯夏庭, 周辉, 等. 深部试验隧洞围岩脆性破坏及数值模拟. 岩石力学与工程学报, 2010, 29(10): 2063-2068.

[9] Gong Q M, Yin L J, Wu S Y, et al. Rock burst and slabbing failure and its influence on TBM excavation at headrace tunnels in Jinping II Hydropower Station. Engineering Geology, 2012, 124: 98-108.

[10] Hoek E, Martin C D. Fracture initiation and propagation in intact rock—A review. Journal of Rock Mechanics and Geotechnical Engineering, 2014, 6(4): 287-300.

[11] Gong F Q, Si X F, Li X B, et al. Experimental investigation of strain rockburst in circular caverns under deep three-dimensional high-stress conditions. Rock Mechanics and Rock Engineering, 2019, 52(5): 1459-1474.

[12] 张强勇, 李术才, 陈旭光, 等. 地质力学模型分层压实风干制作与切槽埋设测试仪器方法: 中国, 201010503227.X. 2011.

[13] Zhang Q Y, Li F, Duan K, et al. Experimental investigation on splitting failure of high sidewall cavern under three-dimensional high in-situ stress. Tunnelling and Underground Space Technology, 2021, 108: 103725.

[14] Zhang Q Y, Zhang X T, Wang Z C, et al. Failure mechanism and numerical simulation of zonal disintegration around a deep tunnel under high stress. International Journal of Rock Mechanics and Mining Sciences, 2017, 93: 344-355.

[15] Yu G Y, Zhang Q Y, Li F, et al. Physical model tests on the effect of anchoring on the splitting failure of deep large-scale underground rock cavern. Geotechnical and Geological Engineering, 2021, 39(2): 4545-4562.

[16] 徐松林, 吴文, 李廷, 等. 三轴压缩大理岩局部化变形的试验研究及其分岔行为. 岩土工程学报, 2001, 23(3): 296-301.

[17] Fang Z, Harrison J P. Application of a local degradation model to the analysis of brittle fracture of laboratory scale rock specimens under triaxial conditions. International Journal of Rock Mechanics and Mining Sciences, 2002, 39(4): 459-476.

[18] 潘一山, 杨小彬, 马少鹏. 岩石变形破坏局部化的白光数字散斑相关方法研究. 岩土工程学报, 2002, 24(1): 98-100.

[19] Geer M G D. Experimental analysis and computational modelling of damage and fracture. Eindhoven: Doctoral Thesis of Eindhoven University of Technology, 1997.

[20] Li F, Zhang Q Y, Xiang W. Mechanism of splitting failure for high sidewall cavern of hydropower station based on complex function and strain gradient. Energies, 2021, 14: 5870.

[21] Li F, Zhang Q Y, Xiang W, et al. Failure mechanism and numerical simulation of splitting failure for deep high sidewall cavern under high stress. Geotechnical and Geological Engineering, 2021, 40(1): 175-193.

# 第6章　高放废物深埋地质处置地下实验室物理模拟与数值模拟

伴随着核科学技术的不断发展和核能的和平利用，核能作为一种优质的清洁能源，越来越受到世界各国的青睐，成为人类社会可持续发展中不可或缺的能源之一。然而，核电快速发展的同时，也面临着随之而来的诸多挑战，其中最为突出的问题就是如何处置核电产生的乏燃料及其经处理后剩下的高水平放射性废物（简称高放废物），高放废物具有放射性强、半衰期长、核素毒性大等特点，对其进行最终安全处置难度极大，面临一系列的科学、技术和工程挑战，受到了各核工业国家的高度重视。我国核工业经过五十多年的发展，已经积累了一定数量的高放废物，能否对其进行安全处置已成为关系到我国核工业可持续发展和环境保护的战略性课题。目前，世界各国对高放废物处置提出了许多方案，如地下处置、海洋处置、冰川处置、太空处置等，然而，在众多处置方案中，深埋地质处置是国际上公认的安全处置高放废物的可行方式。深埋地质处置就是建立高放废物深埋地质处置库，将预处理后的高放废物埋藏在距地表 500~1000m 的处置库中，以地质体作为天然屏障，并在地下处置库中设置多重人工屏障，从而实现高放废物与人类生存环境的长期或者永久隔离。但是，高放废物地质处置库具有建设条件复杂、安全等级高、服务期限长（数万年计）等特点，这决定了其选址、建造和安全评价过程极其复杂，难度极大，且整个处置过程前人从未经历过，缺乏实际工程经验，因此许多国家在高放废物地质处置过程中，都明确要求先建立一个或若干个高放废物地质处置地下实验室[1~3]。

高放废物地质处置地下实验室是指建造于地下一定深度、用于开发和验证高放废物地质处置技术、在一定情况下用于评价场址适宜性的地下研究设施。地下实验室可以用来了解深部地质赋存环境，并在真实深部地质赋存环境中检验工程屏障的长期性能。此外，地下实验室的建设也是开发和验证处置库施工、建造、回填和封闭技术的重要手段，可以为处置库安全评价、环境影响评价提供必不可少的基础数据，并提高公众对高放废物处置安全性能的信心。地下实验室建设是高放废物深埋地质处置承上启下、必不可少的关键设施（见图 6.0.1），一旦建成，它将成为地下处置库研究开发、实验验证、设备考验的中心[4~6]。

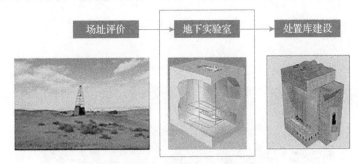

图 6.0.1 高放废物地质处置流程

地下实验室的施工和运行稳定直接关系到地下实验室的安全可靠性。目前研究者针对水电、交通、矿山和能源工程领域地下工程的施工稳定性开展了广泛的物理模拟与数值模拟研究，但目前国内外针对高放废物地质处置地下实验室围岩稳定开展的相关研究还比较少见。因此，本章针对甘肃北山我国首座高放废物地质处置地下实验室的施工开挖过程开展真三维物理模拟[7, 8]，结合模型试验开展深部地下实验室围岩稳定的非线性强度折减数值模拟分析，研究成果有效验证了地下实验室设计方案的可靠性，为地下实验室工程总体建设方案提供了技术指导。

# 6.1 地下实验室原岩物理力学参数试验

为了研制满足相似准则的地下实验室围岩的模型相似材料，首先对甘肃北山高放废物地质处置地下实验室场区的原岩开展力学试验，并测试得到地下实验室原岩的物理力学参数。

## 6.1.1 工程概况

北山高放废物地质处置地下实验室位于甘肃省北山地区中部，距离嘉峪关市约 135km，地貌表现为干旱戈壁或基岩裸露的低山丘陵，地势低缓，平均海拔在1670~1730m，高度变化一般小于 30m。地下实验室洞区岩性以海西期花岗闪长岩和英云闪长岩为主，其中夹杂一些在岩浆结晶分异过程中形成或后期侵入的二长花岗岩、英云闪长岩、长英岩等。通过前期大量地质勘探，北山地下实验室预选场区不存在任何断层和破碎带，并且基岩结构完整、节理裂隙发育很少，地下水贫乏。地下实验室场区最大水平主应力量值为 24.26MPa。根据对地应力实测数据的反演，得到场区初始地应力随埋深的线性回归关系式[9]：

$$\begin{cases} \sigma_H = 0.0305H \\ \sigma_h = 0.0208H \\ \sigma_v = 0.0268H \end{cases} \tag{6.1.1}$$

式中，$\sigma_H$ 为最大水平主应力，MPa；$\sigma_h$ 为最小水平主应力，MPa；$\sigma_v$ 为垂直应力，MPa；$H$ 为埋深，m。

图 6.1.1 为甘肃北山高放废物深埋地质处置地下实验室效果图。

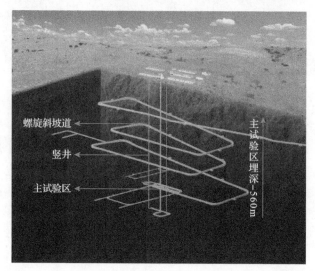

图 6.1.1　甘肃北山高放废物深埋地质处置地下实验室效果图

### 6.1.2　现场取样与试件制备

北山地下实验室深部岩石主要是似斑状二长花岗岩和英云闪长岩，夹杂少量岩浆分异过程中形成的或后期侵入的伟晶岩等，似斑状二长花岗岩为灰白色似斑状结构，块状构造，主要成分为石英、斜长石、碱性长石和黑云母。图 6.1.2 为钻孔获取的部分深部岩芯。

(a) 现场地貌　　　　　　　　　　　　(b) 原岩岩样

图 6.1.2　钻孔获取的部分深部岩芯

将现场钻取的岩芯加工成直径 50mm、高度分别为 100mm 和 50mm 的标准岩石试件，如图 6.1.3 所示。

(a)　　　　　　　　(b)

图 6.1.3 制作的标准岩石试件

### 6.1.3 原岩物理力学参数测试

为测试原岩物理力学参数，对制备的岩石试件分别开展力学试验，如图 6.1.4 所示。表 6.1.1 为测试得到的北山地下实验室原岩物理力学参数[10]。

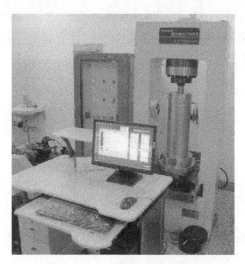

图 6.1.4 岩石试件的力学试验

表 6.1.1 测试得到的北山地下实验室原岩物理力学参数

| 原岩名称 | 容重 /(kN/m³) | 变形模量 /GPa | 抗压强度 /MPa | 抗拉强度 /MPa | 黏聚力 /MPa | 内摩擦角 /(°) | 泊松比 |
|---|---|---|---|---|---|---|---|
| 中细粒花岗闪长岩 | 26.80 | 49.17 | 132.37 | 6.86 | 28.13 | 50.6 | 0.264 |

## 6.2 地下实验室施工开挖真三维物理模拟

### 6.2.1 地下实验室物理模拟方案

北山地下实验室原型模拟范围为 125m(长)×100m(厚)×125m(高)，考虑模型试验几何相似比尺为 50，则模型模拟范围为 2.5m(长)×2m(厚)×2.5m(高)。针对地下实验室最大埋深–560m 的典型洞室开展了多工况物理模拟，包含工况 A、工况 B 和工况 C。其中工况 A 主要模拟地下实验室公共区三心拱主巷道、竖井、提升井通道和联系巷道的施工开挖稳定性；工况 B 主要模拟地下实验室公共区圆形主巷道和停车场的施工开挖稳定性，为比较支护效果，对两个停车场洞室进行了支护与不支护的对比模型试验；工况 C 主要模拟地下实验室公共区三心拱主巷道和斜坡道落平巷(断面形态和尺寸与三心拱主巷道一致)的施工开挖稳定性。图 6.2.1 为模型模拟范围。图 6.2.2 为模型洞室尺寸。

北山地下实验室物理模拟难度较大，主要表现在：①洞室埋深大、洞区地应力高，地下实验室主实验区最大埋深 –560m，最大地应力达 24MPa，如何准确模拟非均匀分布的初始真三维高地应力是物理模拟的一大难题；②洞群布局复杂，纵横交错，布置密集，洞室间距小，施工开挖洞室之间的相互干扰影响严重；③模型洞室尺寸小，开挖难度大。

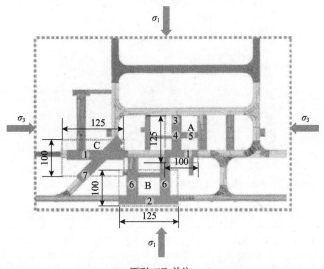

(a) 原型工况(单位：m)

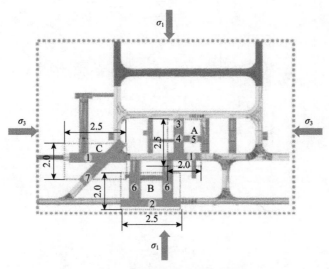

(b) 模型工况(单位：m)

图 6.2.1　模型模拟范围

①.三心拱主巷道；②.圆形主巷道；③.提升井通道；④.竖井；⑤.联系巷道；⑥.停车场；⑦.斜坡道落平巷

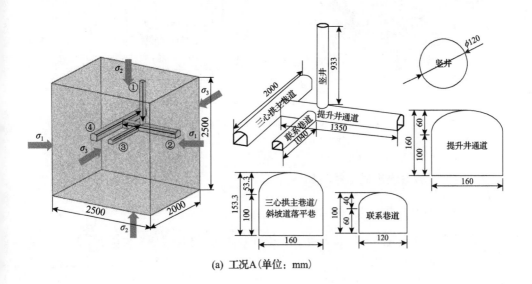

(a) 工况A(单位：mm)

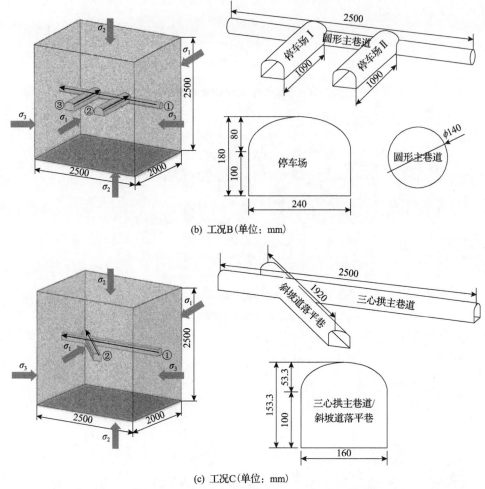

(b) 工况B(单位：mm)

(c) 工况C(单位：mm)

图 6.2.2    模型洞室尺寸

①、②、③代表洞室开挖先后顺序；箭头指示为开挖方向

### 6.2.2　地下实验室物理模拟相似材料

1. 围岩相似材料

选用精铁粉、重晶石粉、石英砂、松香和医用酒精作原料(见图 6.2.3)，根据北山地下实验室原岩物理力学参数，通过大量材料配比和相关力学参数试验(见图 6.2.4)，研制出满足相似条件的北山地下实验室围岩模型相似材料。表 6.2.1 为模型相似材料物理力学参数实测值。表 6.2.2 为模型相似材料配比。

图 6.2.3　模型原材料成分

(a) 单轴试验　　　　(b) 巴西试验　　　　(c) 直剪试验　　　　(d) 三轴试验

图 6.2.4　模型材料物理力学试验

**表 6.2.1　模型相似材料物理力学参数实测值**

| 容重 /(kN/m³) | 变形模量 /GPa | 抗压强度 /MPa | 抗拉强度 /MPa | 黏聚力 /MPa | 内摩擦角 /(°) | 泊松比 |
|---|---|---|---|---|---|---|
| 26.2~27.1 | 0.96~0.99 | 2.61~2.68 | 0.12~0.14 | 0.54~0.57 | 49.9~50.6 | 0.25~0.27 |

**表 6.2.2　模型相似材料配比(地下实验室模拟)**

| 岩石类型 | 材料配比 I：B：S | 胶结剂浓度/% | 胶结剂占材料总重/% |
|---|---|---|---|
| 花岗岩 | 1：0.45：0.25 | 18 | 6 |

注：1)I、B、S 分别为精铁粉、重晶石粉和石英砂含量，均采用质量单位。

2)胶结剂浓度为松香溶解于高浓度医用酒精后的溶液浓度。

## 2. 锚杆相似材料

工况 B 考虑支护，需要研制锚杆相似材料。目前模型试验对于锚杆材料的选择主要有三类：金属丝(铝丝、细软铁丝、铜丝、保险丝和锡丝等)、植物筋材(竹材、木材等)和复合材料(玻璃纤维锚杆、尼龙棒、高压聚乙烯等)等。本章模型试验主要考虑锚杆长度、弹性模量、屈服强度和抗拉强度的相似性，通过试验最终确定选用半硬化铝丝作为锚杆相似材料。图 6.2.5 为模型锚杆拉伸试验。表 6.2.3 为原型锚杆和模型锚杆主要力学参数。

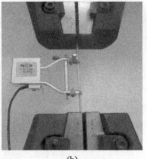

(a)　　　　　　　　　　　　　　(b)

图 6.2.5　模型锚杆拉伸试验

**表 6.2.3　原型锚杆和模型锚杆主要力学参数**

| 锚杆类型 | 弹性模量/GPa | 屈服强度/MPa | 拉断强度/MPa |
|---|---|---|---|
| 原型锚杆 | 206 | 345 | 490 |
| 半硬化铝丝 | 3.7 | 6.3 | 8.21 |

### 6.2.3　地下实验室物理模拟方法

1. 模型体制作方法

地质模型采用分层压实风干工艺制作，其制作流程如图 6.2.6 所示，具体步骤如下：

(1)安装导向框和加载板，并在导向框和加载板上粘贴聚四氟乙烯板减摩材料。

(2)根据每层填料厚度计算相似材料用量，按照材料配比称量各组分材料并搅拌均匀。

(3)将拌和好的材料倒入反力架中，摊铺均匀。

(4)按照成型压力分层压实模型材料。

(5)分层风干已压实的模型材料。

(6)在压实成型的模型体中分层埋设测试传感器。

(a) 安装减磨材料　　　　　　　　　　　(b) 搅拌材料

(c) 摊铺材料　　　　　　　　　　(d) 分层压实材料

(e) 分层风干材料　　　　　　　　(f) 模型成型

图 6.2.6　地质模型体制作过程

（7）为保证分层压实材料层不出现界面，在下一层材料填筑前，需要对上一层已压实的材料进行拉毛处理，并喷洒酒精。

（8）重复步骤（2）～（6），直至完成整个地质模型体的制作。

在工况 B 中，对模型锚杆采用预埋方法施工，模型锚杆长 40mm、间距 40mm、直径 2mm，模型锚杆施工过程如图 6.2.7 所示。

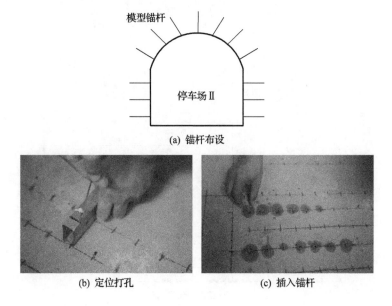

(a) 锚杆布设

(b) 定位打孔　　　　　　　　　　(c) 插入锚杆

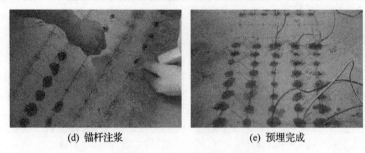

(d) 锚杆注浆　　　　　　　　(e) 预埋完成

图 6.2.7　模型锚杆施工过程

## 2. 测试传感器埋设方法

为了有效揭示地下实验室洞群施工开挖的变形特征与超载破坏规律，在模型洞周关键部位埋设了位移、压力、应变等测试传感器，图 6.2.8 为模型监测点布设示意图。

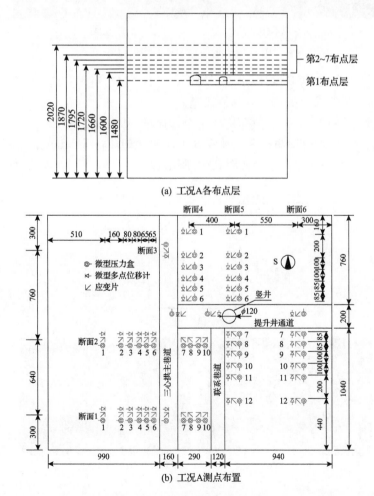

(a) 工况A各布点层

(b) 工况A测点布置

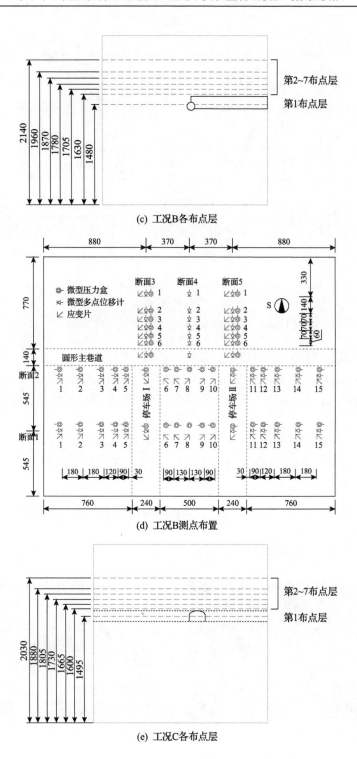

(c) 工况B各布点层

(d) 工况B测点布置

(e) 工况C各布点层

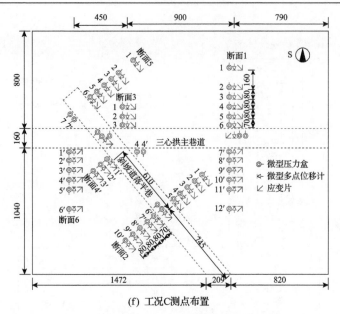

(f) 工况C测点布置

图 6.2.8　模型监测点布设示意图(单位：mm)

所有测试传感器采用切槽埋设方法，具体方法如下：

(1)先将模型分层压实填筑到传感器埋设高度之上 50mm 处。

(2)待该层材料压实风干之后，利用全站仪进行精确放线定位，确定测点埋设位置。

(3)在埋设部位开挖小沟槽，将测试元件分别埋设在指定部位。

(4)使用模型材料将沟槽内的传感器元件和与之连接的测线封填压实，并保证传感器与模型体紧密接触。

(5)将传感器导线从模型反力台架装置的预留孔中引出，并连接到相应的测试仪器上。

图 6.2.9 为测试传感器的埋设过程。

(a) 放线定位

(b) 制作位移测点

(c) 埋设位移测点

(d) 连接位移光栅尺

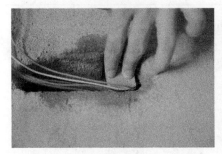
(e) 埋设电阻应变砖

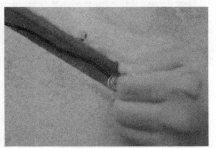
(f) 埋设微型压力盒

图 6.2.9　测试传感器的埋设过程

3. 模型初始地应力加载方法

根据地下实验室洞区的初始地应力，按照应力相似准则计算模型初始地应力，然后利用第 2 章研制的物理模拟系统进行模型试验各工况的初始地应力真三维非均匀加载。

4. 模型试验开挖方法

待模型初始地应力加载完成并稳压至少 24h 后，就可以利用第 2 章研制的开挖掘进系统进行模型洞室开挖，模型洞室的开挖参数如表 6.2.4 所示。

图 6.2.10 为模型洞室开挖，开挖步骤如下：

(1)按照模型试验方案，在模型洞室开挖位置安装微型 TBM 开挖掘进系统。

表 6.2.4　模型洞室的开挖参数

| 工况 | 洞室开挖顺序 | 长度/mm | 开挖方式 | 开挖进尺/mm | 开挖步数 |
| --- | --- | --- | --- | --- | --- |
| A | 1. 竖井 | 933 | 全断面 | 40 | 24 |
| | 2. 提升井通道 | 1350 | 上下台阶 | 40 | 68 |
| | 3. 联系巷道 | 1040 | 全断面 | 40 | 28 |
| | 4. 三心拱主巷道 | 2000 | 全断面 | 40 | 50 |

续表

| 工况 | 洞室开挖顺序 | 长度/mm | 开挖方式 | 开挖进尺/mm | 开挖步数 |
|------|------------|---------|----------|-----------|---------|
| B | 1. 圆形主巷道 | 2500 | 全断面 | 40 | 60 |
| | 2. 停车场Ⅱ | 1090 | 上下台阶 | 40 | 28 |
| | 3. 停车场Ⅰ | 1090 | 上下台阶 | 40 | 28 |
| C | 1. 三心拱主巷道 | 2500 | 全断面 | 40 | 62 |
| | 2. 斜坡道落平巷 | 1920 | 全断面 | 40 | 48 |

(a) 竖井开挖

(b) 水平洞室开挖

图 6.2.10　模型洞室开挖

(2)按照表 6.2.4 所示的开挖参数进行模型洞室精准开挖。

(3)每开挖完成一步,等待 10~15min,观察所有测试仪器稳定后开始记录测试数据。

(4)继续下一步开挖,直至某个洞室开挖完毕。

(5)转移模型开挖装置到下一个洞室进行开挖,直至最终完成整个洞群的开挖。

**5. 超载模型试验方法**

为了评估地下实验室的整体安全系数,在模型洞群开挖完成后进行了超载模型试验。

1)超载模型试验原理

待模型洞群开挖完毕,逐级增大初始地应力荷载,直至洞室结构发生失稳破坏,施加的超载破坏荷载值 $P'$ 与初始荷载值 $P_0$ 的比值就是地下实验室的超载安全系数 $K_s$,即

$$K_s = \frac{P'}{P_0} \tag{6.2.1}$$

根据超载破坏状况，将超载安全系数分为起裂安全系数 $K_{s1}$、局部破坏安全系数 $K_{s2}$ 和整体破坏安全系数 $K_{s3}$：

$$\begin{cases} K_{s1} = \dfrac{P_1}{P_0} \\[2mm] K_{s2} = \dfrac{P_2}{P_0} \\[2mm] K_{s3} = \dfrac{P_3}{P_0} \end{cases} \tag{6.2.2}$$

式中，$P_0$ 为初始荷载；$P_1$、$P_2$、$P_3$ 分别为洞室起裂、局部破坏和整体破坏施加的超载荷载，模型洞室起裂、局部破坏和整体破坏主要通过视频图像并结合超载位移曲线的突变斜率来判断。

2）超载模型试验过程

为实时观测记录洞室超载破坏现象，在开始超载试验之前，预先在开挖后的模型洞中安装微型高清摄像头，超载模型试验的具体方法如下：

（1）按照 0.1 倍初始地应力在模型边界进行倍比逐渐加载，工况 A 为 0.5 倍的倍比逐级加载。

（2）每级超载施加完成后，保持模型边界压力不变并稳压至少 0.5h。

（3）实时记录超载作用下洞室围岩的位移和应力变化，并通过洞内安装的高清摄像头实时观测洞周变形破坏状况。

（4）当上一级超载加载并测试完成后，再施加下一级超载荷载，直至洞室发生明显破坏。

### 6.2.4 地下实验室物理模拟结果分析

按照相似准则，已将模型位移和应力换算成了原型位移和应力。本节图表中的洞周位移是指径向位移，"+"表示位移方向朝向洞外，"−"表示位移方向朝向洞内；应力符号"+"表示受拉，"−"表示受压；应变符号"+"表示受拉，"−"表示受压。锚杆轴向受拉为"+"，轴向受压为"−"。

1. 围岩位移变化规律

图 6.2.11～图 6.2.13 分别为各工况开挖完成后洞周位移变化曲线。

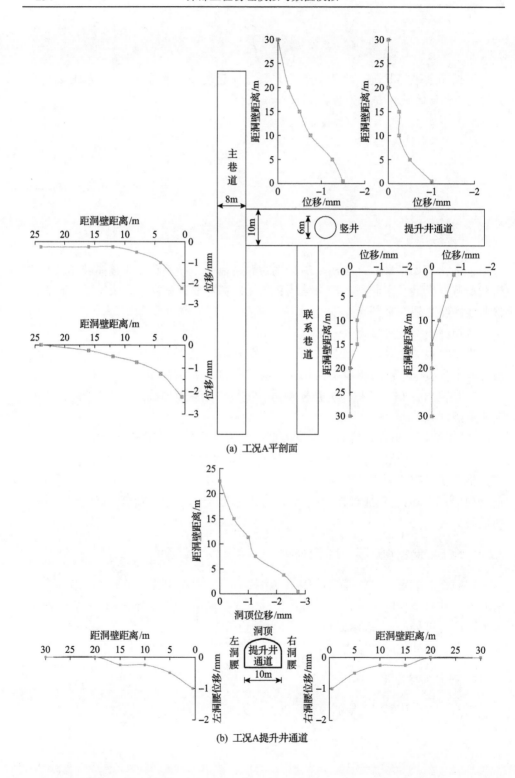

(a) 工况A平剖面

(b) 工况A提升井通道

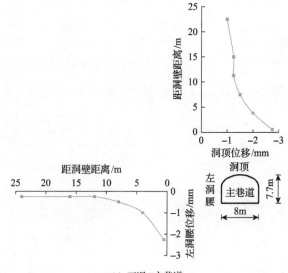

(c) 工况A主巷道

图 6.2.11　工况 A 开挖完成后洞周位移变化曲线

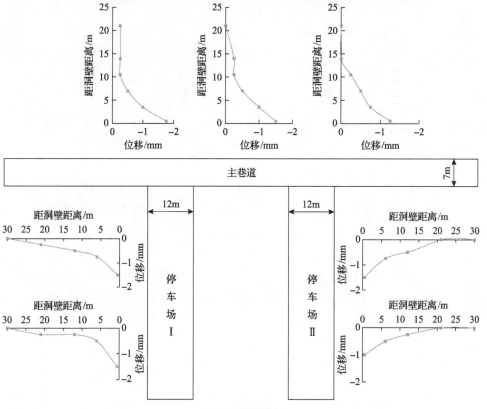

(a) 工况B平剖面

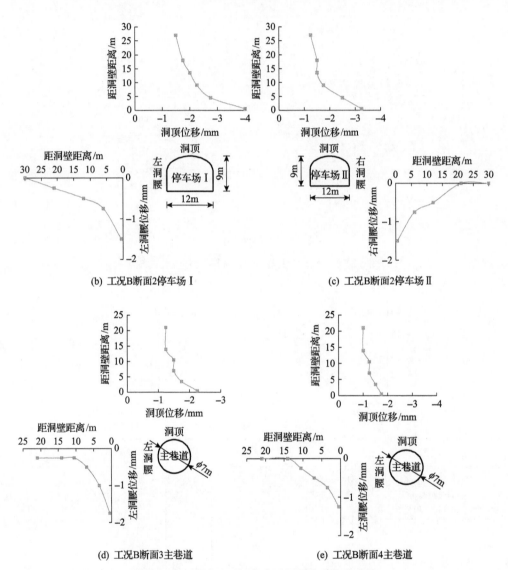

图 6.2.12　工况 B 开挖完成后洞周位移变化曲线

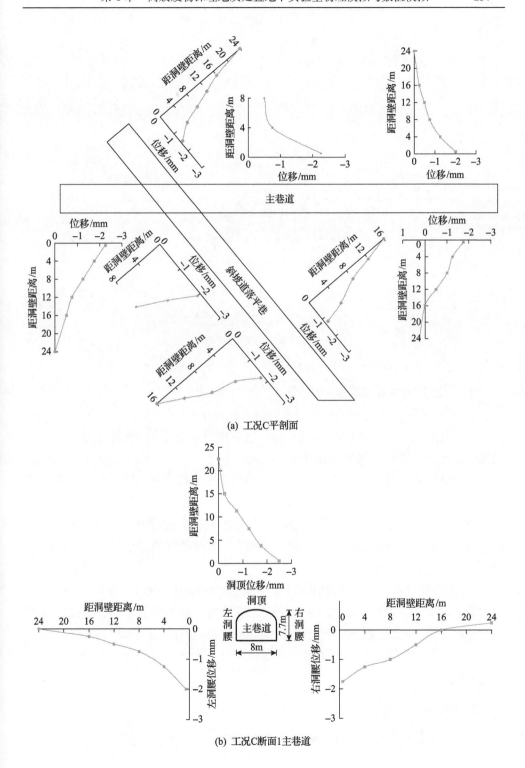

(a) 工况C平剖面

(b) 工况C断面1主巷道

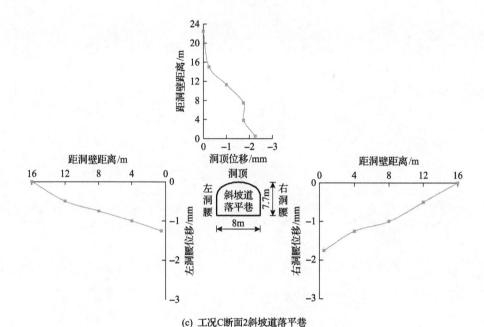

(c) 工况C断面2斜坡道落平巷

图 6.2.13　工况 C 开挖完成后洞周位移变化曲线

由图 6.2.11～图 6.2.13 分析可知：

(1)开挖卸荷作用引起洞周位移朝向洞内收敛变形。

(2)随距洞壁距离的增加，洞周位移呈现单调衰减变化，洞壁附近围岩的位移最大，距离洞壁越远，围岩位移越小。

(3)开挖后，洞周位移量值普遍较小，均处于毫米级水平，最大位移出现在洞室交叉部位。例如，工况 A 最大位移出现在提升井通道、联系巷道和竖井三洞交叉的拱顶位置，为 2.75mm；工况 B 最大位移出现在主巷道和停车场 Ⅰ 交叉部位的拱顶部位，为 4mm；工况 C 最大位移出现在主巷道和斜坡道落平巷交叉部位的拱顶部位，为 3.25mm。

(4)洞室交叉部位的位移总体大于非交叉部位的位移，例如，工况 A 交叉部位位移比非交叉部位位移增大 4%～15%，工况 B 交叉部位位移比非交叉部位位移增大 7%～23%，工况 C 交叉部位位移比非交叉部位位移增大 6%～19%。

(5)洞腰开挖位移影响范围为 1.5～2 倍洞径，拱顶开挖位移影响范围为 2～2.5 倍洞径。

2. 围岩应力变化规律

图 6.2.14～图 6.2.16 为各工况开挖完成后洞周应力变化曲线。

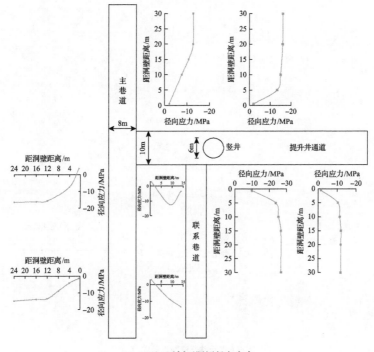

(a) 工况 A 平剖面洞周径向应力

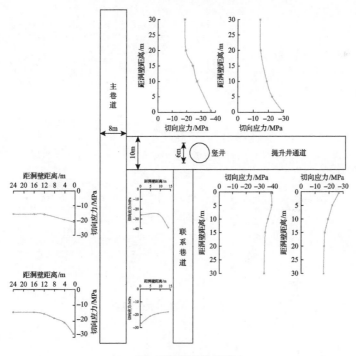

(b) 工况 A 平剖面洞周切向应力

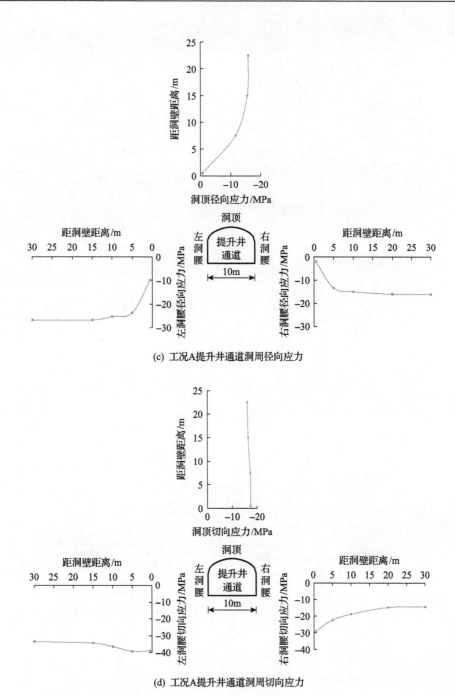

(c) 工况A提升井通道洞周径向应力

(d) 工况A提升井通道洞周切向应力

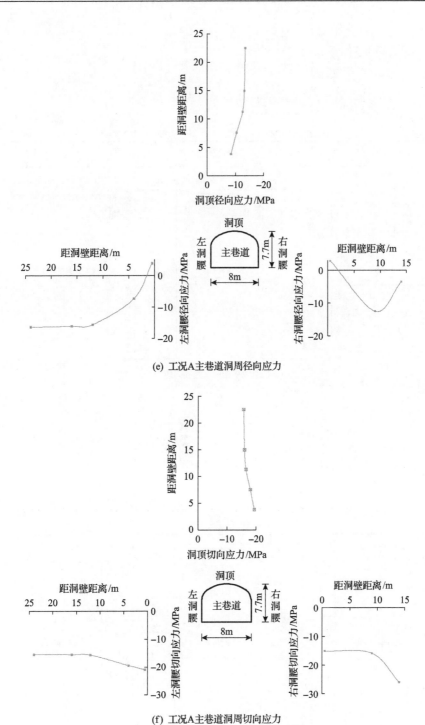

(e) 工况A主巷道洞周径向应力

(f) 工况A主巷道洞周切向应力

图 6.2.14　工况 A 开挖完成后洞周应力变化曲线

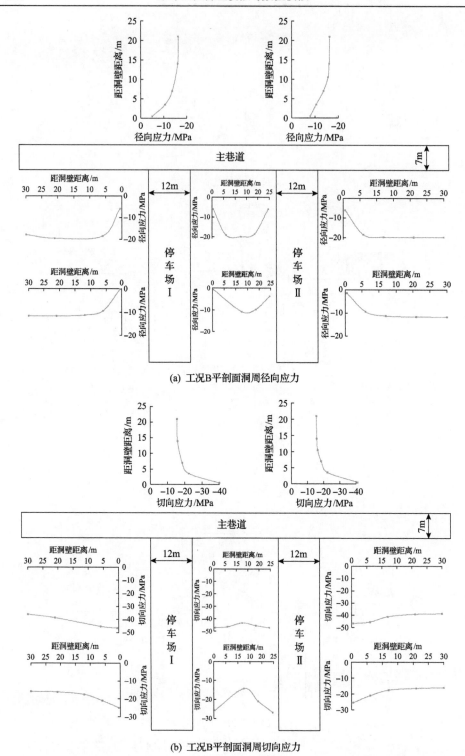

(a) 工况B平剖面洞周径向应力

(b) 工况B平剖面洞周切向应力

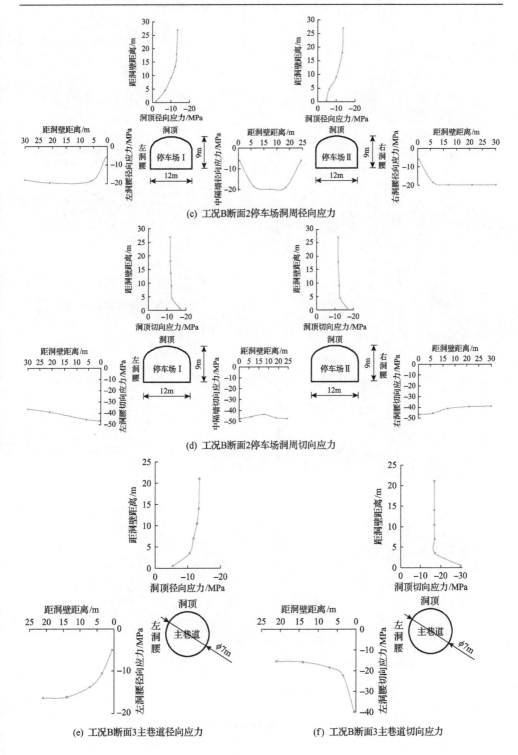

(c) 工况B断面2停车场洞周径向应力

(d) 工况B断面2停车场洞周切向应力

(e) 工况B断面3主巷道径向应力

(f) 工况B断面3主巷道切向应力

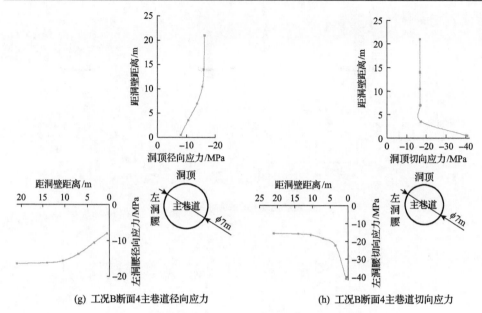

(g) 工况B断面4主巷道径向应力    (h) 工况B断面4主巷道切向应力

图 6.2.15　工况 B 开挖完成后洞周应力变化曲线

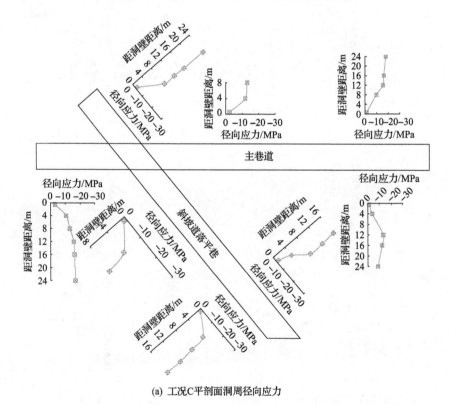

(a) 工况C平剖面洞周径向应力

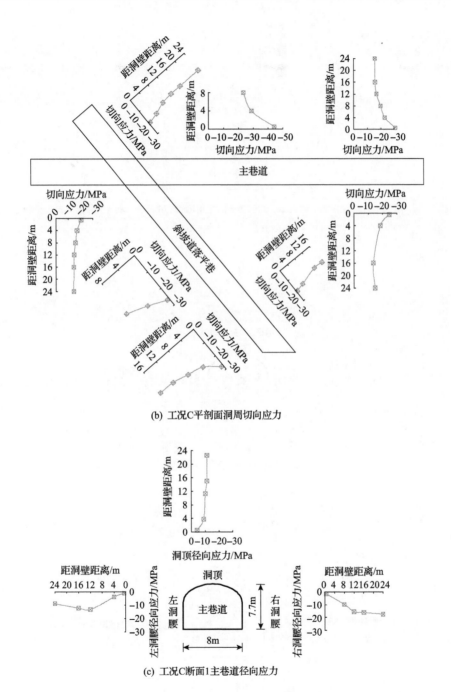

(b) 工况C平剖面洞周切向应力

(c) 工况C断面1主巷道径向应力

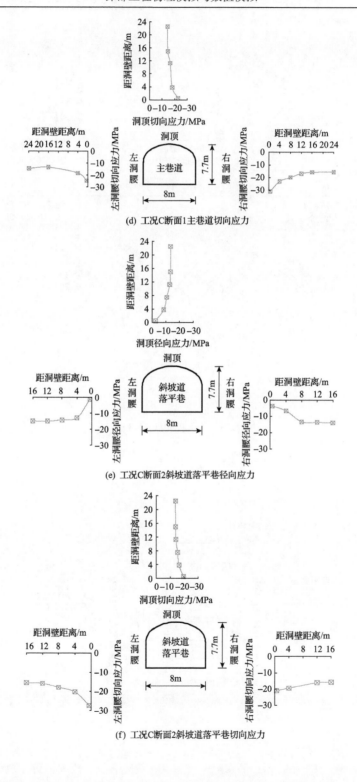

(d) 工况C断面1主巷道切向应力

(e) 工况C断面2斜坡道落平巷径向应力

(f) 工况C断面2斜坡道落平巷切向应力

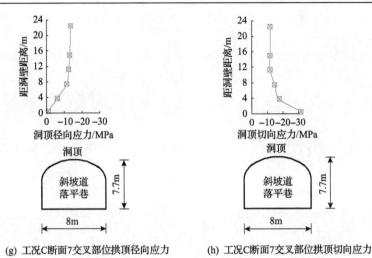

(g) 工况C断面7交叉部位拱顶径向应力　　　　(h) 工况C断面7交叉部位拱顶切向应力

图 6.2.16　工况 C 开挖完成后洞周应力变化曲线

由图 6.2.14～图 6.2.16 分析可知：

(1)开挖后，洞周径向应力释放，切向应力增大，随着距洞壁距离的增加，洞周围岩应力逐渐恢复到初始应力。

(2)围岩内部应力以压应力为主，最大切向应力出现在洞群交叉部位，且量值远小于岩石的抗压强度。

(3)开挖过程中，各洞室之间存在明显的相互影响。例如，工况 A 中隔墙部位应力分布规律明显不同于其他断面应力的单调递减变化，而呈现抛物线变化，具体表现为：切向应力在靠近两洞壁处较大，往中部逐渐减小；径向应力在靠近两洞壁处较小，往中部逐渐增大。这是主巷道和联系巷道之间间隔较小，仅 14m，洞群开挖过程中，两个洞室之间存在明显的相互影响所致。

同样，工况 B 中隔墙部位及工况 C 断面 1 北侧洞腰和断面 2 南侧洞腰的应力分布也呈现抛物线变化，这也是两个洞室的相互作用所致。

(4)因开挖卸荷，在洞室交叉部位出现部分拉应力，但拉应力量值均远小于围岩的抗拉强度。

(5)洞周开挖应力的影响范围为 1.5～2.5 倍洞径。

3. 洞群开挖稳定性分析

图 6.2.17 为洞室开挖完成后由高清摄像头拍摄的洞室内景照片。

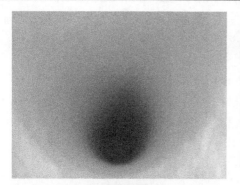

(a) 工况A竖井

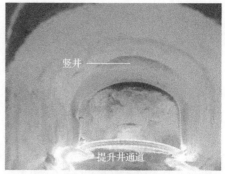

(b) 工况A提升井通道

(c) 工况A联系巷道

(d) 工况A主巷道

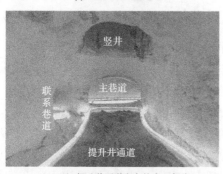

(e) 工况A提升井通道方向的交叉部位

(f) 工况A主巷道方向的交叉部位

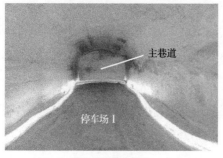

(g) 工况B停车场Ⅰ

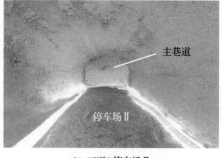

(h) 工况B停车场Ⅱ

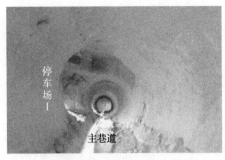

(i) 工况B主巷道与停车场 I 的交叉部位

(j) 工况B主巷道与停车场 II 的交叉部位

(k) 工况C巷道

(l) 工况C斜坡道落平巷

(m) 工况C主巷道方向的交叉部位

(n) 工况C斜坡道落平巷方向的交叉部位

图 6.2.17　洞室开挖完成后由高清摄像头拍摄的洞室内景照片

由图 6.2.17 分析可知[7]:

(1)开挖完成后,所有洞室的洞壁光滑,洞室形状规整,洞室相交位置精确,洞室开挖尺寸完全达到设计要求,表明所研制的模型试验微型 TBM 开挖掘进系统用于开挖复杂模型洞室是完全可行的。

(2)开挖后,洞室结构完整,洞室围岩没有出现任何裂缝,结合位移和应力测试结果可以看出,施工开挖过程中和开挖完成后,地下实验室整体是安全稳定的。

4. 洞室锚固支护效应

图 6.2.18 为工况 B 加锚与未加锚洞周位移对比曲线。图 6.2.19 为工况 B 锚杆

轴力随开挖过程的变化曲线。

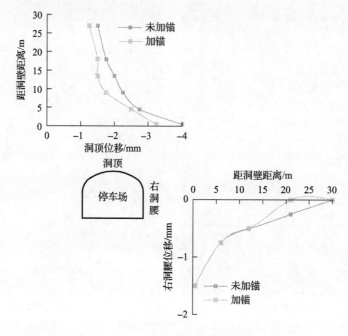

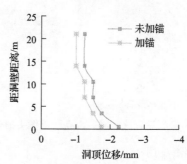

(a) 停车场洞周位移对比

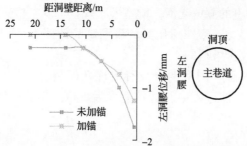

(b) 主巷道洞周位移对比

图 6.2.18 工况 B 加锚与未加锚洞周位移对比曲线

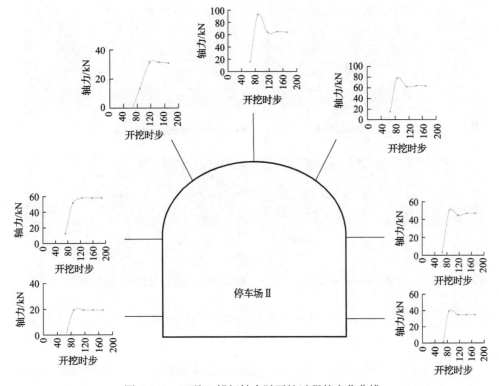

图 6.2.19　工况 B 锚杆轴力随开挖过程的变化曲线

由图 6.2.18 和图 6.2.19 分析可知：

(1)锚杆支护后，洞周位移减小了 14%～22%，表明锚杆支护有效控制了围岩变形。

(2)洞周锚杆轴力呈现先增后减的非线性变化，这是因为在洞室开挖前，围岩未发生变形，围岩与锚杆的相互作用微弱，锚杆轴力非常小；随着开挖进程的发展，当开挖掌子面到达监测断面锚杆附近时，围岩应力的释放使得锚杆轴力迅速增大并到达峰值，开挖完成后锚杆轴力逐渐趋于稳定。

(3)锚杆轴力均为拉力，其中拱顶锚杆的拉力大于洞腰处的拉力，表明洞室拱顶锚杆的支护效果优于洞腰锚杆的支护效果。

(4)锚杆最大轴力为 90.7kN，远低于锚杆的极限抗拉强度，并且开挖过程中所有锚杆均完好无损，表明锚固支护方案是安全可靠的。

5. 洞室超载破坏模式

微型高清摄像头拍摄的工况 A 模型试验超载破坏演化过程如图 6.2.20 所示。

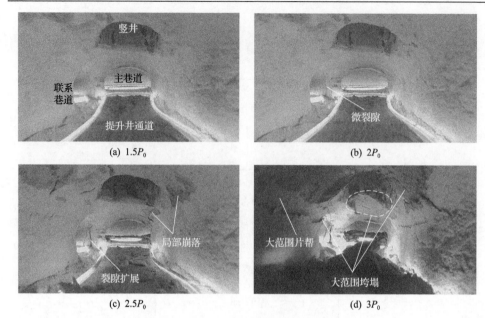

图 6.2.20　工况 A 模型试验超载破坏演化过程

由图 6.2.20 可知[8]:

(1)在超载模型试验中, 工况 A 洞周围岩主要经历从稳定→裂隙萌生→裂隙扩展→局部破坏→整体破坏的演化过程。

(2)在 1.5 倍超载阶段, 工况 A 所有洞室内部及各个洞室交界部位的围岩均完整无损, 洞周未出现任何肉眼可见的裂缝和开裂现象, 说明在 1.5 倍超载状态下, 工况 A 洞群整体处于稳定状态。

(3)在超载达到 2 倍时, 可以观测到在洞群交叉部位开始有肉眼可见的微裂隙产生, 具体出现在: ①主巷道与提升井通道交界的拱顶和洞腰部位出现微裂缝; ②联系巷道与竖井交界部位出现横向微裂缝; ③提升井通道与联系巷道交界洞壁出现竖向微裂缝。

(4)在 2.5 倍超载作用下, 微裂缝开始逐步延伸扩展, 裂缝逐渐由窄变宽、由短变长, 从而导致洞室围岩出现压剪或张剪破坏。具体表现在: ①主巷道与提升井通道交界的拱顶开始出现局部掉渣和掉块的崩落现象, 并在主巷道与提升井通道交界洞腰部位出现竖向压剪裂缝, 裂缝宽度为 1~2mm; ②联系巷道与竖井交界部位的横向裂缝逐步扩展, 形成宽 1~2mm 的横向裂缝; ③在提升井通道与联系巷道交界的洞腰处, 先前的竖向微裂缝逐渐扩展形成一条宽约 1.5mm 的竖直劈裂裂缝, 随着荷载的继续增大, 又在竖直劈裂裂缝旁边产生一条新的相对平行的竖向裂缝。同时, 在提升井通道与联系巷道交界的拱肩部位也开始出现明显裂缝;

④在提升井通道与竖井交界处的拱肩部位出现片帮破坏，并伴随多条裂隙产生。

（5）在 3 倍超载作用下，洞群各部位开始出现显著的变形与破坏现象，具体表现在：①主巷道与提升井通道洞室交界处的拱顶围岩裂缝不断扩展、贯通，并出现较大块体的冒顶剥落，同时两侧边墙向内明显收缩变形，出现贯穿型裂缝导致边墙大面积片帮破坏；②联系巷道两侧拱肩出现大面积片状剥落，联系巷道与提升井通道交界处的两侧洞腰及拱肩处的裂缝迅速沿洞壁方向扩展，形成贯穿裂缝后，洞室边墙和拱肩出现块体掉落现象；③提升井通道与主巷道交界处洞腰出现多条竖向裂缝并迅速沿洞壁方向扩展、贯通、形成破裂带，使边墙发生片帮破坏；④提升井通道与竖井交界处的拱顶产生较大块体冒顶破坏，洞室边墙不断向洞内收敛，并沿洞轴线方向产生较长的横向大裂缝。

图 6.2.21 和图 6.2.22 分别为工况 B、C 的洞室超载破坏演化过程。

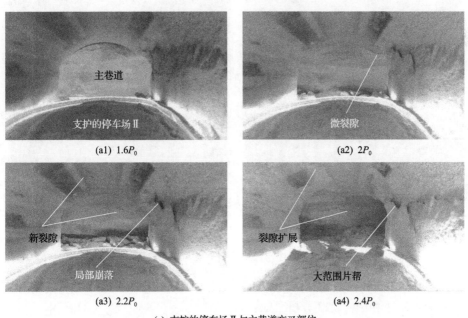

(a) 支护的停车场 II 与主巷道交叉部位

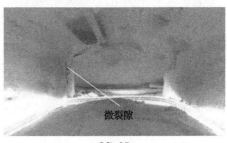

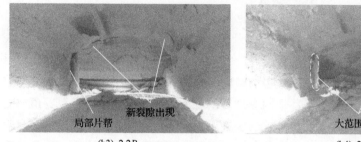

(b3) 2.2$P_0$            (b4) 2.4$P_0$

(b) 未支护的停车场 I 与主巷道交叉部位

图 6.2.21　工况 B 洞室超载破坏演化过程

(a) 1.7$P_0$            (b) 2.1$P_0$

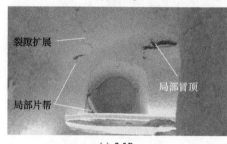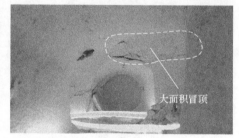

(c) 2.5$P_0$            (d) 2.9$P_0$

图 6.2.22　工况 C 洞室超载破坏演化过程

由图 6.2.21 和图 6.2.22 分析可知:

(1)工况 B 和 C 的超载破坏规律与工况 A 基本一致,也都经历了从围岩稳定到裂缝起裂、局部破坏直至发生整体破坏的全过程,不同之处仅在于,各个阶段所对应的超载压力系数不同。

(2)工况 B 未支护停车场 I 的破坏情况要比支护停车场 II 的破坏情况严重,说明系统锚固提高了围岩的稳定性,减弱了围岩的破坏程度。

(3)工况 C 主巷道和斜坡道落平巷交叉的锐角部位比钝角部位的破坏程度严重,说明锐角交叉设计不利于洞室的安全,建议修正为垂直正交方案。

(4)三个工况洞室交叉部位最先开裂,且最终破坏程度也比其他部位严重,说明洞室交叉部位属于地下实验室薄弱环节,应加强对洞室交叉部位的系统喷锚支护,并在施工过程中加强对这些部位的重点监测。

6. 围岩超载变形规律

图 6.2.23 为工况 A 洞周超载位移变化曲线。由图 6.2.23 分析可知:

(1)随着超载倍数的增加,洞周变形逐渐增大。

(2)1.5 倍超载时,洞周位移较小,最大位移为 3mm,出现在提升井通道与主巷道交界处。结合超载视频可以看出,在 1.5 倍超载阶段,地下实验室整体处于稳定状态。

(3)2 倍超载时,洞周位移缓慢增加,且越靠近洞壁处,位移量值越大,最大位移为 20mm,出现在主巷道与提升井通道交界部位。结合超载视频可以看出,在 2 倍超载阶段,洞室除局部出现微小裂缝外,地下实验室整体仍处于稳定状态。

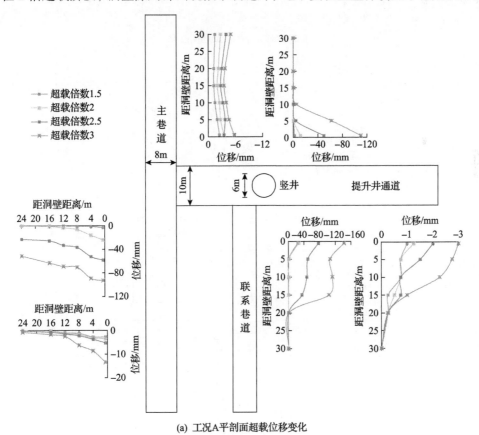

(a) 工况A平剖面超载位移变化

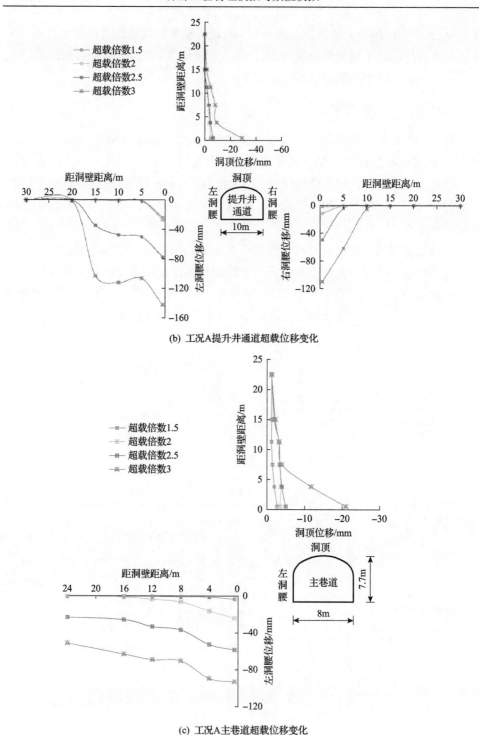

(b) 工况A提升井通道超载位移变化

(c) 工况A主巷道超载位移变化

图 6.2.23 工况 A 洞周超载位移变化曲线

(4)2.5倍超载时，超载位移变化曲线出现陡增现象，无论位移量值还是位移变化速率皆出现显著增大的现象。例如，在主巷道与提升井通道交界部位，最大位移达到4cm；在提升井通道与联系巷道、竖井交界部位，最大位移达到5cm。结合超载视频可以看出，在2.5倍超载阶段，地下实验室进入局部破坏阶段。

(5)3倍超载时，超载位移曲线斜率迅速增大，且伴随大幅度突变现象，洞周各部位位移无法保持稳定，均急剧增长，特别是主巷道与提升井通道交界部位最大位移达到9cm，提升井通道与联系巷道、竖井交界部位最大位移达到14cm。结合超载视频可以看出，在3倍超载阶段，地下实验室已进入整体破坏阶段。

综上所述，对于工况A，地下实验室的起裂安全系数为2，局部破坏安全系数为2.5，整体破坏安全系数为3。

图6.2.24和图6.2.25为工况B、C洞群超载位移变化曲线。由图6.2.24和图6.2.25分析可知：

(1)工况B、C的超载位移变化规律与工况A基本一致，随着超载倍数的增加，洞周位移逐渐增大。

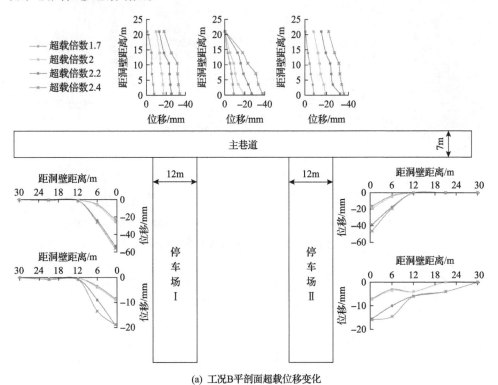

(a) 工况B平剖面超载位移变化

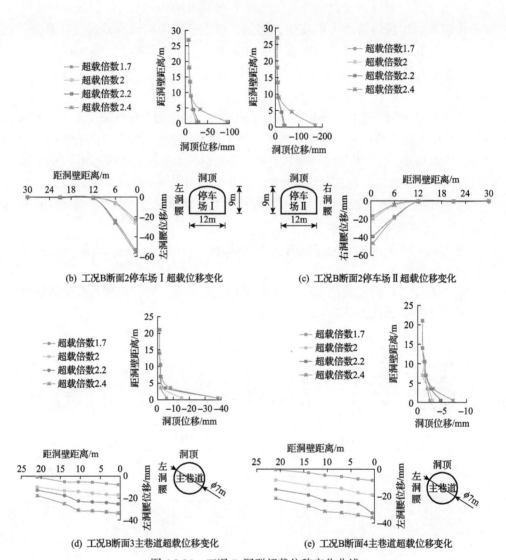

图 6.2.24　工况 B 洞群超载位移变化曲线

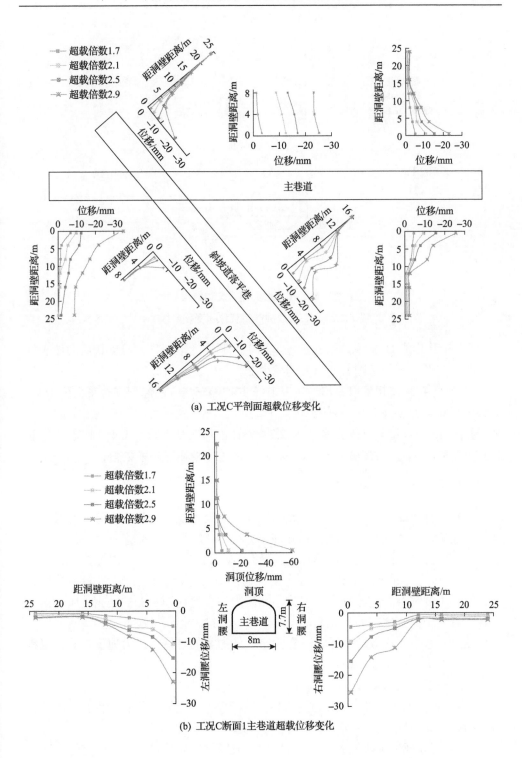

(a) 工况C平剖面超载位移变化

(b) 工况C断面1主巷道超载位移变化

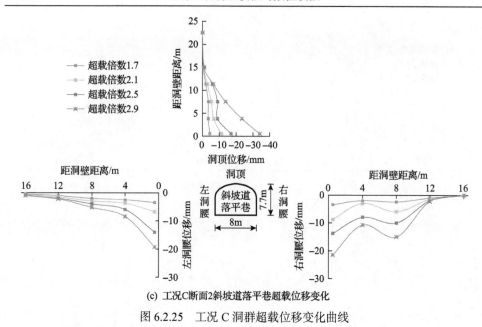

(c) 工况C断面2斜坡道落平巷超载位移变化

图 6.2.25　工况 C 洞群超载位移变化曲线

(2)对于工况 B 来说，未支护停车场Ⅰ的洞周变形明显大于支护后的停车场Ⅱ的洞周变形，支护后围岩变形大约减少 25%。

(3)结合超载视频可以看出，工况 B 未支护停车场Ⅰ的起裂安全系数为 1.7，局部破坏安全系数为 2.1，整体破坏安全系数为 2.3；支护后的停车场Ⅱ的起裂安全系数为 1.9，局部破坏安全系数为 2.2，整体破坏安全系数为 2.4；工况 C 的起裂安全系数为 1.8，局部破坏安全系数为 2.5，整体破坏安全系数为 2.9。

### 6.2.5　地下实验室物理模拟研究结论

本章以甘肃北山我国首座高放废物深埋地质处置地下实验室为研究背景，根据地下实验室总体建设方案，分别开展了方案 A(公共区主巷道+竖井+提升井通道+联系巷道)、方案 B(公共区圆形主巷道+停车场洞室)(含锚杆支护方案 D)和方案 C(公共区三心拱形主巷道+斜坡道落平巷洞室)的大型真三维物理模拟验证试验，得到了洞室群开挖过程中围岩位移和应力的变化规律及支护锚固效应，揭示了开挖过程中洞室之间的相互影响与超载破坏规律，得到了地下实验室硐群体系的超载安全系数，有效验证了地下实验室设计方案的可靠性，为地下实验室工程总体建设方案提供了技术指导。

通过模型试验取得如下研究成果：

(1)得到了地下实验室开挖洞室围岩位移和应力的变化规律，揭示了地下实验室的超载破坏规律，得到了地下实验室超载安全系数。

(2)模型验证试验研究表明，甘肃北山高放废物地质处置地下实验室施工开挖是安全稳定的，竖井+斜坡道+平巷的总体建设方案是安全可靠的。

（3）模型验证试验对地下实验室总体建设方案提出了如下建议：

①在地下实验室施工过程中，圆形主巷道施工建议采用全断面开挖，开挖进尺为 2m。

②提升井通道和停车场等大断面洞室施工建议采用上下台阶法开挖，待上台阶开挖完成后再进行下台阶开挖，开挖进尺为 2m。

③为了保证洞室群的安全稳定，建议将斜坡道落平巷与主巷道斜向 45°交叉方案改为大角度交叉方案。

④硐群纵横交错，开挖过程中洞室之间存在相互影响，后面开挖的洞室对前面已开挖洞室的位移和应力存在明显影响，为保证地下实验室硐群施工开挖与运行安全，建议对洞室交叉易损部位进行系统喷锚网支护，锚杆设计参数为长 2.5m，直径 22m，纵横向间距 2m。

# 6.3　地下实验室围岩稳定非线性强度折减数值分析

传统评价深部围岩稳定性的方法主要是通过围岩位移、应力和塑性区分布来进行综合分析评判，围岩位移与塑性区的大小和地下洞室的开挖面积、施工方法及围岩力学参数等都有着直接关系，不能形成统一的围岩稳定性评价标准。目前，针对地下洞室的围岩稳定，研究者采用强度折减法进行分析，但深部洞室的强度折减分析也存在不少问题，例如：①深部围岩主要采用 Mohr-Coulomb 强度准则来进行分析；②强度折减的围岩失稳判据未统一；③强度参数的拟合主要依赖于经验公式等。针对这些不足之处，本节采用突变理论建立深部围岩失稳能量判据，在此基础上提出基于 Hoek-Brown 强度准则的改进非线性强度折减分析方法，据此对北山地下实验室施工开挖围岩稳定进行非线性强度折减数值模拟分析，计算结果验证了地下实验室物理模拟结果的可靠性，为优化地下实验室总体建设方案提供了指导。

## 6.3.1　基于突变理论的围岩失稳能量判据

强度折减法的基本原理是将岩土材料的强度参数折减一个系数，然后根据折减后的参数进行数值计算，直到岩土材料恰好发生失稳破坏，一般将此时得到的折减系数视为这种岩土材料在该工况下的安全系数。以最常用的 Mohr-Coulomb 强度准则为例，影响岩土工程稳定性的强度参数是抗剪强度参数，即黏聚力 $c$ 和内摩擦角 $\varphi$，一般通过式（6.3.1）对抗剪强度参数进行折减[11~13]。

$$\begin{cases} \varphi_{\mathrm{d}} = \arctan \dfrac{\tan \varphi}{K_{\varphi}} \\ c_{\mathrm{d}} = \dfrac{c}{K_c} \end{cases} \tag{6.3.1}$$

式中，$c$、$\varphi$ 分别为初始的黏聚力和内摩擦角；$c_{\mathrm{d}}$、$\varphi_{\mathrm{d}}$ 分别为折减后的黏聚力和内摩擦角；$K_c$、$K_{\varphi}$ 分别为黏聚力和内摩擦角的折减系数，通常取 $K_{\varphi} = K_c = K$，$K$ 值即为安全系数。

强度折减法的核心问题就是如何找到失稳破坏临界状态的折减系数，也就是针对数值计算模型失稳判据的探讨，而在数值计算中关于岩土工程的失稳判据主要有三种[14]：特征点的位移发生突变；塑性区(或者等效塑性应变)发生贯通；数值计算在规定迭代次数内计算不收敛。

但是这些判据或多或少存在问题：特征点是人为选取的，而特征点的选取又往往会对计算结果产生非常大的影响；对于深埋隧洞工程，塑性区(或者等效塑性应变)发生贯通时围岩并不一定达到破坏状态，以这种方法计算得到的安全系数偏于保守，造成资源浪费，而以上两种方式的判据主观性较强，主要依赖于人为判断，不够"自动化"；数值计算不收敛并不能完全表示围岩已发生破坏，有时候也会是计算模型或计算软件本身缺陷造成的，所以需要找到一种更为合理的判断围岩发生失稳破坏的判据。

现代数学中的突变理论被引入岩土工程中，为研究围岩失稳判据提供了一种有力工具。突变理论由桑博德[15]提出，它利用数学模型讨论了动力学系统中状态发生跳跃性变化的普遍规律，其主要出发点是分叉理论和奇异性理论及结构稳定性概念。突变理论主要阐述非线性系统如何从连续渐变状态走向系统性质的突变，即参数的连续改变如何导致不连续现象的产生。突变理论本质上来说，就是利用系统的势函数来研究奇点如何随控制变量变化，以及势函数与状态变量和控制变量的拓扑不变关系的理论，其实质就是揭示事物的质变方式是如何依据控制条件变化的。桑博德依据控制变量的数目将初等突变划分为尖点型、折叠型、双曲脐点型、蝴蝶型、燕尾型、抛物脐点型和椭圆脐点型七种类型，其中尖点突变模型比较常用。

尖点突变模型的标准势函数表达形式为[16]

$$\Pi(x) = x^4 + ux^2 + vx \tag{6.3.2}$$

可以看到，势函数有两个控制变量 $u$、$v$ 和一个状态变量 $x$，当该势函数的导数为 0 时可以确定其平衡位置，即其平衡曲面的方程为

$$\varPi'(x) = \frac{\partial \varPi}{\partial x} = 4x^3 + 2ux + v = 0 \tag{6.3.3}$$

图 6.3.1 为尖点突变模型示意图, 尖点突变模型在 $(x, u, v)$ 空间中的图形为一个有褶皱的平衡曲面, 在平衡曲面的上、中、下三叶分别代表三个可能的平衡位置。根据尖点突变理论, $\varPi'(x) > 0$ 时为稳定平衡, $\varPi'(x) < 0$ 时为不稳定平衡, $\varPi'(x) = 0$ 时为两者间的转折点, 也就是有: 上下叶对应的平衡位置是稳定的, 而中叶对应的平衡位置不稳定, 此时的势函数取极大值。

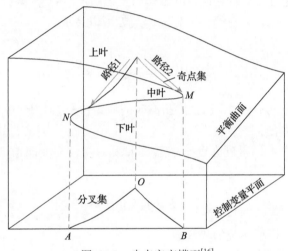

图 6.3.1　尖点突变模型[16]

显然, 在曲面上存在竖直切线, 则有

$$\varPi''(x) = \frac{\partial^2 \varPi}{\partial x^2} = 12x^2 + 2u = 0 \tag{6.3.4}$$

式 (6.3.4) 表示曲面上点的平衡位置的数目是不同的, 这些点就称为突变点或奇异点, 实际上就是曲线的拐点, 由这些奇异点组成的数集称为奇点集, 它们在控制变量平面上的投影称为分叉集。分叉集必须同时满足式 (6.3.3) 和式 (6.3.4), 于是可以联立两式消去 $x$, 就可以得到分叉集的方程, 即

$$\varDelta = 8u^3 + 27v^2 \tag{6.3.5}$$

根据突变理论可知, 当 $\varDelta > 0$ 时, 控制点位于图 6.3.1 中尖角分叉集 $OAB$ 之内, 当 $\varDelta < 0$ 时, 控制点位于尖角分叉集 $OAB$ 之外。在曲面的上叶和下叶上时, $\varDelta > 0$, 即系统势能取极小值, 系统处于稳定状态; 而在曲面的中叶上时, $\varDelta < 0$, 系统处于失稳状态, 因此可以将 $\varDelta$ 值称为突变特征值, 只要考察突变特征值 $\varDelta$,

便可以判断系统是否处于失稳状态。

对于深埋地下洞室岩体，其围岩的失稳过程就是开挖卸荷导致岩体强度不断弱化，引起洞群系统发生失稳破坏，因此可以利用尖点突变理论来研究地下工程的失稳突变现象。

根据尖点突变理论，本节选取塑性应变能增量 $\Delta E$ 作为状态变量，折减次数 $m$ 和塑性单元的数量 $n$ 作为控制变量，将系统发生屈服的所有单元的塑性应变能增量累加值记为总塑性应变能增量 $E$，用总塑性应变能增量 $E$ 的变化来考察地下工程围岩系统的稳定性，也就是说，以 $E$ 作为系统稳定性的考察量，对第 $m$ 次折减的 $n$ 个塑性单元来说，其总塑性应变能增量 $E$ 可以表示为

$$E(m) = \sum_{j=1}^{m} E_j(n) = \sum_{j=1}^{m} \sum_{i=1}^{n} \left( \int_{vi} \sigma_{ij} \Delta \varepsilon_{ij} \mathrm{d}v_i \right) \tag{6.3.6}$$

式中，$\sigma_{ij}$ 为塑性单元 $i$ 在第 $j$ 次强度折减时的应力；$\Delta\varepsilon_{ij}$ 为塑性单元 $i$ 在第 $j$ 次强度折减时的应变增量。

通过数值计算可以得到强度折减系数 $K$ 和总塑性应变能增量 $E$ 之间的函数关系：

$$E = f(K) \tag{6.3.7}$$

这个函数就是突变模型系统的势函数。

根据尖点突变理论，为了将式 (6.3.7) 转化为尖点突变模型势函数的标准形式，需要首先将其转化为四次多项式的形式，由于无法得到 $E$ 和 $K$ 之间的明确函数表达式，只能依靠数值计算得到 $m$ 次强度折减之后对应的总塑性应变能增量序列 $\{E\} = \{E_1, E_2, \cdots, E_i, \cdots, E_m\}$，对该序列用最小二乘法进行拟合，就可以把式 (6.3.7) 转化为四次多项式的形式：

$$E = f(K_m) = \sum_{i=0}^{4} a_i K^i = a_0 + a_1 K + a_2 K^2 + a_3 K^3 + a_4 K^4 \tag{6.3.8}$$

式中，$a_i$ 为用最小二乘法拟合的待定系数。

为了得到尖点突变模型的标准势函数，需要对式 (6.3.8) 进行 Tscirnhaus 变换，令 $K = x - b$，$b = a_3 / (4a_4)$，式 (6.3.8) 就可以转化为以下形式：

$$E = c_4 x^4 + c_2 x^2 + c_1 x + c_0 \tag{6.3.9}$$

式中，

$$
\begin{cases}
c_0 = a_4 b^4 - a_3 b^3 + a_2 b^2 - a_1 b + a_0 \\
c_1 = -4a_4 b^3 + 3a_3 b^2 - 2a_2 b + a_1 \\
c_2 = 6a_4 b^2 - 3a_3 b + a_2 \\
c_4 = a_4
\end{cases}
\tag{6.3.10}
$$

将方程(6.3.9)两端同时除以 $a_4$，并将 $b=a_3/(4a_4)$ 代入，可以得到

$$
F = x^4 + ux^2 + vx + C
\tag{6.3.11}
$$

式中，

$$
\begin{cases}
F = \dfrac{E}{a_4} \\[2mm]
u = \dfrac{a_2}{a_4} - \dfrac{3a_3^2}{8a_4^2} \\[2mm]
v = \dfrac{a_1}{a_4} - \dfrac{a_2 a_3}{2a_4^2} + \dfrac{a_3^3}{8a_4^3} \\[2mm]
C = -\dfrac{192a_3^4}{256a_4^4} + \dfrac{a_2 a_3^2}{16a_4^3} - \dfrac{a_1 a_3}{4a_4^2} + \dfrac{a_0}{4a_4}
\end{cases}
\tag{6.3.12}
$$

根据尖点突变理论，突变特征值与常数项无关，消去常数项不会影响 $E$ 的性质，因此可以直接消去式(6.3.11)中的常数项 $C$，由此得到尖点突变模型势函数的标准形式：

$$
F(x) = x^4 + ux^2 + vx = x^4 + \left( \frac{a_2}{a_4} - \frac{3a_3^2}{8a_4^2} \right) x^2 + \left( \frac{a_1}{a_4} - \frac{a_2 a_3}{2a_4^2} + \frac{a_3^3}{8a_4^3} \right) x
\tag{6.3.13}
$$

对式(6.3.13)分别求取一阶和二阶导数，联立之后消去 $x$ 就得到分叉集方程，并求得突变特征值[17]

$$
\Delta = 8u^3 + 27v^2 = 8 \left( \frac{a_2}{a_4} - \frac{3a_3^2}{8a_4^2} \right)^3 + 27 \left( \frac{a_1}{a_4} - \frac{a_2 a_3}{2a_4^2} + \frac{a_3^3}{8a_4^3} \right)^2
\tag{6.3.14}
$$

当突变特征值 $\Delta=0$ 时，系统处于临界状态，只有当突变特征值 $\Delta \leqslant 0$ 时，系统才可能跨越分叉集发生失稳突变，由此建立基于尖点突变理论的地下工程能量失稳判据：当突变特征值 $\Delta>0$ 时，洞群整体处于稳定状态；当突变特征值 $\Delta=0$ 时，洞群整体处于临界状态；当突变特征值 $\Delta<0$ 时，洞群整体处于失稳状态。

### 6.3.2　改进非线性强度折减分析方法

1. 基于 Hoek-Brown 强度准则的改进非线性强度折减法

Hoek-Brown 强度准则[18]是由 Hoek 和 Brown 提出的，其表达式为

$$\sigma_1 = \sigma_3 + \sigma_c \left( m_b \frac{\sigma_3}{\sigma_c} + s \right)^a \tag{6.3.15}$$

式中，$\sigma_1$ 和 $\sigma_3$ 分别为最大、最小主应力，MPa；$\sigma_c$ 为岩石单轴抗压强度，MPa；$m_b$、$s$ 和 $a$ 为反映岩体特征的经验参数。

在 Hoek-Brown 强度准则中，有四个强度参数：$m_b$、$s$、$a$、$\sigma_c$，在强度折减过程中，这四个参数之间的折减系数很难得到，为此本节引入材料本征强度折减系数 $\kappa$，按照强度折减理论，$\kappa$ 只与强度参数 $m_b$、$s$、$a$、$\sigma_c$ 有关，针对 Hoek-Brown 强度准则的强度折减就可以根据式 (6.3.16) 进行

$$F_{HBd} = \sigma_1 - \sigma_3 - \frac{\sigma_c \left( m_b \dfrac{\sigma_3}{\sigma_c} + s \right)^a}{\kappa} \tag{6.3.16}$$

对 Mohr-Coulomb 强度准则来说，强度折减系数与剪切强度参数 $c$ 和 $\varphi$ 直接相关，那么对 Hoek-Brown 强度准则来说，只要能够建立本征强度折减系数 $\kappa$ 与剪切强度参数 $c$ 和 $\varphi$ 之间的联系，就能够将本征强度折减系数 $\kappa$ 和强度折减系数 $K$ 联系起来，这样问题的实质就是如何建立本征强度折减系数 $\kappa$ 和 Hoek-Brown 强度准则等效剪切强度参数之间的关系。

在岩土塑性理论中，常以平均应力 $p$、广义剪应力 $q$ 和洛德角参数 $\mu_\sigma$ 表示一点的应力状态[19]，即

$$\begin{cases} p = \dfrac{1}{3}(\sigma_1 + \sigma_2 + \sigma_3) \\ q = \dfrac{1}{\sqrt{2}} \sqrt{(\sigma_1 - \sigma_2)^2 + (\sigma_2 - \sigma_3)^2 (\sigma_3 - \sigma_1)^2} \\ \mu_\sigma = \dfrac{2\sigma_2 - \sigma_1 - \sigma_3}{\sigma_1 - \sigma_3} \end{cases} \tag{6.3.17}$$

图 6.3.2 为 Mohr-Coulomb 强度准则和 Hoek-Brown 强度准则折减前后在 $p$-$q$ 空间上的屈服轨迹。

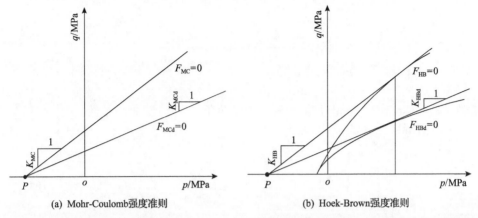

(a) Mohr-Coulomb强度准则　　　　　　(b) Hoek-Brown强度准则

图 6.3.2　Mohr-Coulomb 强度准则和 Hoek-Brown 强度准则折减前后在 $p$-$q$ 空间上的屈服轨迹

可以看到，在 $p$-$q$ 空间中，无论 Hoek-Brown 强度准则还是 Mohr-Coulomb 强度准则，在折减前后，顶点 $P$ 均保持不变，仅斜率（对 Hoek-Brown 强度准则来说是切线的斜率）线性减小，且二者斜率折减比例相同。

在 $p$-$q$ 空间中，Mohr-Coulomb 强度准则和 Hoek-Brown 强度准则的斜率分别为[20, 21]

$$K_{MC} = \frac{6\sin\varphi}{3 - \sin\varphi} \tag{6.3.18}$$

$$K_{HB} = \frac{3am_b\left(m_b\dfrac{\sigma_3}{\sigma_c} + s\right)^{a-1}}{am_b\left(m_b\dfrac{\sigma_3}{\sigma_c} + s\right)^{a-1} + 3} \tag{6.3.19}$$

由 $K_{MC} = K_{HB}$ 就可以得到 Hoek-Brown 强度准则在任一点之处内摩擦角的正弦值，即

$$\sin\varphi = \frac{am_b\left(m_b\dfrac{\sigma_3}{\sigma_c} + s\right)^{a-1}}{am_b\left(m_b\dfrac{\sigma_3}{\sigma_c} + s\right)^{a-1} + 2} \tag{6.3.20}$$

对于 Mohr-Coulomb 强度准则，其折减之后的斜率为

$$K_{\mathrm{MCd}} = \cfrac{\cfrac{6\sin\varphi}{K_{\sin\varphi}}}{3 - \cfrac{\sin\varphi}{K_{\sin\varphi}}} = \frac{6\sin\varphi}{3K_{\sin\varphi} - \sin\varphi} \tag{6.3.21}$$

式中，$\varphi$ 为 Mohr-Coulomb 强度准则的内摩擦角；$K_{\sin\varphi}$ 为折减系数。

强度折减系数 $K$ 为

$$K = \frac{\tan\varphi}{(\tan\varphi)_d} = \cfrac{\cfrac{\sin\varphi}{\cos\varphi}}{\cfrac{(\sin\varphi)_d}{(\cos\varphi)_d}} = \frac{\sin\varphi}{(\sin\varphi)_d}\frac{(\cos\varphi)_d}{\cos\varphi} \tag{6.3.22}$$

式中，

$$\begin{cases} K_{\sin\varphi} = \dfrac{\sin\varphi}{(\sin\varphi)_d} \\[2mm] \cos\varphi = \sqrt{1 - \sin^2\varphi} \\[2mm] (\cos\varphi)_d = \sqrt{1 - (\sin\varphi)_d^2} = \dfrac{1}{K_{\sin\varphi}}\sqrt{K_{\sin\varphi}^2 - \sin^2\varphi} \end{cases} \tag{6.3.23}$$

将式 (6.3.23) 代入式 (6.3.22)，得到

$$K_{\sin\varphi} = K\sqrt{1 + \sin^2\varphi\left(\frac{1}{K^2} - 1\right)} \tag{6.3.24}$$

对于 Hoek-Brown 强度准则，在 $p$-$q$ 空间中，其折减后屈服轨迹的斜率为

$$K_{\mathrm{HBd}} = \cfrac{\cfrac{3am_{\mathrm{b}}\left(m_{\mathrm{b}}\dfrac{\sigma_3}{\sigma_{\mathrm{c}}} + s\right)^{a-1}}{\kappa}}{\cfrac{am_{\mathrm{b}}\left(m_{\mathrm{b}}\dfrac{\sigma_3}{\sigma_{\mathrm{c}}} + s\right)^{a-1}}{\kappa} + 3} = \frac{3am_{\mathrm{b}}\left(m_{\mathrm{b}}\dfrac{\sigma_3}{\sigma_{\mathrm{c}}} + s\right)^{a-1}}{am_{\mathrm{b}}\left(m_{\mathrm{b}}\dfrac{\sigma_3}{\sigma_{\mathrm{c}}} + s\right)^{a-1} + 3\kappa} \tag{6.3.25}$$

折减前后 Hoek-Brown 强度准则切线斜率的折减比例与 Mohr-Coulomb 强度准则切线斜率的折减比例相同，于是有

$$\frac{K_{HB}}{K_{HBd}} = \frac{K_{MC}}{K_{MCd}} \tag{6.3.26}$$

根据式(6.3.26)，经过推导可以得到材料本征强度折减系数 $\kappa$ 的计算表达式[17]

$$\kappa = \frac{1}{2}K\left[2 + am_b\left(m_b\frac{\sigma_3}{\sigma_c} + s\right)^{a-1}\right]\sqrt{1 + \frac{\left(\frac{1}{K^2} - 1\right)\left[am_b\left(m_b\frac{\sigma_3}{\sigma_c} + s\right)^{a-1}\right]^2}{\left[2 + am_b\left(m_b\frac{\sigma_3}{\sigma_c} + s\right)^{a-1}\right]^2}}$$

$$-\frac{1}{2}\left[am_b\left(m_b\frac{\sigma_3}{\sigma_c} + s\right)^{a-1}\right] \tag{6.3.27}$$

这样本征强度折减系数 $\kappa$ 就很方便地与强度折减系数 $K$ 联系起来，并可以依托 Hoek-Brown 强度准则进行强度折减分析。

2. 改进非线性强度折减法计算流程

根据建立的围岩失稳能量判据和改进非线性强度折减法，依托 FLAC3D 平台，通过 C++和 FISH 语言开发编制了改进非线性强度折减法计算程序，其计算流程如下：

(1)首先建模、加载，输入模型参数和边界条件。

(2)计算并更新各个单元的应力。

(3)以强度折减系数的增量值作为增量步进行强度折减计算，逐渐增大强度折减系数 $K_i$，对模型进行第 $i$ 次折减。

(4)根据强度折减系数 $K_i$ 以及当前步的应力状态求解本征强度折减系数 $\kappa_i$。

(5)计算应力增量，然后更新各个单元的全应力并计算主应力。

(6)判断单元是否满足屈服准则。

(7)根据本征强度折减系数 $\kappa_i$ 和修正的 Hoek-Brown 强度准则修正单元应力。

(8)搜索并记录所有发生屈服的单元。

(9)计算系统第 $i$ 次折减的总塑性应变能增量 $E_i$。

(10)建立总塑性应变能增量 $E$ 和强度折减系数 $K$ 的拟合方程并转化为尖点突变模型标准势函数。

(11)求解突变特征值 $\Delta$ 并根据失稳能量判据判断围岩是否失稳。

(12)不断循环直至模型达到失稳状态，最终输出计算结果。

图 6.3.3 为改进非线性强度折减法计算流程框图。

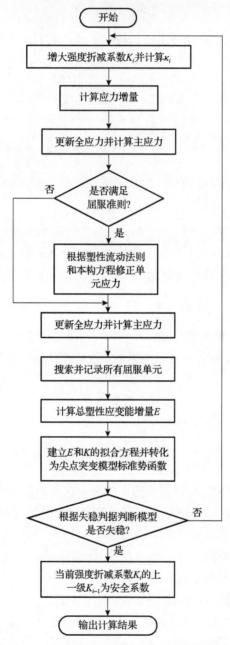

图 6.3.3 改进非线性强度折减法计算流程框图

### 6.3.3　非线性强度折减数值模拟结果分析

#### 1. 计算参数和计算模型

为了便于与物理模拟结果进行对比，数值计算条件(包括模拟范围、围岩力学参数、初始地应力、洞室加载与开挖方式等)与模型试验模拟的原型完全一致，并且根据模型试验不同工况，建立了三个相应的数值计算模型(简称工况 A、B、C)，数值计算工况与本章模型试验方案 A、B、C 一一对应，其中工况 A 为竖井+提升井通道+三心拱主巷道+联系巷道的结构，工况 B 为圆形主巷道+两个停车场的结构，工况 C 为三心拱主巷道和斜坡道落平巷 X 形交叉的结构，计算单元采用六面体进行网格划分。图 6.3.4 为地下实验室强度折减数值计算模型，计算范围为125m(长)×100m(厚)×125m(高)。

数值计算的边界条件为侧面法向约束、底部固定、上部施加上覆岩体自重应力。数值模拟采用弹塑性模型，失效准则采用 Hoek-Brown 强度准则，根据文献[22]选取地下实验室的 Hoek-Brown 强度准则计算参数，如表 6.3.1 所示。

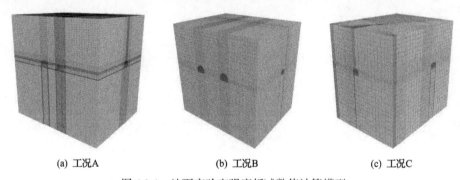

|          (a) 工况A          |          (b) 工况B          |          (c) 工况C          |

图 6.3.4　地下实验室强度折减数值计算模型

**表 6.3.1　地下实验室的 Hoek-Brown 强度准则计算参数**

| GSI | $\sigma_c$/MPa | $m_b$ | $s$ | $a$ | $D$ | $K$/GPa | $G$/GPa |
|------|------|------|------|------|------|------|------|
| 88.9 | 144.76 | 12.08 | 0.365 | 0.5 | 0.7 | 22.16 | 28.37 |

根据图 6.3.3 所示的计算流程，以 $\Delta K_i = 0.01$ 作为增量步，采用改进非线性强度折减计算程序进行地下实验室的施工开挖数值模拟分析，并得到地下实验室的安全系数。

#### 2. 非线性强度折减数值计算结果分析

图 6.3.5 为开挖完成后洞周塑性区分布云图。表 6.3.2 为工况 A 在不同强度折

减系数下的总塑性应变能增量及其突变特征值，工况 A 的总塑性应变能增量及其
突变特征值随强度折减系数 $K$ 的变化曲线如图 6.3.6 和图 6.3.7 所示。

(a) 工况A　　　　　　　　　(b) 工况B　　　　　　　　　(c) 工况C

图 6.3.5　开挖完成后洞周塑性区分布云图

表 6.3.2　工况 A 在不同强度折减系数下的总塑性应变能增量及其突变特征值

| 强度折减系数 | 总塑性应变能增量/MJ | 突变特征值 $\Delta$ |
|---|---|---|
| 1.1 | 0.024 | 0.337 |
| 1.2 | 0.024 | 0.292 |
| 1.3 | 0.026 | 0.274 |
| 1.4 | 0.027 | 0.219 |
| 1.5 | 0.030 | 0.230 |
| 1.6 | 0.035 | 0.218 |
| 1.7 | 0.043 | 0.192 |
| 1.8 | 0.056 | 0.170 |
| 1.9 | 0.077 | 0.154 |
| 2.0 | 0.111 | 0.135 |
| 2.1 | 0.167 | 0.127 |
| 2.2 | 0.257 | 0.131 |
| 2.3 | 0.404 | 0.123 |
| 2.4 | 0.644 | 0.115 |
| 2.5 | 1.033 | 0.113 |
| 2.6 | 1.667 | 0.099 |
| 2.7 | 2.120 | 0.061 |
| 2.75 | 2.699 | 0.023 |
| 2.78 | 4.170 | 0.003 |
| 2.79 | 11.880 | −0.305 |

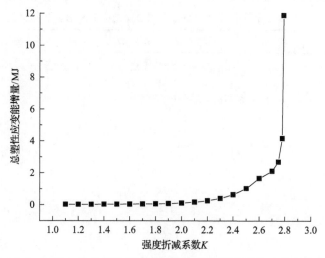

图 6.3.6 工况 A 的总塑性应变能增量随强度折减系数 K 的变化曲线

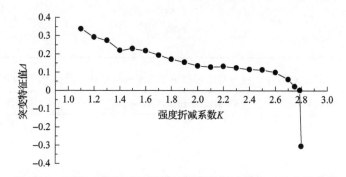

图 6.3.7 工况 A 的突变特征值 Δ 随强度折减系数 K 的变化曲线

由表 6.3.2、图 6.3.6 和图 6.3.7 分析可知：

(1) 在强度折减过程中，工况 A 中总塑性应变能增量的突变比较明显，当 $K<2.4$ 时，其变化率较小，当 K 到达 2.79 时，总塑性应变能增量急剧增长近 3 倍。

(2) 当 $K=2.78$ 时，$Δ=0.003>0$，说明此时洞群整体处于稳定状态；当 $K=2.79$ 时，$Δ=-0.305<0$，说明此时洞群整体发生失稳破坏。

(3) 在总塑性应变能增量发生突变时，突变特征值 Δ 恰好发生了从正到负的变化，表明洞群整体从稳定状态转化到失稳状态，因此 $K=2.78$ 便是工况 A 的洞群整体安全系数。

表 6.3.3 和表 6.3.4 分别是工况 B、C 在不同强度折减系数下的总塑性应变能增量及其突变特征值；图 6.3.8～图 6.3.11 分别是工况 B、C 的总塑性应变能增量及其突变特征值 Δ 随强度折减系数 K 的变化曲线。

**表 6.3.3　工况 B 在不同强度折减系数下的总塑性应变能增量及其突变特征值**

| 强度折减系数 | 总塑性应变能增量/MJ | 突变特征值 $\Delta$ |
|---|---|---|
| 1.1 | 0.247 | 0.211 |
| 1.2 | 0.251 | 0.069 |
| 1.3 | 0.259 | 0.065 |
| 1.4 | 0.272 | 0.062 |
| 1.5 | 0.297 | 0.057 |
| 1.6 | 0.343 | 0.051 |
| 1.7 | 0.427 | 0.045 |
| 1.8 | 0.581 | 0.039 |
| 1.9 | 0.862 | 0.036 |
| 2.0 | 1.376 | 0.033 |
| 2.1 | 2.316 | 0.030 |
| 2.2 | 4.036 | 0.031 |
| 2.3 | 7.184 | 0.026 |
| 2.33 | 8.563 | 0.023 |
| 2.34 | 26.695 | −0.048 |

**表 6.3.4　工况 C 在不同强度折减系数下的总塑性应变能增量及其突变特征值**

| 强度折减系数 | 总塑性应变能增量/MJ | 突变特征值 $\Delta$ |
|---|---|---|
| 1.1 | 0.054 | 0.436 |
| 1.2 | 0.054 | 0.269 |
| 1.3 | 0.055 | 0.226 |
| 1.4 | 0.057 | 0.217 |
| 1.5 | 0.059 | 0.191 |
| 1.6 | 0.063 | 0.158 |
| 1.7 | 0.070 | 0.161 |
| 1.8 | 0.080 | 0.139 |
| 1.9 | 0.098 | 0.110 |
| 2.0 | 0.127 | 0.115 |
| 2.1 | 0.176 | 0.102 |
| 2.2 | 0.256 | 0.103 |
| 2.3 | 0.388 | 0.096 |
| 2.4 | 0.607 | 0.104 |
| 2.5 | 0.968 | 0.080 |
| 2.6 | 1.565 | 0.049 |
| 2.7 | 2.552 | 0.015 |
| 2.73 | 2.959 | 0.011 |
| 2.74 | 10.362 | −0.310 |

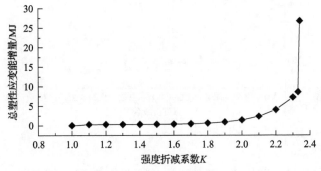

图 6.3.8　工况 B 的总塑性应变能增量随强度折减系数 $K$ 的变化曲线

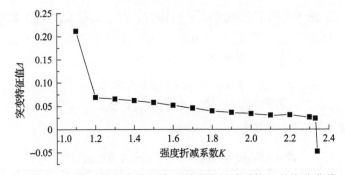

图 6.3.9　工况 B 的突变特征值 $\varDelta$ 随强度折减系数 $K$ 的变化曲线

由表 6.3.3、图 6.3.8 和图 6.3.9 分析可知：对工况 B 来说，当 $K$=2.33 时，基于总塑性应变能增量的突变特征值 $\varDelta$=0.023＞0，说明洞群整体处于稳定状态；当 $K$=2.34 时，基于总塑性应变能增量的突变特征值 $\varDelta$=−0.048＜0，说明此时洞群发生失稳破坏。因此，$K$=2.33 便是工况 B 的整体安全系数。

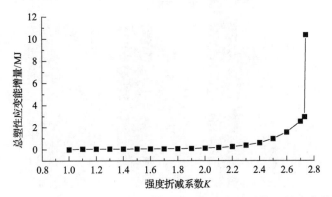

图 6.3.10　工况 C 的总塑性应变能增量随强度折减系数 $K$ 的变化曲线

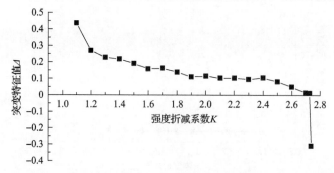

图 6.3.11　工况 C 的突变特征值 $\Delta$ 随强度折减系数 $K$ 的变化曲线

　　由表 6.3.4、图 6.3.10 和图 6.3.11 分析可知：对于工况 C，当 $K=2.73$ 时，基于总塑性应变能增量的突变特征值 $\Delta=0.011>0$，说明洞群整体处于稳定状态；当 $K=2.74$ 时，基于总塑性应变能增量的突变特征值 $\Delta=-0.310<0$，说明此时洞群发生失稳破坏。因此，$K=2.73$ 便是工况 C 的整体安全系数。

　　表 6.3.5 为数值计算与模型试验安全系数的对比。图 6.3.12 是数值计算与模型试验安全系数的柱状图对比。

**表 6.3.5　数值计算与模型试验安全系数的对比**

| 工况 | A | B | C |
| --- | --- | --- | --- |
| 计算得到的安全系数 | 2.78 | 2.33 | 2.73 |
| 模型试验超载安全系数 | 3.0 | 2.4 | 2.9 |

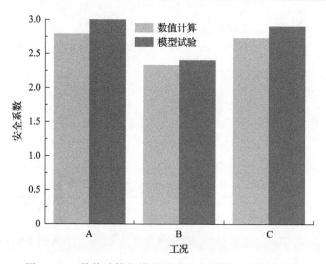

图 6.3.12　数值计算与模型试验安全系数的柱状图对比

由表 6.3.5 和图 6.3.12 分析可知：

(1)数值计算得到的安全系数略小于模型试验超载安全系数，但二者量值基本一致，最大误差没超过 8%，这验证了本节建立的改进非线性强度折减法的可靠性。

(2)针对不同工况计算得到的安全系数不尽相同。工况 A 的安全系数最大，工况 C 次之，工况 B 最小，这与模型超载试验结果一致。分析认为：工况 B 停车场的跨度最大，其安全系数最低；尽管工况 A 比工况 C 结构复杂，洞室跨度也大于工况 C，但工况 C 的洞室为 X 形斜向交叉，锐角交叉部位应力集中严重，该部位更容易出现失稳破坏，故工况 C 的计算安全系数小于工况 A，因此地下实验室设计中应避免洞室出现 X 形锐角交叉，建议采用直角交叉。

# 6.4　本 章 小 结

本章以甘肃北山我国首座高放废物深埋地质处置地下实验室为研究背景，首次开展了地下实验室施工开挖与支护大型真三维物理模型试验，在模型试验研究的基础上，应用尖点突变理论，建立了地下洞室围岩失稳能量判据，提出了基于 Hoek-Brown 强度准则的改进非线性强度折减分析方法，研究成果为地下实验室总体建设方案的设计优化提供了理论指导。本章主要研究成果如下：

(1)开展了北山地下实验室施工开挖与支护大型真三维物理模型试验，揭示了开挖过程中洞室之间的相互影响、开挖影响范围和支护锚固效应以及洞群超载变形特征与超载破坏规律，得到了地下实验室洞群体系的超载安全系数，有效验证了地下实验室的开挖顺序、开挖方式、支护形式和地下实验室的整体安全稳定性。

(2)建立了基于尖点突变理论的围岩失稳能量判据，提出了基于 Hoek-Brown 强度准则的改进非线性强度折减分析方法，据此计算得到北山地下实验室的整体安全系数，数值计算结果与模型试验结果基本一致，有效验证了本章建立的围岩失稳能量判据和改进非线性强度折减方法的可靠性。

(3)研究成果为优化地下实验室总体建设方案提供了理论和技术指导。

①在地下实验室施工过程中，圆形主巷道施工建议采用全断面开挖，开挖进尺为 2m。

②提升井通道和停车场等大断面洞室施工建议采用上下台阶法开挖，待上台阶开挖完成后再进行下台阶开挖，开挖进尺为 2m。

③为了保证洞群的安全稳定，建议将斜坡道落平巷与主巷道斜向 45°交叉方案改为大角度交叉方案。

④洞群纵横交错，开挖过程中洞室之间存在相互影响，后面开挖的洞室对前面已开挖洞室的位移和应力存在明显影响，为保证地下实验室洞群施工开挖与运行安全，建议对洞室交叉易损部位进行系统喷锚网支护。

## 参 考 文 献

[1] 郭永海, 王驹, 金远新. 世界高放废物地质处置库选址研究概况及国内进展. 地学前缘, 2001, 8(2): 327-332.

[2] 王驹. 世界高放废物地质处置发展透析. 中国核工业, 2015, (12): 36-39.

[3] 伍浩松, 赵宏. 全球高放废物处置库建设进展. 国外核新闻, 2016, (8): 25-29.

[4] 王驹, 陈伟明, 苏锐, 等. 高放废物地质处置及其若干关键科学问题. 岩石力学与工程学报, 2006, 25(4): 801-812.

[5] 王驹, 凌辉, 陈伟明. 高放废物地质处置库安全特性研究. 中国核电, 2017, 10(2): 270-278.

[6] 王驹. 中国高放废物地质处置 21 世纪进展. 原子能科学技术, 2019, 53(10): 2072-2082.

[7] Zhang Q Y, Zhang Y, Duan K, et al. Large-scale geo-mechanical model tests for the stability assessment of deep underground complex under true-triaxial stress. Tunnelling and Underground Space Technology, 2019, 83: 577-591.

[8] Zhang Q Y, Liu C C, Duan K, et al. True three-dimensional geomechanical model tests for stability analysis of surrounding rock during the excavation of a deep underground laboratory. Rock Mechanics and Rock Engineering, 2020, 53(2): 517-537.

[9] Zhao X G, Wang J, Cai M, et al. In-situ stress measurements and regional stress field assessment of the Beishan area, China. Engineering Geology, 2013, 163: 26-40.

[10] Liu C C, Zhang Q Y, Xiang W, et al. Experimental study on characteristics and mechanism of macrography and mesoscopic failure of deep granite from Beishan. Geotechnical and Geological Engineering, 2020, 38: 3815-3830.

[11] 郑颖人, 赵尚毅. 岩土工程极限分析有限元法及其应用. 土木工程学报, 2005, 38(1): 91-98.

[12] 郑颖人, 赵尚毅, 宋雅坤. 有限元强度折减法研究进展. 后勤工程学院学报, 2005, 21(3): 1-6.

[13] Matsui T, San K C. Finite element slope stability analysis by shear strength reduction technique. Soils and Foundations, 1992, 32(1): 59-70.

[14] 陈力华, 靳晓光. 有限元强度折减法中边坡三种失效判据的适用性研究. 土木工程学报, 2012, 45(9): 136-146.

[15] 桑博德. 突变理论及入门. 凌复华, 译. 上海: 上海科学技术出版社, 1983.

[16] 赵延林, 吴启红, 王卫军, 等. 基于突变理论的采空区重叠顶板稳定性强度折减法及应用. 岩石力学与工程学报, 2010, 29(7): 1424-1434.

[17] 刘传成. 深部地下实验室围岩稳定真三维物理模拟与非线性强度折减分析研究[博士学位论文]. 济南: 山东大学, 2020.

[18] Hoek E, Kaiser P K, Bawden W F. Support of underground excavations in hard rock. Rotterdam: A. A. Balkema, 1995.

[19] 郑颖人. 岩土塑性力学原理: 广义塑性力学. 北京: 中国建筑工业出版社, 2002.

[20] Benz T, Schwab R, Kauther R A, et al. A Hoek-Brown criterion with intrinsic material strength factorization. International Journal of Rock Mechanics and Mining Sciences, 2008, 45(2): 210-222.

[21] 尤涛, 戴自航, 卢才金, 等. Hoek-Brown 强度准则奇异屈服面的圆化方法及其强度折减技术与应用. 岩石力学与工程学报, 2017, 36(7): 1659-1669.

[22] 段庆伟, 曹瑞琅, 张强, 等. 地下实验室工程技术规程实验研究报告. 北京: 中国水利水电科学研究院, 2019.

# 第7章 大埋深油藏溶洞垮塌破坏数值模拟与物理模拟

随着社会经济的快速发展，资源对于人类社会的发展进步越来越重要，其中石油作为一种重要的能源和战略资源，在当代社会和国民经济中占有极其重要的地位。在众多油藏类型中，碳酸盐岩油藏是其中的重要类型，碳酸盐岩油藏在全球范围内分布广泛。据统计，世界上236个大型油田中，96个为碳酸盐岩油藏，而且储量规模大、产量高的油藏多为碳酸盐岩油藏，其储量约占总储量的50%，产量约占总产量的65%。世界上分布的碳酸盐岩油藏中有30%以上为缝洞型油藏，该类油藏的储集空间以构造变形产生的构造裂缝与岩溶作用形成的孔、洞、缝为主，其中大型洞穴是最主要的储集空间，裂缝既是主要的储集空间，也是主要的渗流通道[1~11]。在我国，这类油藏也有着广泛的分布，20世纪70年代以来，我国在胜利油田、华北油田和辽河油田相继发现和开发了三十多个碳酸盐岩油藏，并在20世纪90年代末发现了塔河油田。我国海相碳酸盐岩油气资源量大于$300 \times 10^8$t油当量，石油资源量约$150 \times 10^8$t，主要分布在塔里木盆地和华北地区，但探明率仅8%，其中缝洞型油藏占探明储量的2/3，是今后增储的主要领域。目前塔河油田缝洞型油藏储量规模已达到$13.2 \times 10^8$t，是我国今后油气战略的主要战场。中国碳酸盐岩油藏勘探开发呈现快速发展态势，尤其是塔里木盆地塔河油田发展迅速，塔河油田位于新疆维吾尔自治区库车县和轮台县境内，为典型的碳酸盐岩油藏，油藏埋深在5300~6200m，为特大型、超深层、低丰度的稠油油藏[12~15]。在采油过程中，随着地层压力的下降，井下发生了溶洞垮塌或大裂缝出油通道闭合，严重影响了油井的产量及油藏的采收率[16~21]，对此，研究者进行了广泛研究。例如，Loucks等[22,23]通过理论分析认为溶洞受到上部荷载的影响，在溶洞顶板处产生张拉应力，并产生张拉型裂缝，而溶洞侧壁受到剪切应力，引起侧壁处产生剪切裂缝，随着荷载的不断增大，裂缝扩展范围不断增加，最终导致溶洞顶板和洞壁发生垮塌，如图7.0.1所示。

Tang等[24]通过系统总结古代岩溶塌陷结构特征，认为现代岩溶塌陷主要是重力作用下产生裂缝并导致顶板和侧壁的垮塌；钱一雄等[25]通过比较塔中、塔北两

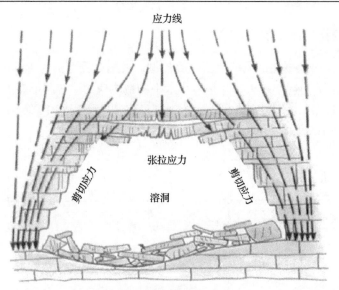

图 7.0.1　溶洞垮塌破坏示意图

个地区的古岩溶作用，发现在表生岩溶阶段和埋藏溶蚀阶段均可发生塌陷；张宝民等[26]指出古代岩溶塌陷过程中产生的大量非构造裂缝对地震解释和储集层预测具有重要意义；Zhu 等[27]针对碳酸盐岩压实破坏提出新的模型，从微观角度解释了碳酸盐岩溶洞的破坏机理。总的来看，目前研究者对油藏溶洞垮塌破坏的研究主要是通过对钻井岩芯和成像测井资料来分析判断溶洞的垮塌破坏现象，对油藏溶洞垮塌破坏条件和力学成因还不是十分清楚，为弄清缝洞型油藏溶洞垮塌破坏机制，本章以埋深超过 5000m 的新疆塔河油田大埋深碳酸盐岩油藏溶洞为研究背景工程，采用数值模拟和物理模拟，研究了不同工况条件下典型溶洞的垮塌破坏规律，为优化开采工艺提供了科学依据。

## 7.1　不同期次构造应力作用下油藏溶洞垮塌破坏数值模拟

本节采用颗粒离散元法开展不同期次构造应力作用下不同洞型溶洞的垮塌破坏数值模拟，得到典型溶洞的垮塌破坏演化规律。

颗粒离散元是一种特殊的离散元计算方法[28,29]，专门用于模拟固体力学大变形问题和颗粒流动问题。它通过采用离散元法来模拟圆形颗粒介质的运动及其相互作用，由平面内的平动和转动运动方程来确定每一时刻颗粒的位置和速度。颗粒离散元既可直接模拟圆形颗粒的运动与相互作用，也可以通过两个或多个颗粒以其直接相邻的颗粒连接成任意形状的组合体来模拟块体结构。

### 7.1.1　数值模型与计算参数

图 7.1.1 为典型概化溶洞的数值计算模型，模型计算范围为 100m×100m，图中 $\sigma_1$ 是最大水平构造主应力、$\sigma_3$ 是最小水平构造主应力。溶洞形态的主要几何参数是：$L$=10m，$h$=10m，$D$=10m。表 7.1.1 为洞区不同期次构造应力。表 7.1.2 为洞区围岩物理力学参数。

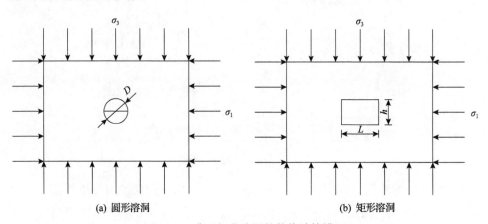

(a) 圆形溶洞　　　　　　　　　　　　(b) 矩形溶洞

图 7.1.1　典型概化溶洞的数值计算模型

$L$ 表示溶洞洞跨；$h$ 表示矩形溶洞高度；$D$ 表示溶洞直径

**表 7.1.1　洞区不同期次构造应力**

| 构造应力期次 | 最大主应力 $\sigma_1$/MPa | 最小主应力 $\sigma_3$/MPa |
| --- | --- | --- |
| 加里东中晚期 | 90 | 54 |
| 海西早期 | 110 | 76 |
| 海西晚期 | 93 | 93 |
| 印支燕山喜山期 | 79 | 57 |

**表 7.1.2　洞区围岩物理力学参数**

| 弹性模量 /GPa | 泊松比 | 抗压强度 /MPa | 抗拉强度 /MPa | 内摩擦角 /(°) | 黏聚力 /MPa | 垂向应力梯度 /(MPa/m) | 水平应力梯度 /(MPa/m) |
| --- | --- | --- | --- | --- | --- | --- | --- |
| 36.3 | 0.25 | 74.2 | 2.8 | 36 | 2 | 0.025 | 0.0155 |

在计算溶洞在不同期次构造应力作用下的垮塌破坏时，每一期次计算完成后，如果溶洞没有发生垮塌破坏，则以该期溶洞的最终形态作为下一期次构造应力计算的初始洞形状态，继续施加下一期次构造应力进行计算，直至溶洞完全垮塌破坏。

#### 7.1.2　溶洞垮塌破坏演化规律

圆形溶洞在加里东中晚期→海西早期→海西晚期→印支燕山喜山期构造应力作用下的垮塌破坏演化过程如图 7.1.2 所示。

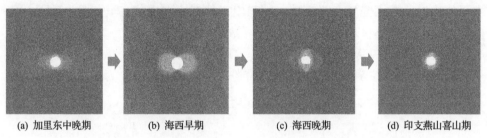

(a) 加里东中晚期　　　(b) 海西早期　　　(c) 海西晚期　　　(d) 印支燕山喜山期

图 7.1.2　不同期次构造应力作用下圆形溶洞垮塌破坏过程

由图 7.1.2 分析可知：在加里东中晚期、海西早期、海西晚期和印支燕山喜山期构造应力作用下，圆形溶洞较为稳定，在完整经历四期构造应力作用后，溶洞仍保持稳定状态，溶洞洞周仅产生微小的向洞内的收缩变形，计算结果发现圆形溶洞始终没有发生垮塌破坏。

图 7.1.3 为加里东中晚期和海西早期构造应力作用下矩形溶洞垮塌破坏过程。

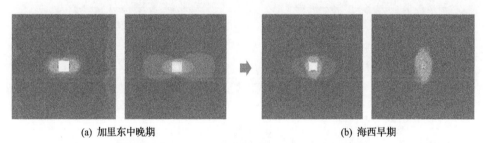

(a) 加里东中晚期　　　　　　　　　(b) 海西早期

图 7.1.3　加里东中晚期和海西早期构造应力作用下矩形溶洞垮塌破坏过程

由图 7.1.3 分析可知：

(1)加里东中晚期时，矩形溶洞在最大主应力作用方向产生应力集中，溶洞左右边墙产生向洞内的挠曲破坏，溶洞基本保持稳定状态。

(2)加载到海西早期时，构造应力的突增使得溶洞应力集中区扩散到上下边墙，溶洞四个面均出现剪切破坏，最终导致溶洞产生垮塌破坏。

## 7.2　不同充填状态下油藏溶洞垮塌破坏数值模拟

为研究不同充填状态下溶洞的垮塌破坏，本节采用基于有限元的岩石破裂过程分析软件 RFPA[30]开展典型充填溶洞的垮塌破坏数值模拟，揭示不同充填介质和充填状态对溶洞垮塌破坏的影响规律。

### 7.2.1　数值计算模型

采用平面模型，模型的下边界约束，上边界施加竖向应力，左右边界施加水平应力。考虑无充填、半充填、满充填三种充填方式，充填介质为砂泥、角砾和水，溶洞充填状态如图 7.2.1 所示。数值模拟范围为 150m×100m；最大水平构造主应力 $\sigma_1$ =90MPa，自重应力 $\sigma_3$ =180MPa；顶板厚度 $d$ =25m；矩形溶洞洞跨 $L$ =10m，洞高 $h$ =10m；圆形溶洞直径 $D$ =10m。表 7.2.1 为充填介质的物理力学参数。

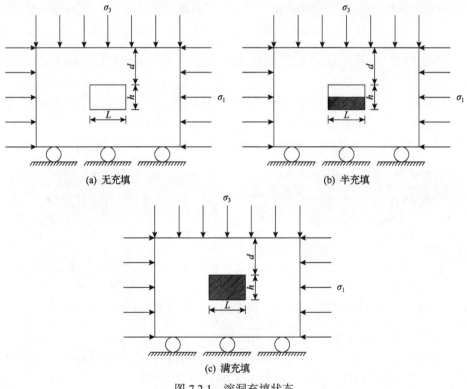

(a) 无充填　　　　　　　　　　(b) 半充填

(c) 满充填

图 7.2.1　溶洞充填状态

表 7.2.1　充填介质的物理力学参数

| 充填介质 | 容重 /(kN/m³) | 泊松比 | 弹性模量 /MPa | 抗压强度 /MPa | 抗拉强度 /MPa | 内摩擦角 /(°) | 黏聚力 /MPa |
|---|---|---|---|---|---|---|---|
| 砂泥 | 24 | 0.12 | 5000 | 25 | 1.73 | 30 | 0.1 |
| 角砾 | 25.6 | 0.232 | 15000 | 35 | 2 | 40 | 3.2 |

### 7.2.2　不同充填状态圆形溶洞垮塌破坏规律

图 7.2.2～图 7.2.8 分别为不同充填状态圆形溶洞的垮塌破坏过程。表 7.2.2 为不同充填状态圆形溶洞临界垮塌深度计算值。

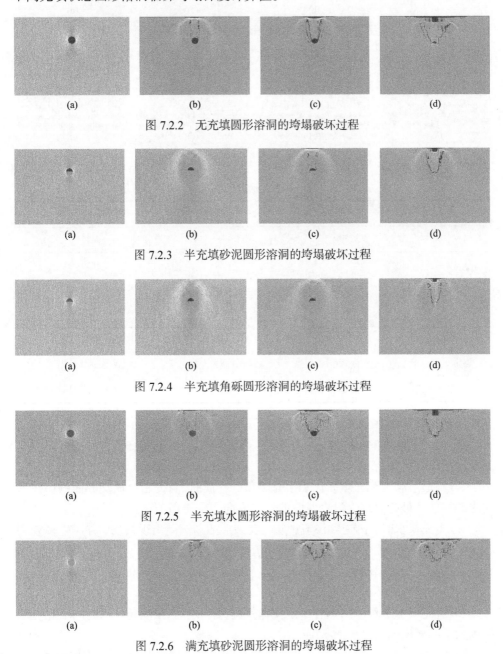

图 7.2.2　无充填圆形溶洞的垮塌破坏过程

图 7.2.3　半充填砂泥圆形溶洞的垮塌破坏过程

图 7.2.4　半充填角砾圆形溶洞的垮塌破坏过程

图 7.2.5　半充填水圆形溶洞的垮塌破坏过程

图 7.2.6　满充填砂泥圆形溶洞的垮塌破坏过程

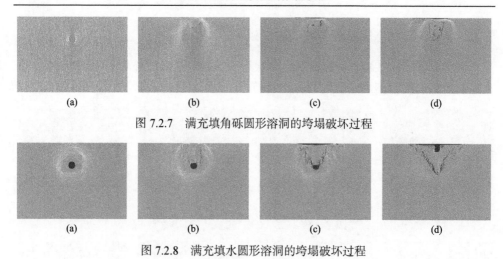

(a)　　　　　　　(b)　　　　　　　(c)　　　　　　　(d)

图 7.2.7　满充填角砾圆形溶洞的垮塌破坏过程

(a)　　　　　　　(b)　　　　　　　(c)　　　　　　　(d)

图 7.2.8　满充填水圆形溶洞的垮塌破坏过程

表 7.2.2　不同充填状态圆形溶洞临界垮塌深度计算值

| 工况 | 充填状态 | 充填介质 | 临界垮塌深度/m |
|---|---|---|---|
| 1 | 无充填 | — | 6400 |
| 2 |  | 水 | 5830 |
| 3 | 半充填 | 砂泥 | 6680 |
| 4 |  | 角砾 | 6740 |
| 5 |  | 水 | 7400 |
| 6 | 满充填 | 砂泥 | 8000m 时未垮塌 |
| 7 |  | 角砾 | 8000m 时未垮塌 |

由表 7.2.2 和图 7.2.2～图 7.2.8 分析可知：

(1)无充填状态时，圆形溶洞顶板产生向下的挠曲，溶洞在顶板的变形过程中逐渐被压扁、压实。

(2)圆形溶洞在半充填砂泥和半充填角砾介质时，首先沿介质交界面的切线方向出现损伤，最终表现为沿着两侧的切线方向产生垮塌破坏。

(3)半充填水时，因受到渗流影响，在圆形溶洞洞周出现损伤，并产生多条裂缝，最终形成的破损带远大于不考虑渗流的状况。

(4)满充填砂泥和满充填角砾圆形溶洞稳定性较好，在 8000m 埋深时仍没有出现明显的垮塌破坏。

(5)满充填水压对溶洞具有一定支撑作用，圆形溶洞在满充填水时的临界垮塌深度大于半充填软弱介质的状况。

因此，溶洞充填范围越大、充填介质强度越高，溶洞临界垮塌深度越大，其稳定性越好。

图 7.2.9 和图 7.2.10 为不同充填状态圆形溶洞的垮塌破坏影响范围。表 7.2.3 为不同充填状态圆形溶洞垮塌破坏影响范围值。

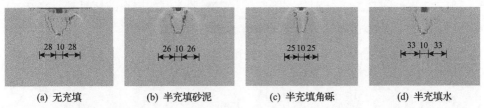

(a) 无充填　　　　(b) 半充填砂泥　　　　(c) 半充填角砾　　　　(d) 半充填水

图 7.2.9　无充填和半充填状态圆形溶洞的垮塌破坏影响范围(单位：m)

(a) 满充填砂泥　　　　　　(b) 满充填角砾　　　　　　(c) 满充填水

图 7.2.10　满充填状态圆形溶洞垮塌破坏影响范围(单位：m)

**表 7.2.3　不同充填状态圆形溶洞垮塌破坏影响范围值**

| 工况 | 充填程度 | 充填介质 | 垮塌破坏影响范围 |
| --- | --- | --- | --- |
| 1 | 无充填 | — | 2.8 倍洞径 |
| 2 | | 水 | 3.3 倍洞径 |
| 3 | 半充填 | 砂泥 | 2.6 倍洞径 |
| 4 | | 角砾 | 2.5 倍洞径 |
| 5 | | 水 | 2.6 倍洞径 |
| 6 | 满充填 | 砂泥 | 2.5 倍洞径 |
| 7 | | 角砾 | 2.2 倍洞径 |

由图 7.2.9、图 7.2.10 和表 7.2.3 分析可知：

(1) 充填介质的强度越高，溶洞垮塌破坏影响范围越小。圆形溶洞充填角砾的垮塌破坏影响范围小于充填砂泥的垮塌破坏影响范围，充填砂泥的垮塌破坏影响范围小于充填水的垮塌破坏影响范围。

(2) 介质充填范围越大，溶洞垮塌破坏影响范围越小。圆形溶洞满充填垮塌破坏影响范围小于半充填垮塌破坏影响范围，半充填垮塌破坏影响范围小于无充填垮塌破坏影响范围。

(3)不同充填状态条件下，圆形溶洞的垮塌破坏影响范围为 2.2～2.8 倍洞径。

### 7.2.3 不同充填状态矩形溶洞垮塌破坏规律

图 7.2.11～图 7.2.17 分别为不同充填状态矩形溶洞的垮塌破坏过程。表 7.2.4 为不同充填状态矩形溶洞临界垮塌深度计算值。

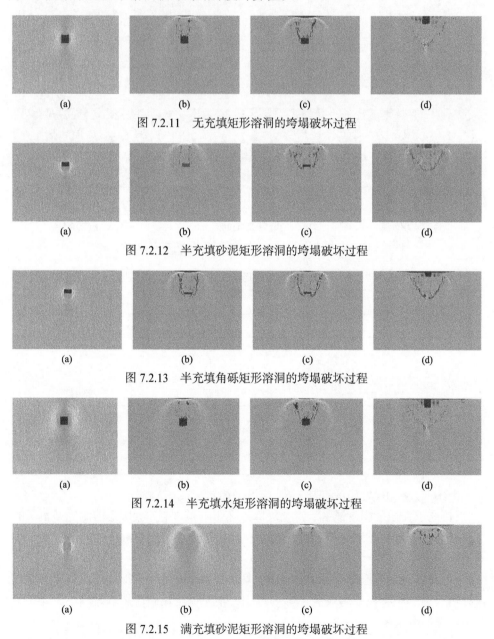

  (a)      (b)      (c)      (d)

图 7.2.11 无充填矩形溶洞的垮塌破坏过程

  (a)      (b)      (c)      (d)

图 7.2.12 半充填砂泥矩形溶洞的垮塌破坏过程

  (a)      (b)      (c)      (d)

图 7.2.13 半充填角砾矩形溶洞的垮塌破坏过程

  (a)      (b)      (c)      (d)

图 7.2.14 半充填水矩形溶洞的垮塌破坏过程

  (a)      (b)      (c)      (d)

图 7.2.15 满充填砂泥矩形溶洞的垮塌破坏过程

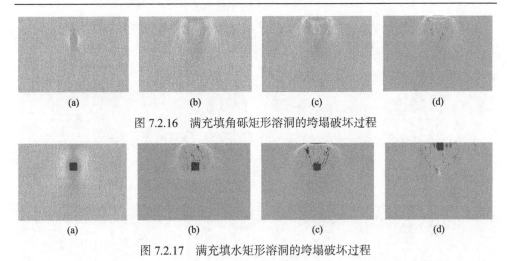

图 7.2.16　满充填角砾矩形溶洞的垮塌破坏过程

图 7.2.17　满充填水矩形溶洞的垮塌破坏过程

表 7.2.4　不同充填状态矩形溶洞临界垮塌深度计算值

| 工况 | 充填程度 | 充填介质 | 临界垮塌深度/m |
| --- | --- | --- | --- |
| 1 | 无充填 | — | 5900 |
| 2 | | 水 | 5320 |
| 3 | 半充填 | 砂泥 | 6300 |
| 4 | | 角砾 | 6460 |
| 5 | | 水 | 7020 |
| 6 | 满充填 | 砂泥 | 8000m 时未垮塌 |
| 7 | | 角砾 | 8000m 时未垮塌 |

由图 7.2.11～图 7.2.17 和表 7.2.4 分析可知：

(1)无充填时，矩形溶洞顶角的应力集中最为明显，并逐渐产生局部损伤，最终溶洞顶板产生向下的挠曲，发生垮塌破坏，该破坏为沿溶洞两侧的竖向剪切破坏。

(2)半充填砂泥和半充填角砾介质的矩形溶洞在沿交界面的切线方向和顶角处均出现不同程度的损伤，形成贯穿的斜向剪切裂缝。

(3)满充填砂泥和满充填角砾介质的矩形溶洞在 8000m 埋深时仍没有出现明显的垮塌现象。

(4)充填水的矩形溶洞受到渗流影响，在洞周均出现损伤，并向外扩展产生多条微裂缝，最终形成的裂缝远大于不考虑渗流时的工况。

(5)考虑渗流时矩形溶洞稳定性差，但满充填水对溶洞的支撑作用使得其相对于空洞较为稳定。

(6)充填介质范围越大、充填介质强度越高，矩形溶洞临界垮塌深度越大。

　　图 7.2.18 和图 7.2.19 分别为不同充填状态矩形溶洞的垮塌破坏影响范围。表 7.2.5 为不同充填状态矩形溶洞垮塌破坏影响范围值。

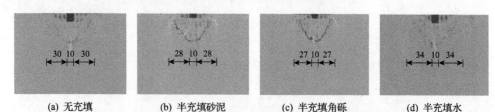

(a) 无充填　　　　　　(b) 半充填砂泥　　　　　(c) 半充填角砾　　　　　(d) 半充填水

图 7.2.18　无充填和半充填矩形溶洞的垮塌破坏影响范围(单位：m)

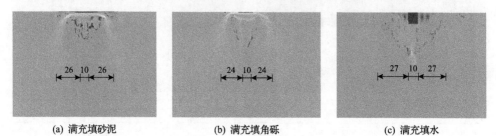

(a) 满充填砂泥　　　　　　　(b) 满充填角砾　　　　　　　(c) 满充填水

图 7.2.19　满充填矩形溶洞的垮塌破坏影响范围(单位：m)

表 7.2.5　不同充填状态矩形溶洞垮塌破坏影响范围值

| 工况 | 充填程度 | 充填介质 | 垮塌破坏影响范围 |
| --- | --- | --- | --- |
| 1 | 无充填 | — | 3 倍洞径 |
| 2 | | 角砾 | 2.7 倍洞径 |
| 3 | 半充填 | 砂泥 | 2.8 倍洞径 |
| 4 | | 水 | 3.4 倍洞径 |
| 5 | | 角砾 | 2.4 倍洞径 |
| 6 | 满充填 | 砂泥 | 2.6 倍洞径 |
| 7 | | 水 | 2.7 倍洞径 |

由图 7.2.18、图 7.2.19 和表 7.2.5 分析可知：

(1)充填介质强度越高、介质充填范围越大,矩形溶洞的垮塌破坏影响范围越小。

(2)不同充填状态矩形溶洞的垮塌破坏影响范围为 2.4～3 倍洞径。

## 7.3　缝洞型油藏溶洞垮塌破坏数值模拟

　　缝洞型碳酸盐岩油藏储集空间主要由溶洞和裂缝组合而成,裂缝的存在不容忽视,因此本节在前面研究的基础上,利用颗粒离散元计算得到含缝半充填溶洞的垮塌破坏规律。

图 7.3.1 为含高角度裂缝半充填圆形溶洞的数值计算模型，溶洞直径 $D$=10m，顶板厚度 $d$=45m，裂缝高度 $h'$=6m，裂缝间距 $L$=6m，最大水平构造主应力 $\sigma_1$=90MPa，自重应力 $\sigma_3$=180MPa，数值计算范围为 150m×100m。

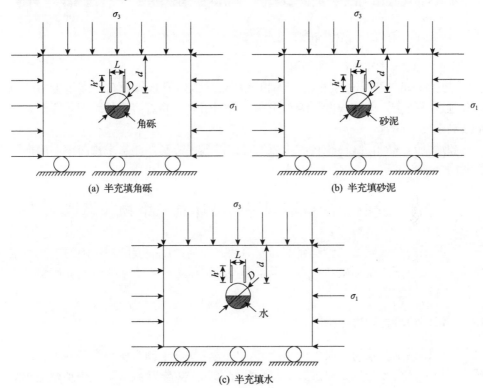

(a) 半充填角砾　　　　　　　　　　　　(b) 半充填砂泥

(c) 半充填水

图 7.3.1　含高角度裂缝半充填圆形溶洞的数值计算模型

图 7.3.2～图 7.3.4 为含高角度裂缝半充填圆形溶洞的垮塌破坏过程。

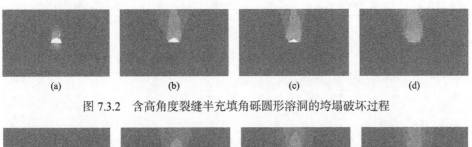

(a)　　　　　　(b)　　　　　　(c)　　　　　　(d)

图 7.3.2　含高角度裂缝半充填角砾圆形溶洞的垮塌破坏过程

(a)　　　　　　(b)　　　　　　(c)　　　　　　(d)

图 7.3.3　含高角度裂缝半充填砂泥圆形溶洞的垮塌破坏过程

图 7.3.4　含高角度裂缝半充填水圆形溶洞的垮塌破坏过程

由图 7.3.2～图 7.3.4 分析可知:

(1)溶洞垮塌破坏过程中向下的拉拽作用导致溶洞顶部分布的高角度裂缝由近及远逐渐闭合,即高角度裂缝首先在近洞端闭合,随着溶洞的垮塌,逐渐延伸至远洞端完全闭合。

(2)为防止高角度裂缝闭合,可以通过向洞缝内部高压注水来预防溶洞垮塌和裂缝闭合现象发生。

# 7.4　缝洞型油藏溶洞垮塌破坏真三维物理模拟

本节采用物理模型试验研究不同充填状态含高角度裂缝的圆形溶洞在真三维高地应力条件下的变形破坏过程,揭示典型构造应力作用下油藏溶洞的垮塌破坏机制,并验证数值计算结果的可靠性。

## 7.4.1　溶洞垮塌物理模拟相似材料

选取模型试验几何相似比尺 $C_l$ =50,以精铁粉、重晶石粉、石英砂为骨料,松香酒精溶液为胶结剂,通过大量材料配比和相关力学参数试验,得到满足相似条件的模型材料配比,如表 7.4.1 所示。

**表 7.4.1　模型相似材料配比(溶洞垮塌物理模拟)**

| 岩石类型 | 材料配比 I:B:S | 胶结剂浓度/% | 胶结剂占材料总重/% |
|---|---|---|---|
| 碳酸盐岩 | 1:0.67:0.25 | 18 | 6.5 |
| 砂岩 | 1:0.67:0.55 | 2.5 | 6.5 |
| 角砾 | 1:0.5:0.5 | 8 | 6.5 |

注:1)精铁粉、重晶石粉、石英砂含量用字母 I、B、S 代表。
　　2)胶结剂浓度为松香溶解于高浓度医用酒精后的溶液浓度。

## 7.4.2　溶洞垮塌物理模拟方案

原型模拟范围为 35m×35m×35m,模型模拟范围为 0.7m×0.7m×0.7m;原型溶洞直径为 5m,模型溶洞直径为 100mm;垂直布置的模型高角度裂缝尺寸为 100mm(长)×60mm(高)×10mm(厚),模型裂缝间距为 60mm。洞区原型地应力为:自重应力 $\sigma_1$ =150MPa、最大水平主应力 $\sigma_2$ =90MPa、最小水平主应力 $\sigma_3$ =54MPa;

模型地应力为：自重应力 $\sigma_1$=3MPa、最大水平主应力 $\sigma_2$=1.8MPa、最小水平主应力 $\sigma_3$=1.08MPa。图 7.4.1 为模型试验真三维初始地应力加载示意图。

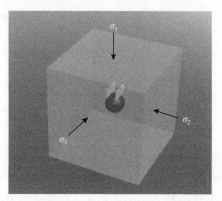

图 7.4.1　模型试验真三维初始地应力加载示意图

地质模型体采用分层压实风干法制作，采用融冰成腔工艺制作球形空洞，在模型体洞周布设了微型多点位移计、应变片和微型压力盒等传感器来实时监测洞周位移与应力变化状况。图 7.4.2 为模型分层压实示意图。

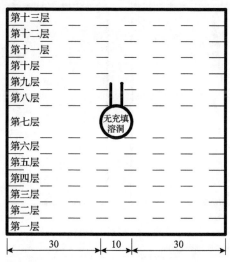

图 7.4.2　模型分层压实示意图(单位：cm)

### 7.4.3　溶洞垮塌物理模拟结果分析

1. 洞周位移和应力变化规律

表 7.4.2 为模型分步加载应力值。图 7.4.3 为洞周测线与测点布设示意图。图 7.4.4 为洞周测点径向位移随加载步的变化曲线。图 7.4.5 为加载结束洞周径向

位移变化曲线。图 7.4.6 为加载结束洞周应力变化曲线, 这里位移朝向洞内为 "+", 受压为 "+", 受拉为 "-"。

由图 7.4.4~图 7.4.6 分析可知:

(1) 当加载应力达到最终荷载的 50% 时, 洞顶位移由 53mm 突增到 120mm, 增幅为 126%, 溶洞顶板开始产生裂缝, 当加载到最终应力时, 位移曲线出现显著突变, 无充填溶洞发生了垮塌破坏。

表 7.4.2　模型分步加载应力值

| 加载步 | $\sigma_1$/MPa | $\sigma_2$/MPa | $\sigma_3$/MPa |
| --- | --- | --- | --- |
| 1 | 15 | 5.4 | 9 |
| 2 | 30 | 10.8 | 18 |
| 3 | 45 | 16.2 | 27 |
| 4 | 60 | 21.6 | 36 |
| 5 | 75 | 27 | 45 |
| 6 | 90 | 32.4 | 54 |
| 7 | 105 | 37.8 | 63 |
| 8 | 120 | 43.2 | 72 |
| 9 | 135 | 48.6 | 81 |
| 10 | 150 | 54 | 90 |

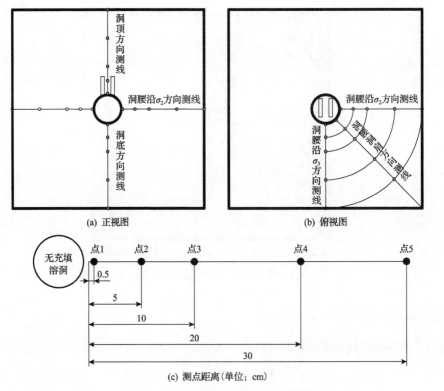

(a) 正视图　　　　　　　　(b) 俯视图

(c) 测点距离(单位: cm)

图 7.4.3　洞周测线与测点布设示意图

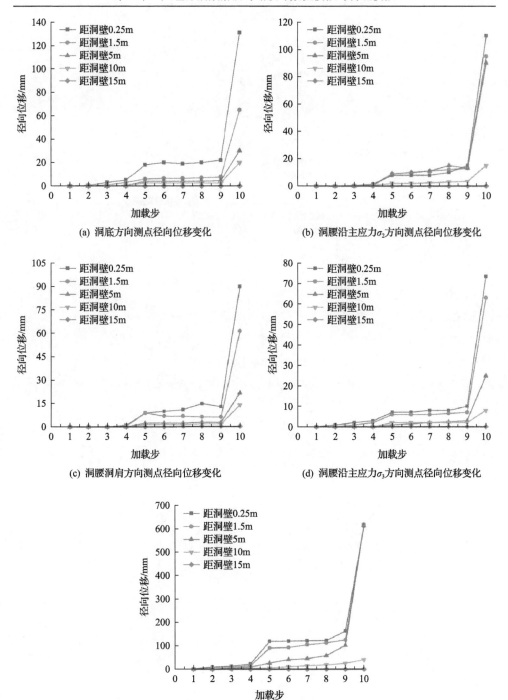

(a) 洞底方向测点径向位移变化

(b) 洞腰沿主应力$\sigma_2$方向测点径向位移变化

(c) 洞腰洞肩方向测点径向位移变化

(d) 洞腰沿主应力$\sigma_3$方向测点径向位移变化

(e) 洞顶方向测点径向位移变化

图 7.4.4 洞周测点径向位移随加载步的变化曲线

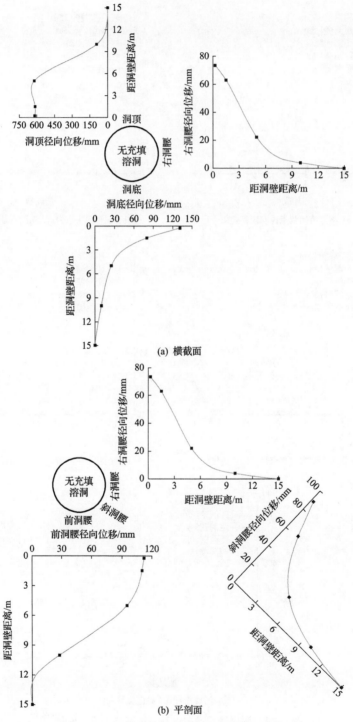

(a) 横截面

(b) 平剖面

图 7.4.5　加载结束洞周径向位移变化曲线

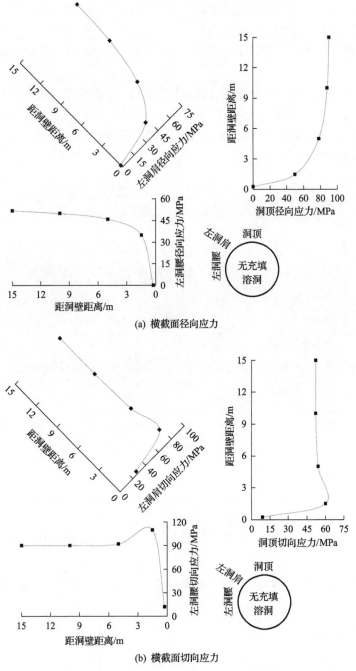

(a) 横截面径向应力

(b) 横截面切向应力

图 7.4.6　加载结束洞周应力变化曲线

（2）加载过程中围岩向洞内产生收敛变形，距洞壁越近，围岩径向位移越大。1 倍洞径范围内围岩位移受加载影响变化显著，超过此范围，应力加载对围岩变形的影响逐渐减小，2倍洞径部位仍有一定位移，在3倍洞径处位移为0，表明溶洞的垮塌破坏影响范围为2~3倍洞径。

（3）洞顶变形远大于洞周其他部位，表明洞顶相对其他部位更容易产生垮塌破坏。

（4）靠近洞壁，径向应力产生释放，距洞壁越近，径向应力越小，随着距洞壁距离的增大，径向应力逐渐趋向于原岩应力；围岩切向应力发生应力集中，随着距洞壁距离由近及远呈现先增大后减小的趋势，最终趋向于原岩应力，在围岩深部形成范围更大的压力拱。

### 2. 溶洞垮塌破坏规律

试验完毕，将模型体剖开，无充填溶洞垮塌破坏状况如图7.4.7所示。

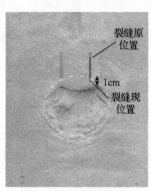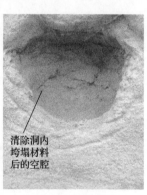

(a) 模型剖视图　　　　　　(b) 破坏前后洞缝位置　　　　　　(c) 破坏后残余洞腔

图7.4.7　无充填溶洞垮塌破坏状况

由图7.4.7分析可知：

（1）在典型构造地应力作用下，溶洞顶板整体下沉，靠近洞顶裂缝处最为薄弱，垮塌溶洞顶板呈M形，溶洞下半部呈扁球状。

（2）溶洞以压剪破坏模式为主，垮塌后溶洞下半部洞周产生环绕洞壁的剪切破坏带。

（3）溶洞顶板下沉的拉拽作用使洞顶裂缝完全闭合，裂缝闭合从洞顶近端向远端发展。

### 3. 模型试验结论

（1）随着距洞壁距离的增大，洞周位移逐渐减小，径向应力逐渐增大并趋向于原岩应力，切向应力先增大后减小，最终趋向于原岩应力。

（2）洞顶方向的变形远大于其他方向的变形，洞顶相对其他部位更容易产生垮塌破坏。

（3）含缝无充填溶洞的垮塌破坏影响范围为 2～3 倍洞径。

### 7.4.4　溶洞垮塌物理模拟与数值模拟对比

图 7.4.8 为溶洞模型试验与数值模拟垮塌破坏对比。图 7.4.9 为溶洞模型试验与数值模拟位移变化曲线对比。

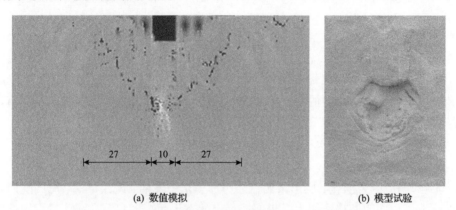

(a) 数值模拟　　　　　　　　　　　　　(b) 模型试验

图 7.4.8　溶洞模型试验与数值模拟垮塌破坏对比（单位：m）

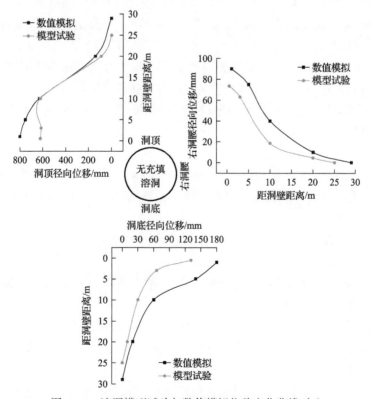

图 7.4.9　溶洞模型试验与数值模拟位移变化曲线对比

由图 7.4.8 和图 7.4.9 分析可知:

(1)模型试验溶洞垮塌破坏影响范围为 2~3 倍洞径,数值模拟溶洞垮塌破坏影响范围为 2.2~2.9 倍洞径。

(2)模型试验和数值模拟在溶洞垮塌破坏模式、垮塌破坏影响范围以及洞周位移和应力变化规律方面基本一致,模型试验有效验证了数值计算结果的可靠性。

# 7.5　本 章 小 结

本章以塔河缝洞型油藏为研究背景,通过数值模拟,揭示了不同期次构造应力和充填状态下典型溶洞的垮塌破坏演化规律,通过三维物理模拟验证了数值计算结果的可靠性,得到如下研究成果:

(1)计算得到不同期次构造应力作用下溶洞的垮塌破坏过程,揭示了不同洞型溶洞的垮塌破坏演化规律。

① 随构造应力演化,圆形溶洞在经历加里东中晚期、海西早期、海西晚期和印支燕山喜山期四期构造应力后仍保持稳定状态,而矩形溶洞在海西早期构造应力作用下发生垮塌破坏。

② 在破坏模式上,圆形溶洞主要产生压实破坏,矩形溶洞边墙向洞内挠曲变形,产生剪切破坏。

(2)计算得到不同充填介质和充填状态下溶洞的垮塌破坏模式和垮塌破坏影响范围,揭示了充填介质和充填状态对溶洞垮塌破坏的影响。

① 充填范围越大、充填介质强度越高,溶洞临界垮塌深度越大,溶洞垮塌破坏影响范围越小。

② 充填溶洞垮塌破坏影响范围为 2.2~3 倍洞径。

③ 半充填角砾和砂泥介质时,溶洞在介质交界面先产生损伤,然后向最小主应力方向发展,最终形成斜贯通剪切裂缝;充填流体时,溶洞洞周出现损伤,没有明显的剪切裂缝。

④ 高角度裂缝首先在近洞端闭合,随着溶洞的垮塌,逐渐延伸至远洞端完全闭合。

(3)通过含缝无充填溶洞的垮塌破坏物理模拟,揭示了溶洞垮塌破坏机制,有效验证了数值计算结果的可靠性。

① 随距洞壁距离的增加,围岩变形逐渐减小,直至没有影响。

② 随加载进行,洞周径向应力释放、切向应力增加,随距洞壁距离的增加,围岩应力逐渐趋向于原岩应力。

③ 垂直布置的裂缝随加载首先从近洞端开始闭合,逐渐发展到远洞端闭合。

④ 满充填砂泥溶洞的稳定性大于满充填水溶洞的稳定性,无充填溶洞的稳定性最差。

(4)为防止油藏溶洞发生垮塌,应在采油过程中向溶洞内部进行满充填高压注水。海西早期构造应力是不同期次构造应力作用下溶洞发生垮塌的重要诱因,因此准确查明海西早期构造应力分布十分重要。溶洞垮塌破坏过程中向下的拉拽作用导致溶洞顶部分布的高角度裂缝由近及远逐渐闭合,为防止高角度裂缝闭合,可以通过向洞缝内部高压注水来预防溶洞垮塌和裂缝闭合现象发生。

## 参 考 文 献

[1] Sternbach C A, Friedman G M, et al. Radioisotope X-ray fluorescence: A rapid, precise, inexpensive method to determine bulk elemental concentrations of geologic samples for determination of porosity in hydrocarbon reservoirs. Chemical Geology, 1985, 51(4): 165-174.

[2] Kang Z J, Li J L, Zhang D L, et al. Percolation characteristics of fractured-vuggy carbonate reservoir in Tahe oilfield. Oil and Gas Geology, 2005, 26(5): 635-673.

[3] Kang Y Z. Characteristics and distribution laws of paleokarst hydrocarbon reservoirs in palaeozoic carbonate formations in China. National Gas Industry, 2008, 28(6): 1-12.

[4] 罗强. 碳酸盐岩应力-应变关系与微结构分析. 岩石力学与工程学报, 2008, 27(S1): 2656-2660.

[5] 郑兴平, 沈安江. 埋藏岩溶洞穴垮塌应力的空间变化图版及其在碳酸盐岩缝洞型储层地质评价预测中的意义. 海相油气地质, 2009, 14(4): 55-59.

[6] Huang Z Q, Yao J, Li Y J, et al. Permeability analysis of fractured vuggy porous media based on homogenization theory. Science China Technological Sciences, 2010, 53(3): 839-847.

[7] Wang L, Dou Z L, Lin T, et al. Study on the visual modeling of water flooding in carbonate fracture-cavity reservoir. Journal of Southwest Petroleum University, 2011, 33(2): 121-124.

[8] Guo J C, Nie R S, Jia Y L. Dual permeability flow behavior for modeling horizontal well production in fractured-vuggy carbonate reservoirs. Journal of Hydrology, 2012, 464-465: 281-293.

[9] Jia Y L, Fan X Y, Nie R S, et al. Flow modeling of well test analysis for porous-vuggy carbonate reservoirs. Transport in Porous Media, 2013, 97(2): 253-279.

[10] Huang Z Q, Yao J, Wang Y Y. An efficient numerical model for immiscible two-phase flow in fractured karst reservoirs. Communications in Computational Physics, 2013, 13(2): 540-558.

[11] Li S, Kang Y, You L, et al. Experimental and numerical investigation of multiscale fracture deformation in fractured-vuggy carbonate reservoirs. Arabian Journal for Science & Engineering, 2014, 39(5): 15-18.

[12] 李宗宇, 杨磊. 塔河油田奥陶系油藏地层压力分析. 新疆石油地质, 2001, 22(6): 511-512.

[13] 杨坚, 吴涛. 塔河油田碳酸盐岩缝洞型油气藏开发技术研究. 石油天然气学报, 2008, 30(3): 326-328.

[14] 鲁新便, 蔡忠贤. 缝洞型碳酸盐岩油藏古溶洞系统与油气开发——以塔河碳酸盐岩溶洞型油藏为例. 石油与天然气地质, 2010, 31(1): 22-27.

[15] 李阳. 塔河油田碳酸盐岩缝洞型油藏开发理论及方法. 石油学报, 2013, 34(1): 115-121.

[16] Aadnoy B S. Effects of reservoir depletion on borehole stability. Journal of Petroleum Science and Engineering, 1991, 6(1): 57-61.

[17] Adam P K, George A M. Effects of diagenetic processes on seismic velocity anisotropy in near-surface sandstone and carbonate rocks. Journal of Applied Geophysics, 2004, 56(3): 165-176.

[18] Zhang B M, Liu J J. Classification and characteristics of karst reservoirs in China and related theories. Petroleum Exploration and Development, 2009, 36(1): 12-29.

[19] 王招明, 于红枫, 吉云刚, 等. 塔中地区海相碳酸盐岩特大型油气田发现的关键技术. 新疆石油地质, 2011, 32(3): 218-223.

[20] 张旭东, 薛承瑾, 张烨. 塔河油田托甫台地区岩石力学参数和地应力试验研究及应用. 石油天然气学报, 2011, 33(6): 132-134.

[21] Carrier B, Granet S. Numerical modeling of hydraulic fracture problem in permeable medium using cohesive zone model. Engineering Fracture Mechanics, 2012, 79: 312-328.

[22] Loucks R G. Paleocave carbonate reservoirs: Origins, burial-depth modifications, spatial complexity, and reservoir implications. AAPG Bulletin, 1999, 83(11): 1795-1834.

[23] Loucks R G, Mescher P K, Mcmechan G A. Three-dimensional architecture of a coalesced, collapsed-paleocave system in the Lower Ordovician Ellenburger Group, central Texas. AAPG Bulletin, 2004, 88(5): 545-564.

[24] Tang P, Wu S Q, Yu B S, et al. Genesis characteristics and research means of paleokarst collapse. Geoscience, 2015, 29(3): 675-683.

[25] 钱一雄, Conxita T, 邹森林, 等. 碳酸盐岩表生岩溶与埋藏溶蚀比较——以塔北和塔中地区为例. 海相油气地质, 2007, 12(2): 1-7.

[26] 张宝民, 刘静江. 中国岩溶储集层分类与特征及相关的理论问题. 石油勘探与开发, 2009, 36(1): 12-29.

[27] Zhu W, Baud P, Wong T F. Micromechanics of cataclastic pore collapse in limestone. Journal of Geophysical Research-Solid Earth, 2010, 32(8): 30-33.

[28] 周健, 池永, 池毓蔚, 等. 颗粒流方法及 PFC2D 程序. 岩土力学, 2000, 21(3): 271-274.

[29] 朱焕春. PFC 及其在矿山崩落开采研究中的应用. 岩石力学与工程学报, 2006, 25(9): 1927-1931.

[30] 梁正召, 唐春安, 张永彬, 等. 岩石三维破裂过程的数值模拟研究. 岩石力学与工程学报, 2006, 25(5): 931-936.

# 第8章  深部各向异性储层钻井垮塌破坏
# 非连续数值模拟

受地壳运动和地质演化过程的影响，许多暴露在地球表面附近的岩石存在特定的地质结构，如层理、片理、页理等，这些地质结构导致岩石的物理、力学和水力学行为表现出明显的随方向改变的特征，该行为称为各向异性特征[1]。各向异性是岩石材料区别于其他建筑材料的显著特征之一，是岩石工程中必须考虑的重要特性。一般认为，岩石的力学行为受微观裂纹的萌生、扩展和相互作用控制，然而，对于各向异性岩石中微观裂纹的扩展机理及其与层理结构的相互作用规律目前仍不清楚。

高效稳定的钻井技术是开展深部地球勘探、资源勘查和能源开发的关键技术之一。深部地层面临着高地应力、高渗透压、高地温等复杂地质环境，给钻井工程带来了极大挑战，深部钻井工程中的井眼垮塌会造成提前完钻，导致钻井工程失败，成为制约深部油气资源开采的瓶颈问题。由于钻井现场条件限制，大多数研究通过钻井成像技术来解释井壁围岩的破坏模式，分析钻井垮塌的破坏区域形状成为判断现场最小主应力方向的重要手段[2]。文献[3]通过分析平行于层理走向的两个钻孔周围破坏形态，发现现场的钻孔破坏主要是由层理面劈裂破坏造成的失稳，而不再是常规钻孔中遇到的剪切破坏形态。然而，开展现场钻孔试验的周期长、成本高，有必要借助其他手段对钻井垮塌现象开展深入研究。

在实验室中，研究者开展了缩尺尺度试验来研究由应力增加造成的井壁围岩垮塌过程和破坏形态，相关试验以厚壁圆筒试验最具代表性[4~6]。传统厚壁圆筒模型为在中心点处钻孔的圆柱形标准岩石试件，通过逐渐增加围压诱发钻孔周围破坏来模拟钻井垮塌，该试验设计被广泛用来模拟在缩小比例下应力增长引起的井壁围岩垮塌过程。Haimson 等[7]将圆柱形试件扩展到真三轴试件并基于其研制的岩石力学真三维试验系统研发了微型钻井装置，实现了真三维地应力条件下钻井过程及井壁垮塌的动态模拟，系统地研究了砂岩、花岗岩等岩石的钻孔破坏受围压、岩性、孔径等因素的影响，分析了中间主应力与井壁围岩破裂区形状之间的关系。

基于连续介质力学理论的深部钻井垮塌数值模拟将计算分为两个过程：基于弹塑性本构模型计算井壁周围应力分布状态；在此基础上，通过岩石强度准则来预测井壁围岩破坏范围[8]。目前应用最为广泛的分析模型主要采用线弹性和各向同性本构关系结合岩石线性强度准则来分析井壁围岩的破坏区，由于层状结构面的存在，页岩的受力变形和破坏规律都表现出各向异性。尽管现有研究已经建立了各向异性岩石中钻孔周围应力状态解析模型和各向异性岩石的强度准则并将二者应用在井壁围岩破坏的分析中[9,10]，但是该方法将井壁垮塌人为地割裂成两个过程，难以动态描述井壁围岩失稳从起裂到发展直至最终垮塌的完整过程。事实上，钻井破裂产生后的井周应力重新分布是一个渐进的动态过程，依靠现有的连续介质力学方法难以描述井壁围岩垮塌的演化过程。另外，对于各向异性岩石的力学行为，连续数值方法一般通过不同的力学参数和本构模型来描述其变形与强度特征，基于连续介质力学的数值方法难以显式地表征各向异性岩石中广泛存在的层理结构，限制了其对深部储层岩石破裂过程和钻井垮塌破坏机理的探索与研究。

已有的缩尺模型试验结果表明[5]，各向异性岩石中的钻井井壁破坏表现出与传统各向同性岩石材料截然不同的复杂行为，各向异性岩石中的微观破裂机理更加复杂，对于可能影响钻井稳定性的重要参数（如软弱层理面的强度、抗拉强度和黏聚力的差异和变形模量的各向异性等）以及这些参数在不同应力路径下对井壁围岩破坏的影响程度缺乏全面认识。基于微观力学的离散元法可以帮助理解各向异性储层介质中井壁围岩受钻孔方向、地应力状态、钻孔孔径和层理面角度等因素影响的破坏过程和机理，为岩石破裂过程的模拟和微观机理分析提供了重要途径，可以用来研究不同条件下各向异性储层钻井垮塌的演化过程并揭示井壁围岩失稳的力学机制。

为此，本章提出了显式表征各向异性岩石微观结构的颗粒离散元法，建立了模拟储层各向异性岩石的非连续数值模型，通过改变模型的微观参数分析层理结构对各向异性岩石宏观力学响应的影响规律，系统研究深部储层岩石在单轴压缩下的动态破坏过程，揭示深部钻井垮塌破坏的微观机理，为钻井方案设计优化和稳定性分析提供了依据[11~13]。

## 8.1　显式表征各向异性岩石微观结构的离散元模型

作为广义离散元的一个分支，颗粒离散元法已经被广泛应用在许多岩石力学问题的研究中并取得了良好的效果。颗粒离散元理论是基于 Cundall 等[14,15]的离散元理论发展起来的，以颗粒材料的组合构成宏观物质，并通过颗粒结构的细观参数来表现材料的宏观力学行为。颗粒和颗粒之间的力学行为受接触模型的本构关系控制，颗粒的运动受牛顿第二定律约束（见图 8.1.1）。在荷载作用下，颗粒之间可以发生相对移动，当颗粒间的接触力超过其强度时，颗粒间的黏结模型可以发生断裂破坏，引起颗粒间接触力的重新分布，进一步诱发新的黏结模型破裂，以此模拟岩石破裂行为的演化。

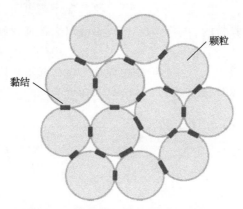

图 8.1.1　颗粒黏结模型模拟岩石示意图

图 8.1.2 为颗粒离散元计算循环，通过描述颗粒体运动的牛顿第二定律和接触的力与位移关系交替进行计算，其中，力-位移定律用来更新接触部分的接触力，牛顿运动定律用来更新颗粒-颗粒与颗粒-墙体的位置，达到新的平衡。不同于传统的连续介质力学模型，颗粒离散单元法不需要大量的假设和复杂的本构关系，在离散元模型中，裂纹的形成和发展是基于颗粒之间黏结模型的破坏自动产生的，因此可以动态地模拟岩石破坏的整个过程。

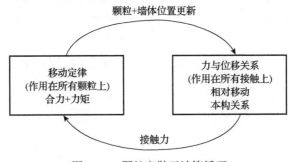

图 8.1.2　颗粒离散元计算循环

## 8.1.1　基本接触模型

本章建立的模拟储层岩石各向异性的非连续数值模型主要基于颗粒离散元模型中的平行黏结模型和光滑节理模型，其中，平行黏结模型用来模拟储层岩石基质材料，光滑节理模型用来表征储层中存在的沉积结构。

### 1. 平行黏结模型

与接触黏结模型仅能抵抗法向位移不同，平行黏结模型可以同时抵抗颗粒之间的法向分离和旋转，如图 8.1.3 所示[16]。平行黏结模型可以用来模拟通过胶结物黏结在一起的两个颗粒的力学行为，该模型既可以传递接触力，又可以传递颗粒间的力矩。在二维颗粒离散元模型中，平行黏结模型可以视为一组均匀分布在矩形接触截面内的弹簧单元，这些弹簧单元分布在接触点周围的接触平面内，在建立平行黏结模型的同时即定义了其抗拉强度和抗剪强度。

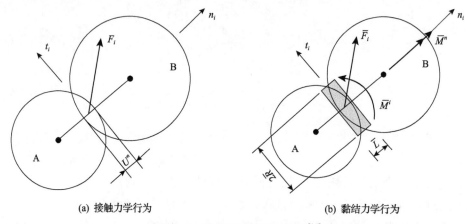

(a) 接触力学行为　　　　　　　　　　　　　　　　(b) 黏结力学行为

图 8.1.3　平行黏结模型示意图[16]

当作用在模型边缘处的最大拉伸应力或者最大剪切应力超过平行黏结模型的抗拉强度 $\sigma_c^{pb}$ 或抗剪强度 $\tau_c^{pb}$ 时，该平行黏结模型即发生破坏。在本章模拟结果讨论中，每个黏结模型的破坏都被假定为一个微观裂纹，相应地，剪切应力超过抗剪强度产生的黏结破坏称为剪切裂纹，拉伸应力超过抗拉强度引起的黏结破坏称为拉伸裂纹。

### 2. 光滑节理模型

为了克服传统颗粒黏结模型在模拟岩体时，沿颗粒表面出现内在的粗糙起伏，Cundall 等[17]提出了模拟节理岩体中不连续结构面的光滑节理模型（见图 8.1.4），该模型可以模拟结构面的力学行为而不受沿结构面局部颗粒间接触角度的影响。光滑节理模型允许节理两侧的颗粒产生相对滑动而不是传统意义上沿着颗粒表面出现转动，岩石节理的存在可以通过在沿节理面两侧的所有颗粒接触上嵌入光滑节理模型来模拟。在这些接触处，原有的平行黏结模型被删除，取而代之的是一系列平行于节理面的光滑节理模型。在二维离散元模型中，光滑节理模型可以被视为一组均匀分布在矩形截面上的弹簧，这些弹簧以接触点为中心并且沿着节理面分布。

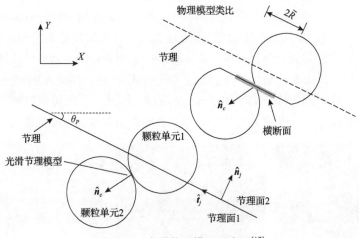

图 8.1.4　光滑节理模型示意图[17]

## 8.1.2　基于微观结构的各向异性岩石离散元模型

为了便于对各向异性岩石压缩过程进行数值分析，首先需要对各向异性岩石的倾角进行统一定义，各向异性岩石的层理倾角（后面简称倾角 $\beta$）是指层理面的法向方向和最大主应力方向的夹角，如图 8.1.5 所示。

离散元模拟技术的发展为系统研究各向异性岩石的力学行为提供了一种新的途径。现有模拟各向异性岩石的数值方法可以分为两种类型（见图 8.1.6）：第一类通过在基质材料中嵌入一系列等距离、平行的软弱面模型来模拟横观各向同性的岩石力学行为[18,19]，第二类基于离散裂隙网络（discrete fracture network，DFN）建立

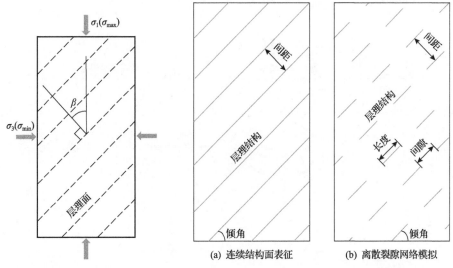

图 8.1.5　各向异性岩石倾角 $\beta$ 示意图　　　　图 8.1.6　各向异性岩石层理面模拟

起一系列固定间距和间隙的节理面结构，再将其嵌入由黏结颗粒模型表征的岩石基质材料中[20]。上述方法实现起来简单，但无法显式表征颗粒尺度上的微观层理结构，对于受微观结构控制的力学行为难以真实再现。特别是对沉积岩和变质岩来讲，其固有的各向异性是由矿物结构、页理、层理等的微观结构引起的，层理面在微观尺度上并非是连续和均匀分布的，如图 8.1.7 所示。因此，正确辨识并表征各向异性岩石的微观结构对正确理解其力学行为和工程响应有着至关重要的意义。

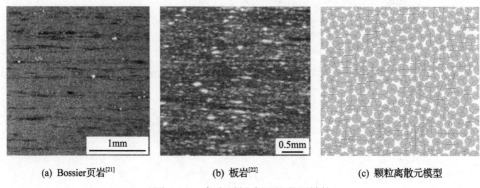

(a) Bossier页岩[21]　　　　(b) 板岩[22]　　　　(c) 颗粒离散元模型

图 8.1.7　各向异性岩石的微观结构

图 8.1.8 为本章提出的显式表征储层各向异性岩石微观结构的离散元模型，图 8.1.9 为显式表征储层各向异性岩石微观结构的离散元计算流程。在建立离散元

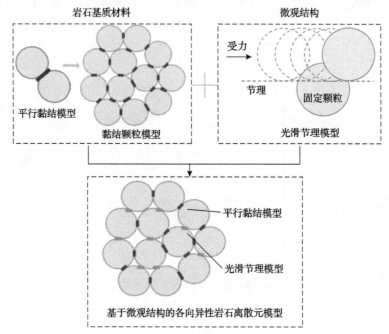

图 8.1.8　显式表征储层各向异性岩石微观结构的离散元模型

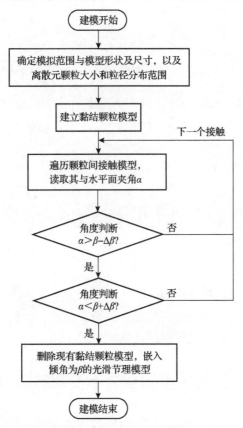

图 8.1.9　显式表征储层各向异性岩石微观结构的离散元计算流程

模型时，首先根据研究需要确定模拟的范围和几何尺寸，此时需要综合考虑数值模型的计算效率和模拟的精度来确定离散元模型所选用颗粒的粒径大小和级配；然后基于平行黏结模型建立模拟岩石基质材料的黏结颗粒模型。为了生成显式表征各向异性岩石微观结构的离散元模型，需要对前一步建立的黏结颗粒模型中的接触进行识别并逐一开展角度判断。以建立层理面倾角为 $\beta$ 的各向异性离散元模型为例，如果颗粒间接触与水平面的夹角 $\alpha > \beta - \Delta\beta$，并且 $\alpha < \beta + \Delta\beta$，即对接触原有的黏结颗粒模型进行删除，并在相同接触处嵌入生成新的光滑节理模型。所嵌入光滑节理模型的倾角为 $\beta$，其微观力学参数可以从平行黏结模型中获取，也可以基于物理试验结果通过微观参数校准得到。建模过程中选用的 $\Delta\beta$ 为平行黏结模型被光滑节理模型取代的角度范围，该参数可以用来控制平行黏结模型被取代的比例，一定程度上可以反映岩石的各向异性程度，8.2 节对该参数的影响开展研究。

在建模过程中，通过改变 $\beta$ 的取值可以分别建立不同层理结构倾向的各向异性离散元模型。图 8.1.10 为不同层理面倾向的各向异性离散元模型，该模型高度为 100mm，宽度为 50mm，所采用的平行黏结模型角度替代范围为 $-10° \sim 10°$。

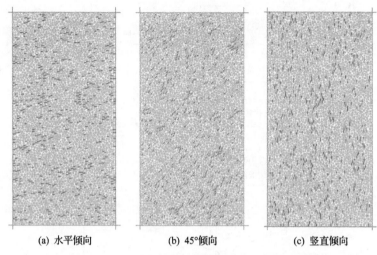

　　　　(a) 水平倾向　　　　　　　　　(b) 45°倾向　　　　　　　　　(c) 竖直倾向

图 8.1.10　不同层理面倾向的各向异性离散元模型

　　8.2 节将采用该方法开展各向异性岩石在单轴受压条件下的数值模拟研究并重点分析各向异性岩石的微观破裂机理；8.3 节将采用该方法研究各向异性储层钻井垮塌破坏现象，以揭示钻孔垮塌破坏演化机理。

## 8.2　各向异性储层岩石受压破坏规律

　　大量的试验结果表明，各向异性岩石的抗压强度随层理面倾角的改变表现出典型的 U 形曲线变化规律[23, 24]，在室内试验结果的基础上，研究者发展了不同的破坏准则来描述不同围压条件下各向异性岩石抗压强度的变化规律[25]，然而，相关强度准则的建立需要大量的试验数据，试件制备过程复杂，时间成本高。各向异性岩石的微观结构在其受力变形和破裂的过程中起着至关重要的作用，但针对初始层理结构对各向异性岩石微观裂纹演化的影响缺乏全面认识。室内试验一般通过切片观察微观裂纹的形态来推断其演化机理和过程[26,27]，该方法仅能反映特定截面在特定应力状态下的静态破坏规律，难以揭示微观裂纹动态演化的全过程。因此，建立能够真实反映各向异性岩石微观结构的数值模型，对全面揭示不同受力方向下各向异性岩石的强度特征和破裂演化规律有着重要的意义。本节采用前面提出的显式表征储层各向异性岩石微观结构的离散元法，建立不同倾角的各向异性岩石压缩离散元模型，计算得到层理面对各向异性岩石单轴压缩力学特性的影响规律，揭示岩石力学行为随层理结构方向变化的微观力学机理。

### 8.2.1　各向异性岩石离散元模型

　　文献[11]汇总了 26 种各向异性岩石单轴压缩试验结果，总体上看，各向异性岩石的单轴抗压强度随倾角变化呈现出典型的 U 形曲线，最小单轴抗压强度一般在倾角介于 30°～60°时得到，各向异性岩石的单轴抗压强度最小可到 20MPa，最大超过 200MPa。为了描述 U 形曲线的各向异性程度，引入两个各向异性系数：

$$k_1 = \frac{\sigma_{c,\parallel}}{\sigma_{c,\perp}} \tag{8.2.1}$$

$$k_2 = \frac{\sigma_{c,max}}{\sigma_{c,min}} \tag{8.2.2}$$

式中，$\sigma_{c,\parallel}$ 和 $\sigma_{c,\perp}$ 分别表示倾角为 90°和 0°时试件的单轴抗压强度；$\sigma_{c,max}$ 和 $\sigma_{c,min}$ 分别表示所有倾角状态下得到的最大单轴抗压强度和最小单轴抗压强度。$k_1$ 定义了两个主要方向之间强度的差异，$k_2$ 描述了 U 形曲线的相对深度。

对文献[11]汇总的岩石来讲，超过 85%的试件各向异性系数 $k_1$ 小于 1，这也说明最大的单轴抗压强度通常是在荷载垂直于层理面的时候出现。Ramamurthy 等[28]基于各向异性系数 $k_2$ 将各向异性岩石分成低各向异性($k_2 \leqslant 2$)、中各向异性($2 < k_2 \leqslant 4$)、高各向异性($4 < k_2 \leqslant 6$)和超高各向异性($k_2 > 6$)。基于该标准，大约 73%的岩石属于低或者中各向异性，只有三种岩石属于超高各向异性。

按照 8.1.2 节提出的显式表征储层各向异性岩石微观结构的离散元法，分别建立倾角 $\beta$ =0°、15°、30°、45°、60°、75°和 90°的离散元模型，其尺寸为 100mm×50mm，各向异性离散元模型基质材料微观参数如表 8.2.1 所示。为方便本章讨论，此处对离散元颗粒间弹性接触、平行黏结模型和光滑节理模型的微观参数及其符号进行统一定义。颗粒间弹性接触的微观参数包括接触弹性模量($E_c$)、接触法向刚度($k_n^c$)、接触切向刚度($k_s^c$)和接触摩擦系数($\mu_c$)；平行黏结模型的微观力学参数包括平行黏结弹性模量($E_{pb}$)、平行黏结法向刚度($k_n^{pb}$)、平行黏结切向刚度($k_s^{pb}$)、

表 8.2.1　各向异性岩石基质材料微观参数

| 颗粒微观参数 | 参数值 | 平行黏结模型微观参数 | 参数值 |
|---|---|---|---|
| 接触弹性模量 $E_c$/GPa | 62 | 平行黏结弹性模量 $E_{pb}$/GPa | 62 |
| 接触法向刚度与切向刚度比 $k_n^c / k_s^c$ | 2.5 | 平行黏结法向刚度与切向刚度比 $k_n^{pb} / k_s^{pb}$ | 2.5 |
| 接触摩擦系数 $\mu_c$ | 0.5 | 平行黏结抗拉强度 $\sigma_c^{pb}$/MPa | 157±36 |
| 颗粒粒径比值 $R_{max} / R_{min}$ | 1.66 | 平行黏结剪切强度 $\tau_c^{pb}$/MPa | 157±36 |
| 最小粒径 $R_{min}$/mm | 0.2 | 平行黏结范围半径比值 $\bar{\lambda}_{pb}$ | 1.0 |
| 颗粒密度 $\rho$/(kg/m³) | 3169 | | |

平行黏结抗拉强度（$\sigma_c^{pb}$）、平行黏结剪切强度（$\tau_c^{pb}$）和平行黏结范围半径比值（$\bar{\lambda}_{pb}$）；光滑节理模型的微观参数包括光滑节理范围半径比值（$\bar{\lambda}_{sj}$）、光滑节理法向刚度（$k_n^{sj}$）、光滑节理切向刚度（$k_s^{sj}$）、光滑节理摩擦系数（$\mu_{sj}$）、光滑节理抗拉强度（$\sigma_c^{sj}$）、光滑节理黏聚力（$c_b$）和光滑节理内摩擦角（$\varphi_{sj}$）。

表 8.2.1 中的参数最初是 Potyondy 等[16]用来模拟 Lac du Bonnet 花岗岩，本节以此为基础开展微观层理面参数敏感性分析。在单轴压缩数值模拟过程中，模型上部和下部的墙体相向移动，墙体移动的应变速率保持 0.05/s 不变，该速率可以保证试件处于准静态状态，单轴压缩数值模拟阻尼比取为 0.7，加载的同时实时监测作用在上下墙体上的应力变化，模型的轴向应变根据墙体位移和初始高度换算得到。单轴压缩数值模拟过程中实时记录模型内部产生的微观裂纹信息，包括裂纹出现的应变阶段和裂纹形成的原因。

根据黏结模型破坏的原因，将微观裂纹分为四类：①平行黏结模型张拉破坏；②平行黏结模型剪切破坏；③光滑节理模型张拉破坏；④光滑节理模型剪切破坏。为方便后面讨论，将这四种微观裂纹分别用英文字母标注为 crk_pb_n、crk_pb_s、crk_sj_n、crk_sj_s。

### 8.2.2 参数敏感性分析与模型校准及验证

在建立颗粒离散元模型的过程中，光滑节理模型的微观参数（包括光滑节理范围半径比值 $\bar{\lambda}_{sj}$、光滑节理法向刚度 $k_n^{sj}$、光滑节理切向刚度 $k_s^{sj}$、光滑节理摩擦系数 $\mu_{sj}$、光滑节理抗拉强度 $\sigma_c^{sj}$、光滑节理黏聚力 $c_b$、光滑节理内摩擦角 $\varphi_{sj}$）可由平行黏结模型的微观参数通过式(8.2.3)～式(8.2.9)计算得到[11]。

$$\bar{\lambda}_{sj} = \bar{\lambda}_{pb} \tag{8.2.3}$$

$$k_n^{sj} = \frac{k_n^c}{A} + k_n^{pb} \tag{8.2.4}$$

$$k_s^{sj} = \frac{k_s^c}{A} + k_s^{pb} \tag{8.2.5}$$

$$\mu_{sj} = \mu_c \tag{8.2.6}$$

$$\sigma_c^{sj} = \sigma_c^{pb} \tag{8.2.7}$$

$$c_b = \tau_c^{pb} \tag{8.2.8}$$

$$\varphi_{\text{sj}} = 0 \tag{8.2.9}$$

式中，$A$ 为颗粒黏结模型的截面积。不同于平行黏结模型，光滑节理模型的剪切强度并非直接赋值在接触上，而是通过式（8.2.10）计算得到。

$$\tau_{\text{sj}} = c_{\text{b}} + \sigma \tan \varphi_{\text{sj}} \tag{8.2.10}$$

式中，$\tau_{\text{sj}}$ 为法向接触力为 $\sigma$ 时光滑节理模型的抗剪强度。

可见，光滑节理模型的抗剪强度是由其黏聚力、内摩擦角和法向接触力共同决定的。

表 8.2.2 为各向异性岩石离散元模型微观参数敏感性分析模拟工况。根据式（8.2.3）～式（8.2.9），光滑节理模型的初始默认参数可以从基质材料中换算得到，参数敏感性分析中将光滑节理模型初始参数作为基准模型，将要讨论的单轴抗压强度和弹性模量都以各向同性模型数值模拟结果为基准进行归一化处理，离散元模型的破坏形态以峰后 80%强度阶段的破坏形态为依据。

**表 8.2.2　各向异性岩石离散元模型微观参数敏感性分析模拟工况**

| 算例 | 变量 | 光滑节理抗拉强度 $\sigma_{\text{c}}^{\text{sj}}$ /MPa | 光滑节理黏聚力 $c_{\text{b}}$/MPa | 光滑节理内摩擦角 $\varphi_{\text{sj}}$ /(°) | 光滑节理法向刚度 $k_{\text{n}}^{\text{sj}}$ /(GPa/m) | 光滑节理切向刚度 $k_{\text{s}}^{\text{sj}}$ /(GPa/m) | 角度范围 |
|---|---|---|---|---|---|---|---|
| 1 | $c_{\text{b}} = \sigma_{\text{c}}^{\text{sj}}$ | 10～157 | 10～157 | 0 | 250000 | 250000 | ±20° |
| 2 | $c_{\text{b}} \neq \sigma_{\text{c}}^{\text{sj}}$ | 31.4 | 15.7～157 | 0 | 50000 | 50000 | ±20° |
| | | 15.7～157 | 31.4 | 0 | | | |
| 3 | 光滑节理内摩擦角 $\varphi_{\text{sj}}$ | 31.4 | 31.4 | 0～40 | 50000 | 50000 | ±20° |
| 4 | $k_{\text{n}}^{\text{sj}} = k_{\text{s}}^{\text{sj}}$ | 31.4 | 31.4 | 0 | 12500～250000 | 12500～250000 | ±20° |
| 5 | $k_{\text{n}}^{\text{sj}} \neq k_{\text{s}}^{\text{sj}}$ | 31.4 | 31.4 | 0 | 50000 | 25000～250000 | ±20° |
| | | | | 0 | 25000～250000 | 50000 | |
| 6 | 嵌入角度范围 | 31.4 | 31.4 | 0 | 50000 | 50000 | ±10°～±50° |
| 7 | 基准模型 | 157 | 157 | 0 | 250000 | 250000 | ±20° |

## 1. 光滑节理模型强度的影响

通过逐渐减小光滑节理模型的抗拉强度 $\sigma_{\text{c}}^{\text{sj}}$ 和黏聚力 $c_{\text{b}}$ 来研究层理面强度对单轴压缩结果的影响，在此过程中保持 $c_{\text{b}} = \sigma_{\text{c}}^{\text{sj}}$，并分别取为初始强度的 1 倍、0.5 倍、0.2 倍、0.1 倍和 0.064 倍，光滑节理模型的其他参数根据平行黏结模型换算得来并保持不变，计算结果如图 8.2.1 所示。

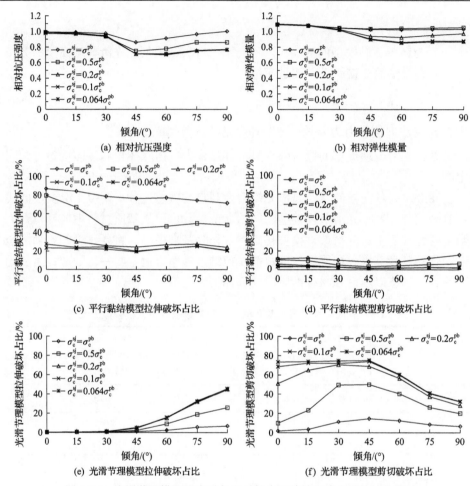

图 8.2.1 光滑节理模型强度对各向异性岩石单轴压缩力学特性的影响

由图 8.2.1 分析可知：

(1)降低光滑节理模型的强度显著地降低了各向异性岩石在倾角超过 45°时的单轴抗压强度和弹性模量，当倾角较低时(0°~15°)，降低光滑节理强度对单轴抗压强度和弹性模量的影响可以忽略不计。

(2)当光滑节理模型的强度降到一定值时(初始强度的 0.1 倍)，继续降低其强度对单轴抗压强度和弹性模量的影响趋于稳定，因此在后续的参数敏感性分析中，光滑节理模型的强度降低比例选为 0.2。

(3)随着光滑节理模型强度的下降，微观裂纹形成机理由平行黏结模型的破坏过渡到光滑节理模型的破坏。

2. 光滑节理模型刚度的影响

表 8.2.2 中算例 4 拟通过同时改变光滑节理模型的法向刚度和切向刚度来研

究软弱层理结构的变形刚度对各向异性岩石单轴压缩力学特性的影响，在此研究中，光滑节理模型的法向刚度和切向刚度保持一致并逐步降低到基准模型的 1 倍、0.6 倍、0.4 倍、0.2 倍、0.1 倍和 0.05 倍，光滑节理模型的抗拉强度和黏聚力为31.4MPa，其他微观参数与基准模型一致并保持不变，计算结果如图 8.2.2 所示。

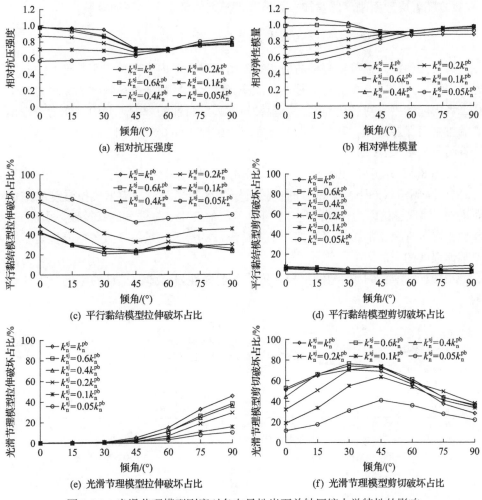

图 8.2.2 光滑节理模型刚度对各向异性岩石单轴压缩力学特性的影响

由图 8.2.2 分析可知：

（1）降低软弱面的刚度可以显著降低各向异性岩石在低倾角条件下（$\beta < 45°$）的单轴抗压强度和弹性模量。在低倾角条件下，降低光滑节理的刚度会在层理面附近引起较强的应力集中，最终导致其抗压强度和弹性模量的降低。当倾角超过 45° 时，层理面方向与受压方向的夹角逐渐减小，外部荷载主要由岩石基质材料（平行黏结模型）承担，软弱层理结构对各向异性岩石单轴抗压强度和弹性模量的影响逐渐减弱。

（2）当光滑节理面的刚度降低为基准模型的 0.05 倍时，最小的单轴抗压强度出现在 $\beta=0°$ 时，这与常见试验结果中的 U 形趋势不符，因此相对于平行黏结模型，光滑节理模型的刚度不能过低。在后续的参数敏感性分析中，光滑节理模型刚度的降低比例取为 0.2。

（3）随着层理面刚度的增加，光滑节理模型的破裂变得更加容易。

### 3. 光滑节理模型抗拉强度与黏聚力差异的影响

前文提到，光滑节理模型的剪切强度由黏聚力、内摩擦角和所受到的法向应力共同决定，表 8.2.2 中算例 2 拟通过改变光滑节理模型的抗拉强度和黏聚力来研究二者之间的差异对各向异性岩石单轴压缩力学特性的影响，其中，光滑节理模型的黏聚力保持不变，其抗拉强度分别取为黏聚力的 0.5 倍、1 倍、2 倍和 4 倍，计算结果如图 8.2.3 所示。

由图 8.2.3 分析可知：

（1）高倾角状态下 $(\beta>60°)$ 的单轴抗压强度随光滑节理模型抗拉强度的增加而增加，该现象是因为在高倾角条件下，裂纹的产生是软弱面的张拉破坏引起的，增加光滑节理模型的抗拉强度抑制了拉伸裂纹的产生，最终导致各向异性岩石模型整体强度的增加。

（2）改变光滑节理模型的抗拉强度对各向异性岩石弹性模量的影响可以忽略不计。

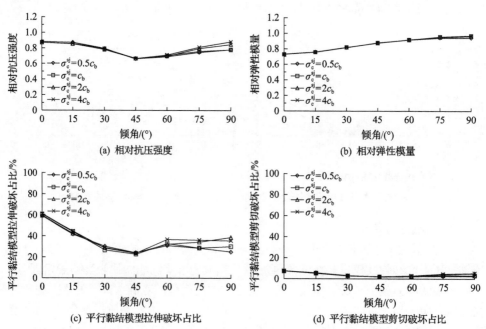

(a) 相对抗压强度　　　　　　　　　　　　　(b) 相对弹性模量

(c) 平行黏结模型拉伸破坏占比　　　　　　(d) 平行黏结模型剪切破坏占比

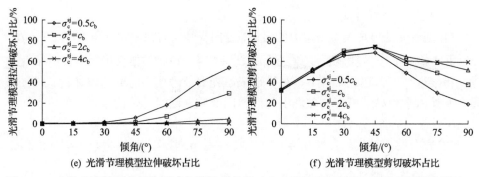

(e) 光滑节理模型拉伸破坏占比　　　　　　(f) 光滑节理模型剪切破坏占比

图 8.2.3　光滑节理模型的抗拉强度和黏聚力差异对各向异性岩石单轴压缩力学特性的影响一

保持光滑节理模型抗拉强度恒定，分别改变其黏聚力为抗拉强度的 0.5 倍、1 倍、2 倍和 4 倍，计算结果如图 8.2.4 所示。

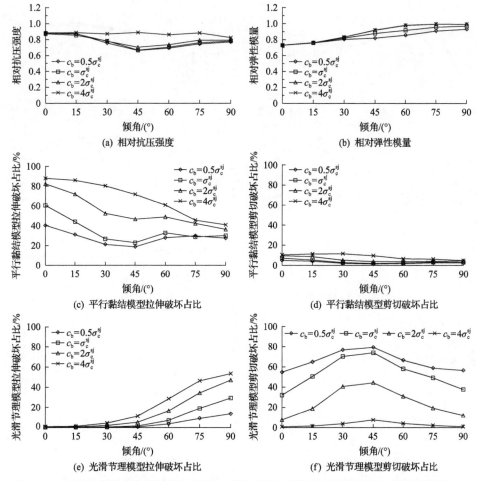

(a) 相对抗压强度　　　　　　　　　　(b) 相对弹性模量

(c) 平行黏结模型拉伸破坏占比　　　　　(d) 平行黏结模型剪切破坏占比

(e) 光滑节理模型拉伸破坏占比　　　　　(f) 光滑节理模型剪切破坏占比

图 8.2.4　光滑节理模型抗拉强度和黏聚力差异对各向异性岩石单轴压缩力学特性的影响二

由图 8.2.4 分析可知：

(1) 随着光滑节理模型黏聚力的增加，各向异性岩石在中间倾角条件 $(30°<\beta<75°)$ 下的单轴抗压强度显著提升。当 $c_b/\sigma_c^{sj}=4$ 时，单轴抗压强度随倾角的变化曲线变得接近平坦，在此条件下，很难形成沿光滑节理模型的剪切破坏，试件的破裂主要是由平行黏结模型的破坏引起的，因此软弱面对单轴抗压强度的影响可以忽略不计。

(2) 岩石的弹性模量在倾角 $\beta>30°$ 时随光滑节理模型剪切强度的增加而增加。

4. 光滑节理模型内摩擦角的影响

通过表 8.2.2 中算例 3 开展光滑节理模型内摩擦角 $\varphi_{sj}=0°$、$10°$、$20°$、$30°$ 和 $40°$ 的各向异性岩石单轴压缩数值试验，计算结果如图 8.2.5 所示。

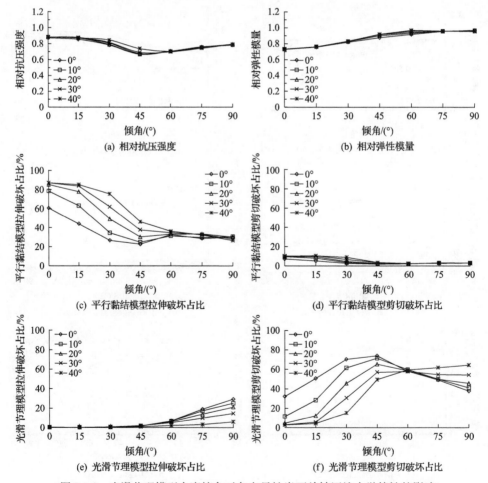

图 8.2.5　光滑节理模型内摩擦角对各向异性岩石单轴压缩力学特性的影响

由图 8.2.5 分析可知:

(1) 光滑节理模型内摩擦角的改变仅影响一定倾角范围内 (30°~60°) 各向异性岩石的单轴抗压强度和弹性模量。

(2) 光滑节理模型内摩擦角的增加提高了其抗剪强度, 进一步增加了各向异性岩石模型在中间倾角状态下的单轴抗压强度。

(3) 随着光滑节理模型内摩擦角的增加, 中间倾角状态下各向异性岩石的破坏模式从光滑节理模型的剪切破坏转变为平行黏结模型的张拉破坏。与此同时, 弹性模量的变化曲线在倾角介于 45°~60° 时出现了变化, 在低倾角 (0°~15°) 和高倾角 (75°~90°) 条件下, 光滑节理模型内摩擦角对弹性模量的影响可以忽略不计。

5. 光滑节理模型法向刚度和切向刚度差异的影响

表 8.2.2 中算例 5 通过分别改变光滑节理模型的法向刚度 ($k_n^{sj}$) 和切向刚度 ($k_s^{sj}$) 来模拟软弱层理面变形特性对各向异性岩石单轴压缩试验力学行为的影响, 算例设计了两组方案, 在每组方案中, 光滑节理模型一个刚度值取为 50000GPa/m, 另一个刚度的大小分别取为该值的 0.5、1、2、3 和 4 倍。计算结果如图 8.2.6 和图 8.2.7 所示。

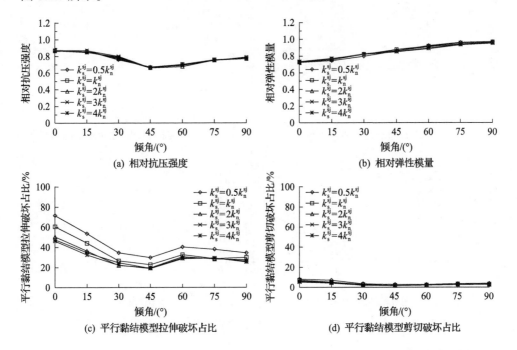

(a) 相对抗压强度

(b) 相对弹性模量

(c) 平行黏结模型拉伸破坏占比

(d) 平行黏结模型剪切破坏占比

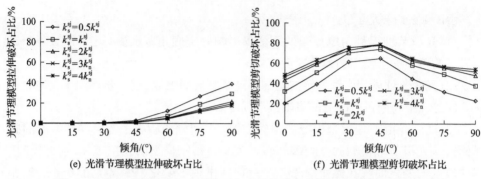

(e) 光滑节理模型拉伸破坏占比        (f) 光滑节理模型剪切破坏占比

图 8.2.6   光滑节理模型切向刚度对各向异性岩石单轴压缩力学特性的影响

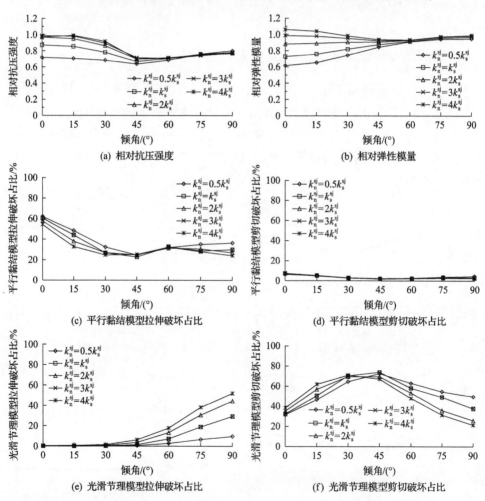

(a) 相对抗压强度              (b) 相对弹性模量

(c) 平行黏结模型拉伸破坏占比      (d) 平行黏结模型剪切破坏占比

(e) 光滑节理模型拉伸破坏占比      (f) 光滑节理模型剪切破坏占比

图 8.2.7   光滑节理模型法向刚度对各向异性岩石单轴压缩力学特性的影响

由图 8.2.6 和图 8.2.7 分析可知：

（1）改变光滑节理模型的切向刚度不会对整个倾角范围内的单轴抗压强度和弹性模量造成太大影响。相反地，改变光滑节理模型的法向刚度会显著影响低倾角（$\beta < 45°$）下各向异性岩石的单轴压缩试验力学行为。总体上看，单轴抗压强度和弹性模量会随着光滑节理模型法向刚度的降低而减小。

（2）在低倾角条件下，光滑节理模型大多数处于受压状态，法向刚度的降低会导致岩石内部沿垂直于层理面方向产生较大变形，该变形在软弱层理结构附近引起局部应力集中并最终减弱了各向异性岩石的整体抗压强度和变形刚度。

（3）随着光滑节理模型刚度的下降，在低倾角条件下出现了更多的平行黏结模型破坏。

### 6. 嵌入角度范围的影响

平行黏结模型被光滑节理模型替代的角度范围是影响岩石各向异性程度的关键参数，角度范围越大，会有更多平行黏结模型被光滑节理模型替代，因此能够表征层理结构更加显著的岩石。通过表 8.2.2 中算例 6 开展不同倾角的单轴压缩数值模拟计算，计算结果如图 8.2.8 所示，其中反映弹性模量各向异性的系数（$k_{1,E}$ 和 $k_{2,E}$）可参考式（8.2.1）和式（8.2.2）中对于单轴抗压强度各向异性系数的定义来描述。

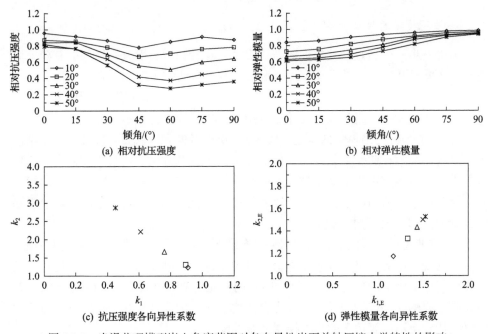

图 8.2.8　光滑节理模型嵌入角度范围对各向异性岩石单轴压缩力学特性的影响

由图 8.2.8 分析可知:

(1)选用的嵌入角度范围越大,单轴抗压强度的下降越明显,单轴抗压强度下降趋势在高倾角条件下尤为显著。随着嵌入角度范围从±10°增加到±50°,单轴抗压强度的各向异性系数 $k_2$ 从 1.23 增加到 2.86,因此可以通过调整该参数来模拟各向异性程度。

(2)岩石的弹性模量也会随着嵌入角度范围的增大而降低。当加载方向垂直于软弱层理结构时,嵌入角度范围对弹性模量的影响最大,随着嵌入角度范围从±10°增加至±50°,相对弹性模量从 0.82 下降到 0.6。

本章提出的显式表征各向异性岩石微观结构的离散元模型在模拟高度各向异性岩石时也存在一定的不足。当平行黏结模型被替代的角度范围增加到±50°时,$k_2$ 增长至 3.0,但 $k_1$ 也随之下降到 0.4,低于文献[11]中绝大多数岩石的各向异性系数。继续扩大角度范围会进一步降低倾角 $\beta=90°$ 时的单轴抗压强度,该现象主要是由模型采用的微观结构造成的。颗粒离散元模型主要通过嵌入一系列独立的光滑节理模型来模拟层理结构,该方法主要适用于沉积结构大小相近且空间分布均匀的情况。对于高度各向异性的岩石,如板岩,造成其各向异性的层理结构相对较长且连续,因此有必要在后续研究中针对各向异性岩石的微观层理结构开展统计分析,建立描述层理面密度、长度、间距和角度等几何特征的分布概率函数,在此基础上,基于离散裂隙网络模型反映岩石的各向异性。

7. 微观参数的校准与模型验证

为进一步减少微观参数校准的迭代次数,在参数敏感性分析结果的基础上,提出了各向异性岩石离散元模型的微观参数校准方法,步骤如下:

(1)嵌入光滑节理模型的角度范围将决定岩石的各向异性程度,因此需要首先确定该参数的大小,通常取±10°作为参数校准的起始值。

(2)校准平行黏结模型的刚度。选取 $\beta=90°$ 的各向异性岩石来校准平行黏结模型的刚度,因为在此受力条件下,软弱面平行于荷载方向,荷载主要由岩石基质材料承担,光滑节理模型对试件变形的影响最小。在此过程中,将平行黏结模型和光滑节理模型的强度设置成一个较大值(200MPa),调整平行黏结的弹性模量来匹配 $\beta=90°$ 时岩石的弹性模量。

(3)校准光滑节理模型的刚度。通过降低光滑节理模型的刚度来调节弹性模量随倾角的变化趋势,进一步微调光滑节理模型的法向刚度与切向刚度的比值来匹配弹性模量随倾角的变化曲线,该步骤在调整光滑节理模型刚度的同时,步骤(2)中校准完成的 $\beta=90°$ 时的弹性模量也会随之变化。因此,步骤(2)和步骤(3)需要反复迭代直至不同倾角下的弹性模量完全匹配。

(4)校准平行黏结模型的强度。平行黏结模型强度的取值以 $\beta=0°$ 时的单轴抗压强度为依据，选择该方向的原因是 $\beta=0°$ 时岩石破裂主要发生在基质材料中并跨越软弱层理面。因此，水平向的软弱面结构对单轴抗压强度的影响最小。

（5）校准光滑节理模型的强度。通过降低光滑节理模型的强度来匹配单轴抗压强度的 U 形曲线。在开始阶段，假设光滑节理模型的内摩擦角为 0°，抗拉强度与黏聚力相同，随后通过改变相关参数的大小来微调 U 形曲线的形状以匹配试验结果。同样地，步骤（4）和步骤（5）也需要反复迭代直至与单轴抗压强度完全匹配，如果步骤（5）无法匹配试验的各向异性系数，需要增加步骤（1）中的角度范围，对应步骤（1）～（5）需要重复校准。

按上述步骤，分别选取 Mancos 页岩[24]和石英云母片岩[29]作为研究背景开展微观参数校准，得到各向异性岩石微观参数校准结果（见表 8.2.3），各向异性岩石强度与弹性模量随倾角的变化对比如图 8.2.9 所示。

**表 8.2.3　各向异性岩石微观参数校准结果**

| 类别 | 微观参数 | Mancos 页岩参数值[24] | 石英云母片岩参数值[29] |
| --- | --- | --- | --- |
| 颗粒 | 接触弹性模量 $E_c$/GPa | 23 | 9 |
| 平行黏结模型 | 平行黏结弹性模量 $E_{pb}$/GPa | 23 | 9 |
| | 平行黏结抗拉强度 $\sigma_c^{pb}$/MPa | 60±13.5 | 62.2±13.7 |
| | 平行黏结剪切强度 $\tau_c^{pb}$/MPa | 60±13.5 | 62.2±13.7 |
| 光滑节理模型 | 嵌入角度范围/(°) | ±30 | ±45 |
| | 光滑节理法向刚度 $k_n^{sj}$/(GPa/m) | 17500 | 2400 |
| | 光滑节理切向刚度 $k_s^{sj}$/(GPa/m) | 17500 | 2400 |
| | 光滑节理抗拉强度 $\sigma_c^{sj}$/MPa | 30 | 18 |
| | 光滑节理黏聚力 $c_b$/MPa | 22 | 4 |
| | 光滑节理摩擦系数 $\mu_{sj}$ | 0 | 0 |

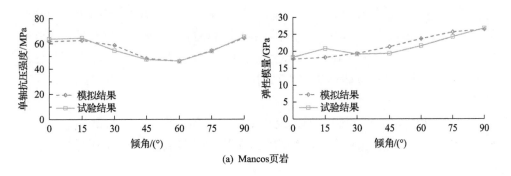

(a) Mancos页岩

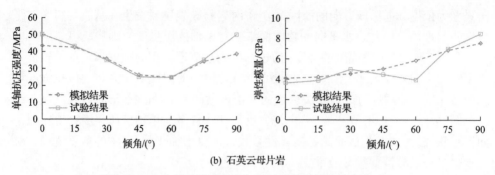

(b) 石英云母片岩

图 8.2.9　各向异性岩石强度与弹性模量随倾角的变化对比

### 8.2.3　颗粒离散元模拟结果与分析

选取 Mancos 页岩对各向异性岩石的脆性破坏过程开展深入分析，主要研究不同倾角下轴向加载过程中的应力-应变响应、微观裂纹数变化、宏观破裂演化及对应的颗粒尺度微观机理。数值模拟结果还和已有力学试验和理论模型进行了对比，完善了对不同受力方向下层理结构控制岩石力学行为微观机制的认识。

#### 1. 应力-应变响应与微观裂纹数变化

不同倾角下($\beta$=0°、45°和 90°)离散元数值模拟得到的 Mancos 页岩轴向应力随轴向应变 $\varepsilon_{\text{axial}}$、侧向应变 $\varepsilon_{\text{lateral}}$ 和体积应变 $\varepsilon_{\text{vol}}$ 的变化曲线如图 8.2.10 所示，其中，体积应变计算公式为

$$\varepsilon_{\text{vol}} = \varepsilon_{\text{axial}} + 2\varepsilon_{\text{lateral}} \tag{8.2.11}$$

由图 8.2.10 分析可知：

(1)离散元模型中并未考虑岩石中存在的初始裂隙，数值模拟的应力-应变曲线并没有出现压密段。随着轴向荷载的增加，应力-应变曲线整体上服从线弹性行为，该阶段持续到开始出现体积扩张，对应于图中轴向应力-体积应变曲线偏离线弹性阶段。数值模拟的体积扩张应力状态与微观裂纹的起裂应力($\sigma_{\text{ci}}$ 为微观裂纹开始出现的轴向应力)基本对应。一旦轴向应力超过起裂应力，岩石进入裂纹稳定扩展阶段。数值模拟得到的起裂应力大约是破裂应力的 50%，该数值与已有低孔隙各向同性岩石试验结果接近(30%~50%)，但高于泥质页岩的起裂应力(30%)[30]。

(2)当 $\beta$=0°时，微观裂纹的形成主要以平行黏结模型的张拉破坏为主。当 $\beta$=45°和 90°时，光滑节理模型的剪切破坏成为各向异性岩石破裂的主导模式。

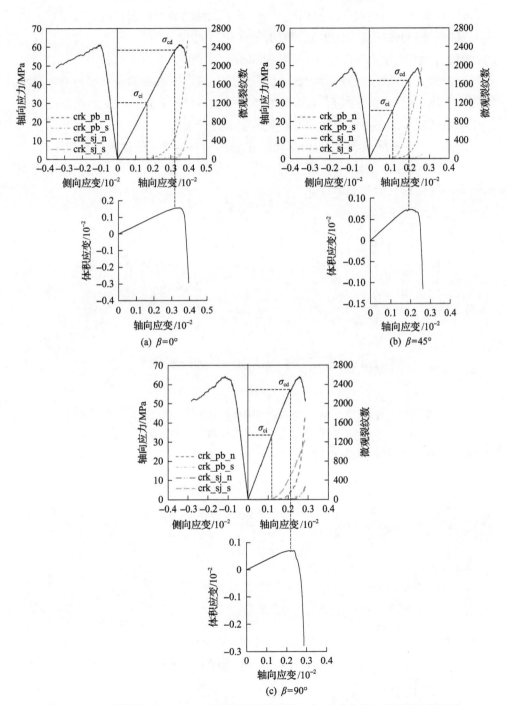

图 8.2.10　不同倾角下 Mancos 页岩模型单轴压缩应力-应变曲线和微观裂纹数变化

(3)当轴向应力超过裂纹损伤应力 $\sigma_{cd}$ 时，试件的裂纹稳定扩展阶段结束，该应力对应于模型体积应变发生逆转时的轴向应力大小。裂纹损伤应力与峰值应力的比值在 $\beta=0°$ 时为 94%，在 $\beta=45°$ 时为 86%，在 $\beta=90°$ 时为 90%，以上结果与已有泥页岩和其他脆性岩石的力学试验研究结论一致[31]。在此阶段，平行黏结模型的张拉破坏变成 $\beta=90°$ 时岩石破裂的主导形式，最终，各向异性岩石模型轴向应力在峰值强度后迅速下降并伴随着宏观破裂面的产生。

图 8.2.11 为不同倾角下 Mancos 页岩单轴压缩 80%峰后强度处微观裂纹占比。正是由于微观裂纹的起裂和扩展过程不同，各向异性岩石在不同倾角条件下表现出随方向变化的变形和破坏特征。

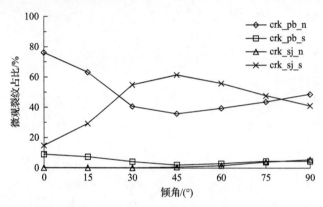

图 8.2.11　不同倾角下 Mancos 页岩单轴压缩 80%峰后强度处微观裂纹占比

### 2. 岩石破裂行为的差异与微观机理

图 8.2.12 为各向异性岩石单轴压缩数值模拟破坏模式。

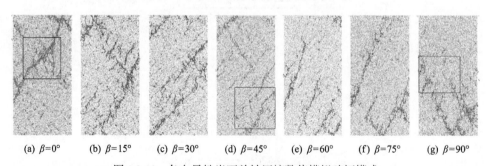

图 8.2.12　各向异性岩石单轴压缩数值模拟破坏模式

由图 8.2.12 分析可知：

(1)离散元模拟得到的各向异性岩石宏观破裂形态与文献[1]关于页岩单轴压缩试验结果高度吻合，离散元模拟得到的破裂形态和破裂面角度很大程度上取决于层理面的倾角。

(2)在低倾角(0°～15°)下，宏观破裂面穿过软弱层理并与试件加载方向呈大约 30°方向发展；在中间倾角(30°～75°)时，沿着软弱层理方向出现数个宏观破裂面；当倾角为 90°时，最终的宏观破裂表现为软弱层理的扭结破坏。

为进一步分析各向异性岩石的破坏过程，分别选取 80%峰前强度、峰值强度和 80%峰后强度三个应力状态，观察层理倾角为 0°、45°和 90°时岩石试件微观裂纹的扩展演化，如图 8.2.13 所示。

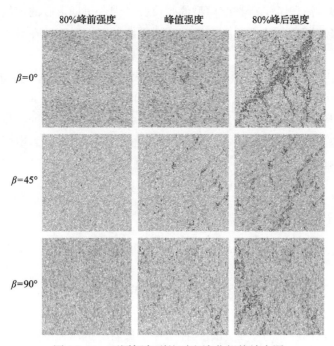

图 8.2.13　不同倾角裂纹时空演化规律放大图

由图 8.2.13 分析可知：

(1)当 $\beta$=0°时，在 80%峰前强度阶段，由平行黏结模型张拉破坏形成的微观裂纹呈竖向和接近竖向随机分布。仔细观察微观破裂形态可以发现，这些裂纹大多数起源于软弱层理面结构的尖端处，可能是岩石基质材料与软弱层理面之间的横向弹性变形不匹配导致在裂纹尖端出现拉应力集中造成的。Rawling 等[26]将片麻岩加载至峰值强度附近并通过扫描电子显微镜观察到了类似的微观破裂现象。随着轴向荷载的进一步增加，模型内部出现了更多的张拉破坏并开始在局部区域集中，这些拉伸裂纹的轴向扩展受到光滑节理模型的抑制，可能在软弱层理结构处引起局部滑移破坏。当轴向荷载超过 $\sigma_{cd}$ 时，光滑节理模型的剪切破坏数量快速增长，这些光滑节理模型的破裂连通了此前形成的竖向平行黏结模型张拉破坏裂纹,进一步呈阶梯形扩展,最终形成倾斜向的宏观破裂面。针对此类微观破裂现象,Bourne[32]提出了不同的理论模型来描述单轴压缩试验条件下,当荷载方向垂直于层理面时,沿层理面产生的剪切应力和微观裂纹的萌生及发展问题,可见离散元模拟结果为理论模型验证提供了基础。

(2)当 $\beta$=45°时,软弱层理结构的存在对宏观裂缝的几何形态起到了一定程度的控制作用。具体来讲,软弱层理面不仅会作为裂缝扩展的优先路径,同时还可以作为微裂纹的起裂点控制宏观裂缝的演化。光滑节理模型的剪切破坏首先出现在 80%峰值强度阶段,平行黏结模型的张拉破坏沿着早期形成的剪切裂缝的尖端产生,造成该破坏现象的主要原因是沿倾斜裂纹的摩擦滑动而在其尖端引起拉伸应力的集中。

(3)当 $\beta$=90°时,峰前阶段形成的微观裂纹大多数为光滑节理模型的剪切破坏,此时,光滑节理模型出现相对滑动。然而,当单轴压力接近 $\sigma_{cd}$ 时,在早期形成的光滑节理模型劈裂破坏周围出现拉伸应力集中,平行黏结模型的张拉破坏成为各向异性岩石破裂的主导模式。在此阶段,岩石的破裂模式与实验室内观察到的压缩诱导出现的横观拉伸破裂一致,最终出现的复杂扭结破裂形态和文献[26]中黑云母晶粒与受力方向接近时的破坏形态一致。

3. 围压影响

图 8.2.14 为不同围压下 Mancos 页岩双轴压缩数值模拟结果对比。由图 8.2.14 分析可知:

(1)不同围压下离散元模拟得到的抗压强度随倾角表现出 U 形曲线变化趋势。

(2)抗压强度的各向异性系数 $k_1$ 接近 1.0 并随着围压的增加而略有增加,表明荷载垂直于层理面和平行于层理面两种条件下页岩的抗压强度差异非常小;各向异性系数 $k_2$ 随着围压的增加从 1.4 持续减小,这意味着高围压条件下岩石的各向异性逐渐变小。

(3)在所有倾角条件下,岩石的弹性模量随围压的增加而增加。

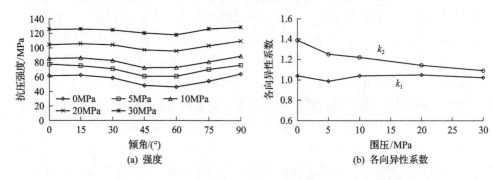

(a) 强度　　　　　　　　　　　(b) 各向异性系数

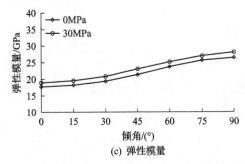

(c) 弹性模量

图 8.2.14　不同围压下 Mancos 页岩双轴压缩数值模拟结果对比

# 8.3　深部各向异性储层钻井垮塌破坏机理研究

本节采用前面提出的基于微观结构的各向异性岩石离散元模型,在实验室尺度开展应力诱发的深部钻井垮塌破坏数值模拟分析,揭示深部各向异性储层钻井垮塌破坏的微观力学机制[13]。

### 8.3.1　模型的建立、参数校准与验证

#### 1. 储层钻井垮塌离散元模型

采用不含软弱层理的各向同性模型来表征钻井方向垂直于层理面方向的情况,采用倾角 $\beta_0$ =45°的离散元模型来表征钻井方向平行于软弱层理面的情形,图 8.3.1 为储层钻井离散元模型,图 8.3.2 为应力加载路径示意图。数值模拟时,首先建立尺寸为 50mm×50mm 的完整模型,再通过删除颗粒法在模型中间

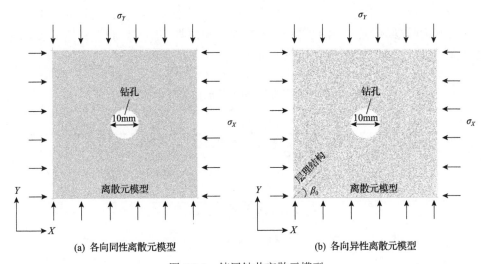

(a) 各向同性离散元模型　　　　　　　　(b) 各向异性离散元模型

图 8.3.1　储层钻井离散元模型

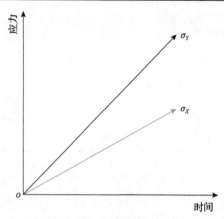

图 8.3.2　应力加载路径示意图

生成直径 $D$=10mm 的孔洞，模型中颗粒的尺寸服从均匀分布，其最小颗粒半径 $R_{\min}$=0.075 mm，颗粒半径分布范围 $R_{\max}/R_{\min}$=1.66，离散元模型共包含 71300 个颗粒。

　　通过相向移动模型上、下两侧的墙体来施加荷载，通过伺服控制模型左、右两侧墙体的位置来保证模型侧向应力($\sigma_X$)和竖向应力($\sigma_Y$)的比值保持恒定，定义 $K_0$=$\sigma_X/\sigma_Y$ 为远端应力侧压系数。数值模拟过程中，同时增加 $\sigma_X$ 和 $\sigma_Y$ 直至井孔垮塌破坏，并实时记录作用在四周墙体上的应力大小，通过墙体位移变化来计算应变变化。

　　2. 微观参数校准

　　离散元模型的参数校准以 Mancos 页岩单轴压缩试验结果为基准，为提高数值模拟的精度，选用的最小颗粒半径为 0.075mm，表 8.3.1 为校准得到的 Mancos 页岩微观力学参数[13]，图 8.3.3 为 Mancos 页岩单轴抗压强度和弹性模量离散元模拟结果与试验结果对比，通过该图验证了所建立离散元模型的可靠性。

表 8.3.1　校准得到的 Mancos 页岩微观力学参数[13]

| 类别 | 微观参数 | 参数值 |
|---|---|---|
| 颗粒 | 接触弹性模量 $E_c$/GPa | 23 |
| | 颗粒密度 $\rho/(\mathrm{kg/m^3})$ | 3169 |
| | 接触摩擦系数 $\mu_c$ | 0.5 |
| 平行黏结模型 | 平行黏结弹性模量 $E_{pb}$/GPa | 23 |
| | 平行黏结抗拉强度 $\sigma_c^{pb}$/MPa | 60±13.5 |
| | 平行黏结剪切强度 $\tau_c^{pb}$/MPa | 60±13.5 |

续表

| 类别 | 微观参数 | 参数值 |
|---|---|---|
| 光滑节理模型 | 嵌入角度范围/(°) | ±30 |
| | 光滑节理法向刚度 $k_n^{sj}$/(GPa/m) | 43000 |
| | 光滑节理切向刚度 $k_s^{sj}$/(GPa/m) | 43000 |
| | 光滑节理抗拉强度 $\sigma_c^{sj}$/MPa | 30 |
| | 光滑节理黏聚力 $c_b$/MPa | 22 |
| | 光滑节理摩擦系数 $\mu_{sj}$ | 0.5 |
| | 光滑节理内摩擦角 $\varphi_{sj}$/(°) | 0 |

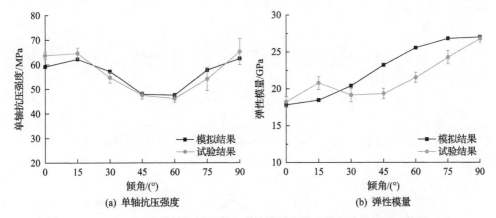

(a) 单轴抗压强度　　　　　　　　　(b) 弹性模量

图 8.3.3　Mancos 页岩单轴抗压强度和弹性模量离散元模拟结果与试验结果对比

### 3. 钻井模型验证

对于中间含有圆孔的均质各向同性弹性板模型，在远端有效应力作用下，孔周应力为[2]

$$\sigma_{rr} = \frac{1}{2}\left(\sigma_H^* + \sigma_h^*\right)\left(1 - \frac{a^2}{r^2}\right) + \frac{1}{2}\left(\sigma_H^* - \sigma_h^*\right)\left(1 - \frac{4a^2}{r^2} + \frac{3a^4}{r^4}\right)\cos(2\theta) + \frac{\Delta P a^2}{r^2} \quad (8.3.1)$$

$$\sigma_{\theta\theta} = \frac{1}{2}\left(\sigma_H^* + \sigma_h^*\right)\left(1 + \frac{a^2}{r^2}\right) - \frac{1}{2}\left(\sigma_H^* - \sigma_h^*\right)\left(1 + \frac{3a^4}{r^4}\right)\cos(2\theta) - \frac{\Delta P a^2}{r^2} \quad (8.3.2)$$

$$\sigma_{r\theta} = -\frac{1}{2}\left(\sigma_H^* - \sigma_h^*\right)\left(1 + \frac{2a^2}{r^2} - \frac{3a^4}{r^4}\right)\sin(2\theta) \quad (8.3.3)$$

式中，$\sigma_{rr}$、$\sigma_{\theta\theta}$ 和 $\sigma_{r\theta}$ 分别为钻孔周围的径向主应力、切向主应力和剪切应力；$a$ 代表钻孔半径；$r$ 表示应力测量点距钻孔中心的距离；$\sigma_{H}^{*}$ 和 $\sigma_{h}^{*}$ 分别为施加在模型上的最大和最小主应力；$\theta$ 为从 $\sigma_{H}^{*}$ 方向沿逆时针测量的角度；$\Delta P$ 为钻孔内流体压力与围岩中流体压力的差值，本次研究主要关注钻孔破坏的力学响应过程，暂未考虑孔隙压力的影响，因此 $\Delta P = 0$。

　　图 8.3.4 为钻井离散元模型测量圆布置方案，图中在离散元模型中设置了两组直径为 2mm 的测量圆来监测不同位置的应力状态：第一组由 36 个沿钻孔周围均匀分布的测量圆组成，每个测量圆距离钻孔中心的位置同为 6.5mm；第二组包括 18 个测量圆，所有测量圆沿 $X$ 轴方向在 $X$=6.5mm 到 $X$=23.5mm 位置处均匀分布。测量圆量测得到的是平面坐标系下的局部应力状态（$\sigma_{xx}$、$\sigma_{yy}$ 和 $\sigma_{xy}$），极坐标系下的应力计算公式为

$$\sigma_{rr} = \sigma_{xx}\cos^2\theta + \sigma_{yy}\sin^2\theta + 2\sigma_{xy}\sin\theta\cos\theta \tag{8.3.4}$$

$$\sigma_{\theta\theta} = \sigma_{xx}\sin^2\theta + \sigma_{yy}\cos^2\theta - 2\sigma_{xy}\sin\theta\cos\theta \tag{8.3.5}$$

$$\sigma_{r\theta} = (\sigma_{yy} - \sigma_{xx})\sin\theta\cos\theta + \sigma_{xy}(\cos^2\theta - \sin^2\theta) \tag{8.3.6}$$

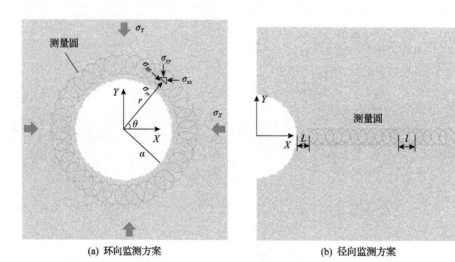

(a) 环向监测方案　　　　　　　　　　(b) 径向监测方案

图 8.3.4　钻井离散元模型测量圆布置方案

　　侧压系数 $K_0$ 分别为 0.8、1.0 和 1.25 条件下离散元模型加载到 $\varepsilon_Y$=0.08×10$^{-2}$ 时测得的洞周应力分布与理论计算结果对比如图 8.3.5 所示。

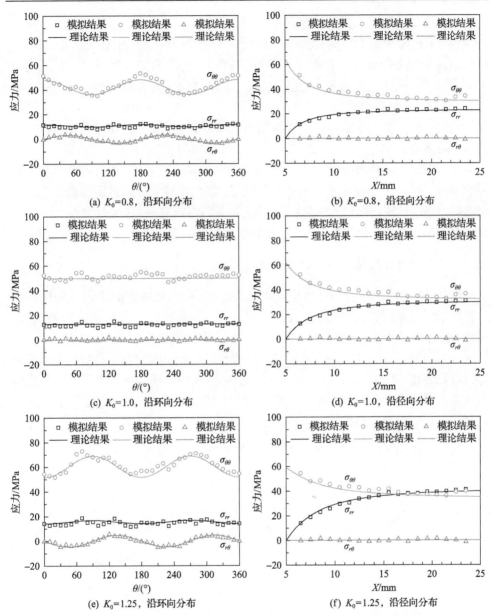

图 8.3.5　不同应力条件下离散元模拟得到的洞周应力分布与理论计算结果对比

由图 8.3.5 分析可知：

(1)离散元模拟结果和理论计算结果高度吻合。在静水压力条件($K_0=1.0$)下，钻孔周围的应力值保持恒定，其中，切向主应力为最大主应力，径向主应力为最小主应力。模型受到的荷载为对称分布，井壁围岩中的剪切应力始终为零。沿着水平轴线方向，切向主应力逐步降低而径向主应力逐渐增加，直至两个主应力等同于远端模型边界处所施加的荷载。

(2) 当 $K_0$=0.8 和 1.25 时，远端应力差异对钻孔周围应力集中有着显著的影响。尽管最大主应力仍为切向主应力，其数值随着角度的变化周期性波动，最大切向主应力出现在平行于远端最小主应力方向。具体来讲，当 $K_0$=0.8 时，最大切向主应力出现在 $\theta$=0°和 180°处；当 $K_0$=1.25 时，最大切向主应力出现在 $\theta$=90°和 270°处。除此之外，剪切应力 ($\sigma_{r\theta}$) 沿井壁周围表现出明显的波动性而径向主应力 ($\sigma_{rr}$) 基本保持不变。

(3) 离散元模拟得到的孔周应力分布与理论计算结果之间存在轻微的差异，这表明离散元模型中颗粒粒径分布不均匀引起的非均质性会在钻井周围局部区域内引起应力集中。现有研究已经表明，岩石非均质性对其在外部荷载下的应力分布具有显著影响，颗粒粒径的不均匀性会导致岩石介质的力学行为偏离理想的线弹性。

### 8.3.2　各向同性储层钻井垮塌破坏规律

图 8.3.6 为静水压力条件下各向同性储层岩石钻孔破坏模拟结果。由图 8.3.6 分析可知，井壁围岩失稳的演化过程可以分为三个阶段。在初始阶段 (阶段 1)，应力-应变曲线表现出典型的线弹性关系，在边界应力达到 41.2MPa 之前，模型内部未出现微观裂纹。此后进入阶段 2，微观裂纹开始出现并稳定增加直至边界应力达到临界值 ($P^*$=68.2MPa)。在临界值处应力-应变曲线有拐点出现，钻井模型破坏进入阶段 3，微观裂纹数开始显著增加，随着边界应力的增加，微观裂纹数急剧增长直至钻井完全破坏。

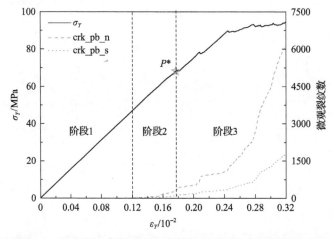

图 8.3.6　静水压力条件下各向同性储层岩石钻孔破坏模拟结果

图 8.3.7 为静水压力条件下各向同性储层井壁围岩随轴向应变的垮塌破坏演化过程。

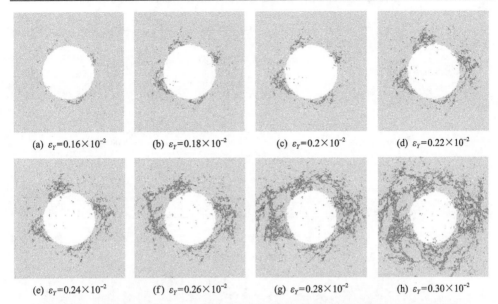

(a) $\varepsilon_Y=0.16\times10^{-2}$ 　　(b) $\varepsilon_Y=0.18\times10^{-2}$ 　　(c) $\varepsilon_Y=0.2\times10^{-2}$ 　　(d) $\varepsilon_Y=0.22\times10^{-2}$

(e) $\varepsilon_Y=0.24\times10^{-2}$ 　　(f) $\varepsilon_Y=0.26\times10^{-2}$ 　　(g) $\varepsilon_Y=0.28\times10^{-2}$ 　　(h) $\varepsilon_Y=0.30\times10^{-2}$

图 8.3.7　静水压力条件下各向同性储层井壁围岩随轴向应变的垮塌破坏演化过程

由图 8.3.7 分析可知：

(1)井壁围岩的起裂点在井壁周围局部高应力集中区出现,初始裂纹随机出现在钻井周围。当轴向应变 $\varepsilon_Y=0.16\times10^{-2}$ 时,在井壁周围出现了几个微观裂纹簇,此时的微观裂纹为平行黏结模型的张拉破坏,这些微观裂纹穿透井壁围岩并在与井壁平行的方向上形成一系列浅的中观裂缝。

(2)井壁附近的应力主要为切向主应力, 当 $\varepsilon_Y=0.16\times10^{-2}$ 时出现由压应力导致的侧向张拉破坏。随着远端边界应力的增长,井壁出现了更多的裂缝并且沿着与初始扩展路径共轭的方向返回至井壁表面,裂隙沿着井壁不断增长,并且沿径向方向扩展。随着垮塌范围深度的增加,钻井周围在 $\varepsilon_Y=0.24\times10^{-2}$ 时开始出现四个呈对称分布的 V 形破坏。

(3)当 $\varepsilon_Y=0.2\times10^{-2}$ 时,V 形破坏的深度约为钻井半径的一半。在此之后,井壁破裂面处于一种不利于裂隙进一步发展的位置,次生裂隙从这些早期形成的破裂面的尖端开始扩展,裂纹的进一步扩展最终导致井壁周围形成螺旋形的剪切破裂面。

为研究不同远端应力分布对钻井垮塌的影响, 分别开展侧压系数 $K_0=0.8$ 和1.25 时各向同性钻井的垮塌破坏数值模拟,得到井壁围岩垮塌破坏形态,如图 8.3.8 和图 8.3.9 所示。

由图 8.3.8 和图 8.3.9 分析可知：

(1)远端应力的各向异性对井壁围岩的破坏形态有着显著影响,与静水压力条件下的螺旋形破坏不同。

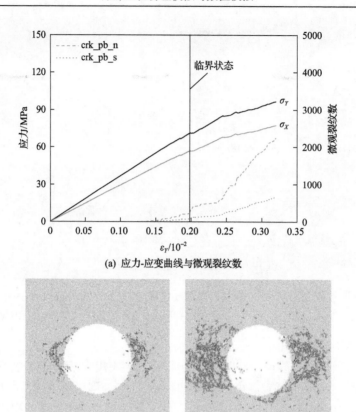

(a) 应力-应变曲线与微观裂纹数

(b) $\varepsilon_Y=0.2\times10^{-2}$　　　　　　(c) $\varepsilon_Y=0.3\times10^{-2}$

图 8.3.8　侧压系数 $K_0=0.8$ 时各向同性储层井壁围岩垮塌破坏形态

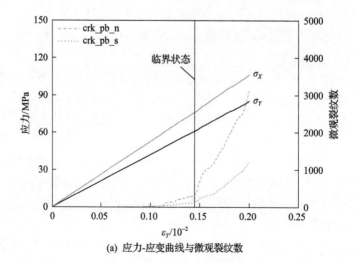

(a) 应力-应变曲线与微观裂纹数

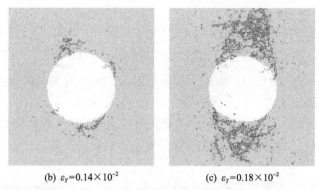

(b) $\varepsilon_Y = 0.14 \times 10^{-2}$　　　　(c) $\varepsilon_Y = 0.18 \times 10^{-2}$

图 8.3.9　侧压系数 $K_0 = 1.25$ 时各向同性储层井壁围岩垮塌破坏形态

(2)在临界应力状态，拉伸破裂形成的微裂纹与最大主应力方向平行并且在井壁周围两个位置处继续发展，宏观上表现为沿着最小主应力方向对称出现的两个 V 形垮塌区域。具体来讲，当 $K_0 = 0.8$ 时，两个破裂区沿 $X$ 轴方向分布，当 $K_0 = 1.25$ 时，两个破裂区沿 $Y$ 轴方向分布。

(3)随着远端应力的增长，局部应力场的扰动使井壁已形成 V 形破裂区的尖端引发新的裂缝扩展，围岩从井壁连续剥落导致井壁垮塌的快速增长，裂缝持续扩展到更深的深度和更宽的跨度(近似于初始孔径)，最终形成沿着最小远场主应力方向在井壁两侧对称分布的双 V 形破裂区。

### 8.3.3　各向异性储层钻井垮塌破坏规律

图 8.3.10 为层理倾角 45°钻井模型在静水压力状态下的应力-应变曲线与微观裂纹数。

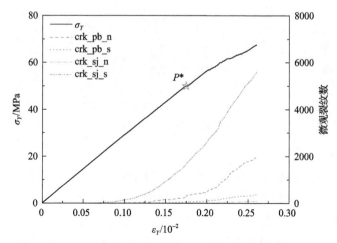

图 8.3.10　层理倾角 45°钻井模型在静水压力状态下的应力-应变曲线与微观裂纹数

由图 8.3.10 分析可知：

(1)各向异性钻井井壁垮塌过程可以分为三个阶段：在竖向应力达到 20MPa 之前，应力随应变线弹性增加，几乎没有微观裂纹出现；随后，光滑节理模型的剪切裂纹开始出现并随着围压缓慢而稳定地增长。应力-应变曲线在竖向应力达到临界值($P^*$=49.9MPa)之前一直保持线性关系，在此阶段同时出现了平行黏结模型的张拉破坏，不过所占的比例很小。随着竖向应力超过临界值，应力-应变曲线偏离线弹性关系并且伴随着平行黏结模型张拉破坏数量的快速增长，直至钻孔模型垮塌。

(2)当钻井方向平行于层理面方向时，临界应力从各向同性模型的 68.2MPa 下降到各向异性模型的 49.9MPa，该结果与 Meier 等[5]开展的 Posidonia 页岩钻孔破坏试验规律一致，也为现场观察到的当钻井方向平行或接近平行于层理方向时更容易出现钻井破坏失稳这一现象[33]提供了数值证据。

图 8.3.11 为不同加载阶段钻井井壁垮塌破坏微观裂纹的空间分布。

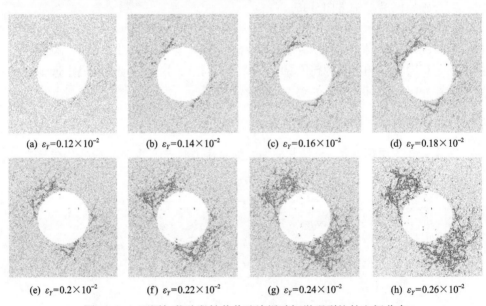

(a) $\varepsilon_Y$=0.12×10$^{-2}$     (b) $\varepsilon_Y$=0.14×10$^{-2}$     (c) $\varepsilon_Y$=0.16×10$^{-2}$     (d) $\varepsilon_Y$=0.18×10$^{-2}$

(e) $\varepsilon_Y$=0.2×10$^{-2}$     (f) $\varepsilon_Y$=0.22×10$^{-2}$     (g) $\varepsilon_Y$=0.24×10$^{-2}$     (h) $\varepsilon_Y$=0.26×10$^{-2}$

图 8.3.11 不同加载阶段钻井井壁垮塌破坏微观裂纹的空间分布

由图 8.3.11 分析可知：

(1)最初阶段($\varepsilon_Y$=0.12×10$^{-2}$)，井壁周围沿软弱层理面的剪切荷载在超过其抗剪强度后引起光滑节理模型在钻井切向出现剪切破坏，并沿着与井壁相切的层理面扩展，这些初始裂纹成为后续更严重的井壁围岩发展成屈曲破坏的起裂点。

(2)剪切裂纹的扩展会引起平行黏结模型的张拉破坏。由于层间滑动引起的拉伸应力集中，平行黏结模型的破坏从早期形成的剪切裂纹的尖端起裂并沿着垂直于层理面的方向扩展（$\varepsilon_Y=0.14\times10^{-2}$ 和 $0.16\times10^{-2}$）。

（3）光滑节理模型的剪切破坏和平行黏结模型的张拉破坏相互作用导致在 $\varepsilon_Y=0.18\times10^{-2}$ 时出现四瓣状的破坏形态。

（4）在 $\varepsilon_Y$ 超过 $0.2\times10^{-2}$ 之后，接近平行于层理面的裂纹进一步扩展并导致井壁周围出现了两个破坏区域沿着垂直于层理面的两个方向延伸（$\varepsilon_Y=0.2\times10^{-2}\sim$ $0.26\times10^{-2}$），井壁垮塌区域的宽度与钻井直径接近。

为研究不同远端应力分布对钻井垮塌破坏的影响，分别开展侧压系数 $K_0=0.8$ 和 1.25 时各向异性模型井壁破坏数值模拟，得到井壁围岩垮塌破坏形态，如图 8.3.12 和图 8.3.13 所示。

由图 8.3.12 和图 8.3.13 分析可知：

（1）远端非均匀荷载条件下的井壁垮塌过程可以分为三个阶段：未出现微观裂纹的弹性阶段、微观裂纹稳定增加的弹性阶段、微观裂纹快速增长的不稳定垮塌阶段。

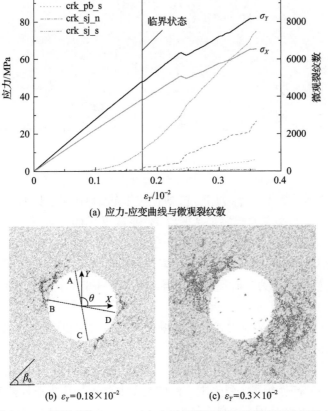

(a) 应力-应变曲线与微观裂纹数

(b) $\varepsilon_Y=0.18\times10^{-2}$　　　(c) $\varepsilon_Y=0.3\times10^{-2}$

图 8.3.12　侧压系数 $K_0=0.8$ 时各向异性模型井壁围岩垮塌破坏形态

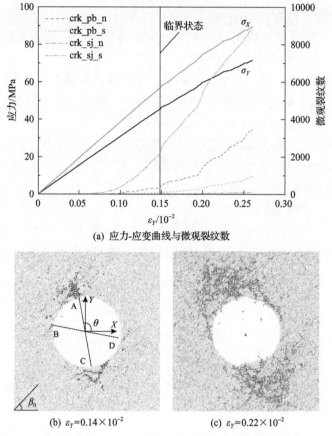

(a) 应力-应变曲线与微观裂纹数

(b) $\varepsilon_Y = 0.14 \times 10^{-2}$　　　(c) $\varepsilon_Y = 0.22 \times 10^{-2}$

图 8.3.13　侧压系数 $K_0 = 1.25$ 时各向异性模型井壁围岩垮塌破坏形态

（2）对于各向异性钻孔模型，井壁垮塌破坏的形状和方向仍然主要由层理面控制。

（3）远端应力分布对井壁破坏的起裂形态有着明显影响，具体来说，当侧压系数 $K_0 = 0.8$ 时，钻井垮塌的起裂是从区域 B 和 D 开始的，而当侧压系数 $K_0 = 1.25$ 时，钻井垮塌的起裂是从区域 A 和 C 开始的。

（4）随着荷载的进一步增加，井壁围岩垮塌破坏主要沿着垂直于层理面方向扩展，但仍会向最小主应力方向偏转，即当 $K_0 = 0.8$ 时转向 $\sigma_X$ 方向，当 $K_0 = 1.25$ 时转向 $\sigma_Y$ 方向。

图 8.3.14 为不同远端应力状态下井壁垮塌破坏微观裂纹沿不同方向的分布规律。由图 8.3.14 分析可知：

（1）远端应力的非均匀分布对井壁围岩垮塌破坏的集中区域有着显著的影响。

（2）对于各向同性模型，井壁围岩的破裂主要受远场应力条件控制：静水压力条件下微观裂纹沿钻井周围整体趋于均匀分布；当远端应力不同时，微观裂纹主要沿垂直于最大主应力方向集中。

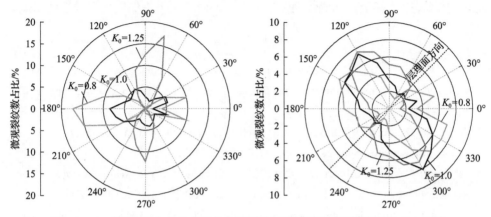

图 8.3.14　不同远端应力状态下井壁垮塌破坏微观裂纹沿不同方向的分布规律

（3）对于各向异性模型，微观裂纹的空间分布主要受层理面倾向的影响，井壁围岩的垮塌破坏主要沿垂直于层理面方向扩展。远场应力条件的改变会对井壁围岩垮塌破坏的集中区域造成一定影响，井壁围岩垮塌破坏集中区域会向最小主应力方向发生一定角度的偏转。

## 8.4　本章小结

本章构建了基于微观结构的各向异性岩石非连续力学模型，研究了层理面微观参数对各向异性岩石不同受力条件下力学行为的影响，分析了不同受力方向岩石破裂过程，揭示了钻井井壁的垮塌破坏机理。主要研究结论如下：

（1）首次建立了基于岩石微观结构的各向异性岩石离散元模拟方法，通过在颗粒尺度上嵌入节理模型可以显式表征储层各向异性岩石的层理面结构，揭示了微观尺度上层理面参数对岩石宏观力学行为的影响规律，提出了具体的微观参数校准方法。

（2）数值模拟出各向异性岩石在单轴压缩条件下随倾角变化的力学行为和破坏形态，得到了层理面倾角对各向异性岩石力学响应的影响规律，揭示了各向异性岩石破裂的起裂和演化机理，为全面认识各向异性岩石受力破坏的微观机理提供了重要依据。

（3）通过深部储层钻井垮塌破坏数值模拟分析，阐明了钻孔应力集中诱发井壁围岩起裂、扩展与贯通的微观力学机制，揭示了深部钻井井壁螺旋形破坏与 V 形破坏规律，研究成果为复杂地质条件下现场尺度钻井稳定性分析提供了新的思路。

（4）钻井方向平行于层理面时的临界破坏应力显著低于钻井方向垂直于层理面时的临界破坏应力，该因素在钻井方向选择、钻井液重度计算和钻井过程控制中应予以重点考虑。另外，钻井垮塌破坏区域除受地应力影响外，还与层理方向有很大关系，因此基于钻孔成像判断地应力方向时需要考虑储层各向异性的影响。

## 参 考 文 献

[1] Cho J W, Kim H, Jeon S, et al. Deformation and strength anisotropy of Asan gneiss, Boryeong shale, and Yeoncheon schist. International Journal of Rock Mechanics and Mining Sciences, 2012, 50: 158-169.

[2] Zoback M D, Moos D, Mastin L, et al. Well bore breakouts and in situ stress. Journal of Geophysical Research: Solid Earth, 1985, 90(B7): 5523-5530.

[3] Labiouse V, Vietor T. Laboratory and in situ simulation tests of the excavation damaged zone around galleries in Opalinus Clay. Rock Mechanics and Rock Engineering, 2014, 47(1): 57-70.

[4] Haimson B. Micromechanisms of borehole instability leading to breakouts in rocks. International Journal of Rock Mechanics and Mining Sciences, 2007, 44(2): 157-173.

[5] Meier T, Rybacki E, Reinicke A. et al. Influence of borehole diameter on the formation of borehole breakouts in black shale. International Journal of Rock Mechanics and Mining Sciences, 2013, 62: 74-85.

[6] Meier T, Rybacki E, Backers T, et al. Influence of bedding angle on borehole stability: A laboratory investigation of transverse isotropic oil shale. Rock Mechanics and Rock Engineering, 2015, 48: 1535-1546.

[7] Haimson B, Kovacich J. Borehole instability in high-porosity Berea sandstone and factors affecting dimensions and shape of fracture-like breakouts. Engineering Geology, 2003, 69(3-4): 219-231.

[8] Al-Ajmi A M, Zimmerman R W. Stability analysis of vertical boreholes using the Mogi-Coulomb failure criterion. International Journal of Rock Mechanics and Mining Sciences, 2006, 43(8): 1200-1211.

[9] Amadei B, Rogers J, Goodman R. Elastic constants and tensile strength of anisotropic rocks//The 5th ISRM Congress, Melbourne, 1983: 189-196.

[10] Gaede O, Karrech A, Regenauer-Lieb K. Anisotropic damage mechanics as a novel approach to improve pre-and post-failure borehole stability analysis. Geophysical Journal International, 2013, 193(3): 1095-1109.

[11] Duan K, Kwok C Y. Discrete element modeling of anisotropic rock under Brazilian test conditions. International Journal of Rock Mechanics and Mining Sciences, 2015, 78: 46-56.

[12] Duan K, Kwok C Y, Pierce M. Discrete element method modeling of inherently anisotropic rocks under uniaxial compression loading. International Journal for Numerical and Analytical Methods in Geomechanics, 2016, 40(8): 1150-1183.

[13] Duan K, Kwok C Y. Evolution of stress-induced borehole breakout in inherently anisotropic rock: Insights from discrete element modeling. Journal of Geophysical Research: Solid Earth, 2016, 121(4): 2361-2381.

[14] Cundall P A, Strack O D. A discrete numerical model for granular assemblies. Geotechnique, 1979, 29(1): 47-65.

[15] Cundall P A. A discontinuous future for numerical modelling in geomechanics? Proceedings of the ICE-Geotechnical Engineering, 2001, 149(1): 41-47.

[16] Potyondy D O, Cundall P A. A bonded-particle model for rock. International Journal of Rock Mechanics and Mining Sciences, 2004, 41(8): 1329-1364.

[17] Cundall P A, Potyondy D O, Lee C A. Micromechanics-based models for fracture and breakout around the mine-by tunnel//International Conference on Deep Geological Disposal of Radioactive Waste, Toronto, 1996: 113-122.

[18] Chiu C C, Wang T T, Weng M C. et al. Modeling the anisotropic behavior of jointed rock mass using a modified smooth-joint model. International Journal of Rock Mechanics and Mining Sciences, 2013, 62: 14-22.

[19] Park B, Min K B. Bonded-particle discrete element modeling of mechanical behavior of transversely isotropic rock. International Journal of Rock Mechanics and Mining Sciences, 2015, 76: 243-255.

[20] Lisjak A, Tatone B S, Grasselli G. et al. Numerical modelling of the anisotropic mechanical behaviour of opalinus clay at the laboratory-scale using FEM/DEM. Rock Mechanics and Rock Engineering, 2014, 47(1): 187-206.

[21] Ambrose J, Zimmerman R W, Suarez-Rivera R. Failure of shales under triaxial compressive stress//The 48th US Rock Mechanics/Geomechanics Symposium, Minneapolis, 2014.

[22] Saeidi O, Rasouli V, Vaneghi R G, et al. A modified failure criterion for transversely isotropic rocks. Geoscience Frontiers, 2014, 5(2): 215-225.

[23] Niandou H, Shao J F, Henry J P. et al. Laboratory investigation of the mechanical behaviour of Tournemire shale. International Journal of Rock Mechanics and Mining Sciences, 1997, 34(1): 3-16.

[24] Fjær E, Nes O M. The impact of heterogeneity on the anisotropic strength of an outcrop shale. Rock Mechanics and Rock Engineering, 2014, 47(5): 1603-1611.

[25] Duveau G, Shao J F. A modified single plane of weakness theory for the failure of highly stratified rocks. International Journal of Rock Mechanics and Mining Sciences, 1998, 35(6): 807-813.

[26] Rawling G C, Baud P, Wong T F. Dilatancy, brittle strength, and anisotropy of foliated rocks: Experimental deformation and micromechanical modeling. Journal of Geophysical Research: Solid Earth, 2002, 107(B10): 2234-2248.

[27] Zhang Q Y, Duan K, Xiang W, et al. Direct tensile test on brittle rocks with the newly developed centering apparatus. Geotechnical Testing Journal, 2015, 41(1): 92-102.

[28] Ramamurthy T, Rao G V, Singh J. Engineering behaviour of phyllites. Engineering Geology, 1993, 33(3): 209-225.

[29] Nasseri M H B, Rao K S, Ramamurthy T. Anisotropic strength and deformational behavior of Himalayan schists. International Journal of Rock Mechanics and Mining Sciences, 2003, 40(1): 3-23.

[30] Amann F, Button E A, Evans K F. et al. Experimental study of the brittle behavior of clay shale in rapid unconfined compression. Rock Mechanics and Rock Engineering, 2011, 44(4): 415-430.

[31] Martin C D. Seventeenth Canadian Geotechnical Colloquium: The effect of cohesion loss and stress path on brittle rock strength. Canadian Geotechnical Journal, 1997, 34(5): 698-725.

[32] Bourne S J. Contrast of elastic properties between rock layers as a mechanism for the initiation and orientation of tensile failure under uniform remote compression. Journal of Geophysical Research: Solid Earth, 2003, 108(B8): 2395-2407.

[33] Okland D, Cook J M. Bedding-related borehole instability in high-angle wells//SPE/ISRM Rock Mechanics in Petroleum Engineering, Trondheim, 1998.